数智公益
钉钉低代码开发实战

徐越倩　诸葛斌　叶周全　应欢欢　主编

U0291167

清华大学出版社
北京

内 容 简 介

本书通过理论与实战相结合的方式,具体讲述了数字化管理系统的开发与应用。全书共8章,可分为三部分。第一部分为第1章,介绍了当前公益组织数字化转型的必要性及可行性;第二部分为第2～7章,根据不同公益组织面对的各种情景,详细介绍了运用低代码编写各种子系统的方法;第三部分为第8章,对数智公益系统未来在公益领域的广泛应用进行了展望。

本书内容翔实,适合相关专业大学生以及各类对低代码感兴趣的人士学习。

图书在版编目(CIP)数据

数智公益:钉钉低代码开发实战/徐越倩等主编. —北京:清华大学出版社,2023.9

ISBN 978-7-302-63791-2

Ⅰ. ①数… Ⅱ. ①徐… Ⅲ. ①软件开发 Ⅳ. ①TP311.52

中国国家版本馆 CIP 数据核字(2023)第 105803 号

责任编辑:黄　芝　李　燕
封面设计:刘　键
责任校对:申晓焕
责任印制:沈　露

出版发行:清华大学出版社
　　　　　网　　　址:http://www.tup.com.cn,http://www.wqbook.com
　　　　　地　　　址:北京清华大学学研大厦 A 座　　　邮　　编:100084
　　　　　社 总 机:010-83470000　　　　　邮　　购:010-62786544
　　　　　投稿与读者服务:010-62776969,c-service@tup.tsinghua.edu.cn
　　　　　质量反馈:010-62772015,zhiliang@tup.tsinghua.edu.cn
　　　　　课件下载:http://www.tup.com.cn,010-83470236
印 装 者:三河市龙大印装有限公司
经　　　销:全国新华书店
开　　　本:185mm×260mm　　　印　张:25　　　　　字　　数:643 千字
版　　　次:2023 年 10 月第 1 版　　　　　　　　　印　　次:2023 年 10 月第1次印刷
印　　　数:1～2000
定　　　价:99.80 元

产品编号:099992-01

编 委 会

主　编：徐越倩　诸葛斌　叶周全　应欢欢

副主编：陈艺丹　于欣鑫　胡延丰　王冰雁

编　委：赵心豪　汪　盈　林诗凡　吴佩歆

序

商业向善、数字赋能和科学公益正成为中国公益慈善现代化的重要标志。尤其是党的十九届五中全会提出，要发挥第三次分配作用，发展慈善事业，改善收入和财富分配格局。这就使得公益慈善事业超越社会福利的框架而成为资源配置的重要载体。公益慈善对促进共同富裕起着关键性作用。在这一政策指引下，数字技术在中国的普及极大提高了公众参与公益慈善的便利性和快捷性，在救灾、抗击疫情、乡村振兴、共同富裕等方面表现突出，对推动中国互联网公益慈善的发展起到了极为重要的作用。

2020年以来，世界历经百年未有之大变局。在此背景下，公众对公益慈善事业重要性的认知大大提高，更多的公益慈善组织也开始尝试在线化运营，加速了公益慈善行业的数字化转型。但当前，不少公益慈善组织对"数字化"的理解仍然不充分，不同组织间的数字化转型程度存在两极分化的特征。

深化公益慈善组织对"公益数字化"的理解、整体提升我国公益慈善组织数字化水平迫在眉睫。本书围绕"数字＋公益"展开，为公益慈善从业人员提供学习低代码技术、搭建业务应用的可行路径，相信能够推动公益慈善组织的数字化转型。希望读者能够通过本书的学习，深化对"公益数字化"的理解，提升低代码应用开发能力。在此过程中，结合对公益慈善知识的学习，成为既懂技术又懂业务的复合型人才，为我国公益慈善事业的发展注入强大的技术动力。

朱健刚

南开大学周恩来政府管理学院教授

南开大学中国社区建设研究中心主任

2023 年 3 月

前 言

《中共中央关于制定国民经济和社会发展第十四个五年规划和二〇三五年远景目标的建议》提出，要"发挥第三次分配作用，发展慈善事业，改善收入和财富分配格局"。作为第三次分配的主要方式，公益慈善事业是对初次分配和再分配的重要补充，通过完善第三次分配的社会自我动员机制，可以进一步发挥公益慈善事业的潜力，深度参与社会治理，助力实现共同富裕。

第三次分配是促进全体人民共同富裕的重要手段，而共同富裕是社会主义的本质要求。实践证明，平均分配并不能有效满足所有人的需求，而且由于阻碍社会生产力的发展，反而无法实现共同富裕的目标。因此，还需要基于自愿和爱心基础的公益慈善事业，对收入和财富分配进行有效调节。

同时，公益慈善事业不仅仅是我国基本经济制度的重要组成，还是中国共产党为民宗旨的重要实践、我国社会保障制度的重要补充、社会治理体系的重要内容以及社会主义核心价值观的重要体现。加快我国公益慈善事业的现代化建设，对实现共同富裕的目标具有重大意义。

但是，现代公益慈善事业在发展过程中还面临着诸多问题和挑战。

在中国共产党第二十次全国代表大会开幕式上，习近平总书记指出"必须坚持科技是第一生产力、人才是第一资源、创新是第一动力，深入实施科教兴国战略、人才强国战略、创新驱动发展战略，开辟发展新领域新赛道，不断塑造发展新动能新优势"。目前，我国公益慈善组织数字化转型程度低、内外部监管体系还不完善，公益慈善领域人才缺失使得组织的项目运作能力不高，而且在新媒体时代，如何提升组织的应急能力也是一个值得思考的问题。公益慈善事业的现代化发展不能仅仅依靠传统的公益慈善活动开展方式，而是要结合现代化技术，解决当前发展过程中面临的痛点和难点。

"数字＋公益"为现代公益慈善事业的发展提供了新方式。数字化技术不仅能够解决传统活动开展方式存在的效率低等问题，还可以提升组织运作的透明度，增强政府、媒体、公众对公益慈善组织的监督力度，进一步增强组织的自律性。同时，数字化技术的加入可以提高组织项目运作的能力，无论是背景考察、项目设计、信息跟进、信息沟通、项目落地等都可以做到及时公开，运用数字化技术整合和调配资源，确保慈善资源得到充分利用，切实帮助到受益人群，提升组织的公信力与处理应急事件的能力。

实践中，阿里云工程师已于2017年搭建国内首个志愿服务平台"码上公益"，在公益组织和技术志愿者之间架起桥梁；提高了公益慈善组织运营的效率和透明度，同时也让更多技术人员能够发挥所长、回报社会。

在提升行业整体效能的同时，"数字＋公益"为社会治理提供更多手段和思路。公益慈善事业通过扶危济困、济穷济急，有助于缓和社会矛盾、稳定社会秩序、构建社会主义和谐社会。公益慈善结合数字化手段根据社会发展的新需求做出积极贡献，用更高效、智能、可持续的手段解决社会痛点问题，提高我国治理体系和治理能力现代化水平。

本书通过理论与实战相结合的方式,更为具体地讲述了数字化管理系统的开发与应用。

全书共 8 章,可分为三部分。第一部分为第 1 章,对当前公益慈善组织数字化转型的背景和需求进行了简单介绍;第二部分为第 2～7 章,根据公益组织的不同业务情景,详细介绍了运用低代码编写各种子系统的方法;第三部分为第 8 章,对数智公益系统未来在公益领域的广泛应用进行了展望。

为了使本书内容更加优化,浙江工商大学教学团队和钉钉宜搭专家团队密切配合,对本书的框架结构、案例选取、文字表述等方面进行多次迭代,以期编写出更加高质量的教材。浙江工商大学英贤慈善学院徐越倩老师已经将本教材应用于浙江工商大学"公益与社会创新"的课程教学中,并且该课程已经依托本教材建设成为校级精品课程。徐老师在教学过程中以学生为中心,充分收集学生们的需求和意见,不断完善教材内容、课程视频内容,积极倡导和组织学生参加公益活动,把公益活动变成常规课程。浙江工商大学英贤慈善学院研究生赵心豪、吴佩歆将慈善管理专业知识融入教材内容中,并负责教学配套资源制作、上课学生意见采集及测试本书所开发的 6 个低代码开发子系统。在此对各位的贡献一并表示感谢。

杭州毅宇科技有限责任公司依托浙江工商大学信息与电子工程学院(萨塞克斯人工智能学院)组建了一支钉钉宜搭开发指导团队、助教团队和学生开发团队,承担了本书配套多媒体课件的制作和教学视频的录制、宜搭低代码开发案例的编写以及开发者参考文档的整理工作。助教团队的胡延丰、王冰雁、汪盈和林诗凡负责教学课件的制作和教学视频的录制,以及网上在线教学资源的建设;针对公益慈善组织的信息化需求场景已经完成 10 多个应用开发部署,验证了宜搭的四快特色,并对本书的修改和完善提出了很多宝贵的建议。

本书致力于将现代数字化技术融入公益慈善事业,运用低代码技术破除专业背景的限制,使学生能够根据各类公益慈善组织面对的多种多样的环境进行个性化系统的搭建和修改,促进公益慈善组织的数字化转型,为公益慈善事业的现代化发展培养新人才。

编　者

2023 年 3 月

目 录

第 1 章

公益数字化概述

教学视频

1.1 现代慈善呼唤公益数字化

当前,我国公益慈善事业正处于由"传统公益慈善"转型为"现代公益慈善"的重要时期。党和政府对慈善事业高度重视,不断健全与完善慈善法治体系,为慈善事业发展提供制度保障。在此背景下,慈善事业的内涵不再仅限于传统的扶贫济困,而是进一步扩展至教育、医疗、文化、体育、环保等诸多领域,从"小慈善"迈向"大慈善"。公民积极参与公益活动,全社会"人人慈善"的良好氛围逐步形成。此外,在互联网时代,网络信息技术在公益慈善领域的创新与应用也进一步推动公益事业的迅速发展。在公益事业的发展过程中,我国的社会公众对公共服务的需求日益呈现出多样化、层次化的特征,公益事业的参与主体与受助群体更加多元化,公益慈善活动内容与形式更加丰富化,这就对我国公益组织的管理与服务能力提出了更高的要求。为了更好地契合现代公益慈善事业的发展,为了更好地提升公益组织的专业能力,提升公益组织的数字化能力迫在眉睫。

数字化是公益行业与数字社会接轨的关键路径。当前全球已经步入数字社会,互联网、人工智能、大数据、云计算等数字技术逐步深入社会生产和大众生活,极大地改善生活效率,对增进社会福祉作用巨大。从产业端来看,人工智能、大数据、云计算等数字科技的价值应用于实体经济,既直接推动了产业生产力的提升,带来"技术效应",又优化了产业资源配置,提升产业链运转效率。运用数字化技术推动经济发展质量变革、效率变革、动力变革已成为经济高质量发展的必经之路。

数字化是现代公益事业发展的必然趋势。在现代公益事业的发展过程中,"互联网+公益"创造了全新的公益生态。借助互联网平台,公益组织能够快速整合公益资源、凝聚公益力量,为公益事业的发展创造新的增长点。公益组织能够通过网络平台开展相关项目,利用网络化的宣传手段扩大自身及公益项目的影响力。借助数字技术传播公益理念,能够将公益项目的触角尽可能地触及更多民众,鼓励大众广泛参与公益活动。公益数字化也能够促进公益项目与有关信息的透明化,大众能够通过网络渠道得知所参与项目的进展,从而形成良好的正向反馈。公益数字化还推动了公益发展理念与实践模式的创新,催生了一大批有影响力的创新性公益项目。

数字化是提升公益组织管理与服务能力的切入点。在"传统公益慈善"转向"现代公益慈善"的过程中,提升公益组织的专业化程度十分重要。只有提升公益组织的专业化程度,才能够为发展公益事业提供专业的人才支持。公益数字化无疑是助力提升公益慈善事业专业化能力的重要手段。公益数字化以数字技术和工具为载体,实现从数据积累到价值创造的有效转化,通过数字化连接更广泛的社会力量,共同推动社会问题的解决与社会价值的创造。

总体来说,公益数字化能够推动公益事业发展质量的提升。首先,公益数字化能够提升公益组织的专业度;其次,公益数字化能够通过互联网的方式,在拓宽公益组织与人之间连接广度的同时,加深连接深度,从而提升公益组织与人之间的信任感;最后,公益数字化能够帮助实现公益组织与公益网络之间的高速运转、有效协作与资源整合。

1.2 低代码助力公益机构数字化转型

1.2.1 低代码技术在我国的兴起

当前,低代码产业伴随着数字化浪潮的推进而兴起,其市场规模呈现逐年递增的态势。随着市场的不断发展扩大,需求也在不断多样化,而之前按部就班的软件开发已经无法满足我国当下软件开发的项目需求,低代码的通用性、低成本、连通性、高效率、灵活性、稳定性等特点是其具有其他软件开发无法比拟的核心竞争力。

低代码是传统软件开发逐步优化和演变的产物,以其高效、灵活、稳定等特点逐步应用至企业各业务场景。相较于传统的软件开发,对代码进行模块化封装的低代码产品能够更好地应对不断变化的市场和客户期望。低代码开发降低了应用搭建的门槛,业务部门能够通过拖拽的方式自行搭建应用平台以满足部门个性化需求,不仅能够降低人力成本与沟通成本,还能够缩短项目的整体开发周期。在后期运维上,低代码平台也具有迭代速度快、灵活性高等特点。此外,低代码平台支持跨平台部署应用,能实现不同系统间数据联通。低代码平台相对传统软件开发优势明显,其应用场景也日益丰富。

1.2.2 现代公益事业与低代码技术的融合

低代码的开发优势可以很大程度上改善公益组织数字化转型理念不清晰、应用不均衡、基础不牢固的不足,改变公益组织对于数字化转型需求"有心无力"的局面。低代码在公益慈善领域的应用,可以打破专业限制,让行业内人士可以轻松掌握,根据组织自身的需求进行平台的搭建,提升公益组织的独立性和运作过程中的透明度。

并且近年来低代码的热度持续提升,吸引各大企业资本投资。2020—2021年,低代码行业相关领域至少完成20起投融资,其中A轮企业最多,占30%。同时,百度、腾讯、阿里、浪潮等巨头及诸多垂直领域厂商如轻流、奥哲、慧友、数睿数据等也都在加速推动低代码行业的发展,人事、财务、销售、营销、采购等服务场景直接为低代码行业的应用提供了丰富的创新土壤。数据显示,2021年低代码行业市场规模达到27.5亿元,增长速度为72.4%。

可见,低代码不仅自身具有很好的发展前景,同时在公益组织数字化转型中具有可观的应用前景。通过低代码技术赋能公益组织服务能力提升,在项目执行的核心环节,前沿技术有望再造服务场景,突破线下规模化瓶颈,为解决社会问题提供"从无到有"的新思路。未来在行业数据共享、监测手段完善的基础上,也会进一步增强项目需求和效果评估的数字化能力,实现公益投入资源的更理性决策和更优化配置。更重要的是,低代码技术的应用可以实现善款流进、项目支出等全流程的信息透明与可追踪。基于捐赠人数据的获取、分析和决策,能够开展捐赠人千人千面的个性化维系,实现更具黏性和信任感的信任关系。通过数字化助力传统公益服务的模式创新及体验升级,并助力传统公益组织的运营效能和信任度提升,从而打造数字社会的数字化公益服务及组织。

1.3 公益机构数字化转型需求分析

产业数字化转型在商业环境中已有众多成功案例,面对公益数字化现状与期待的鸿沟,公益组织期待生态中相关方的共同参与,以达成进一步的互动合作和创新融合。毅宇科技作为国内首屈一指的基于低代码开发软件的企业,始终将帮助公益组织数字化转型、助力公益事业发展视为其初心和宗旨。

编者走访调研各大公益组织,根据目前公益组织数字化转型的需求,编写了以下子系统。

(1)志愿者档案管理系统。志愿者是志愿服务的重要主体,目前我国志愿者队伍不断壮大,为了切合当前志愿服务需要、更好地衔接志愿者与公益活动,迫切需要依靠网络技术优化志愿者管理系统、畅通志愿者参与渠道、搭建志愿者参与志愿服务的平台。在此过程中,通过对志愿者及有关信息的科学管理,实现志愿者与公益活动的有效对接,让公益与志愿的触角能够更加快速地触及受助人。

(2)受助人申请管理系统。随着公益事业的发展与进步,公众不再仅仅依赖直觉与感性进行捐助,而是对公益进行更多的理性审视。对受助人的受助资格、回访反馈有更为深度的关注。同时,基于保护受助人信息与提高工作效率的需要,公益机构亟须对受助人信息进行更为规范的管理。通过数字化技术实现救助业务在线化,受助人资料在线查询,执行进度实时掌控,数据汇总多条件筛选导出等高频业务场景,有助于提升公益机构工作效率、实现对受助人的全流程管理与跟踪。

(3)公益项目管理系统。公益项目是公益机构践行公益理念的重要方式。对公益项目践行全流程的管理与跟踪是达成良好项目成效的重要保障。依靠数字化技术对公益项目全流程进行无纸化的线上管理,有助于公益组织工作人员更加迅捷与全面地了解与掌握项目进展,在简化工作的同时提升管理效率,推动公益项目的落地。

(4)慈善捐赠管理系统。公益机构将捐赠人、志愿者与受助人联系在一起,让捐赠资金与物品流向需要的人。为了更好地实现对受助群体的精准帮扶,提供其所需的帮助与支持,公益机构需要对捐赠款物进行登记、管理与分发,确保每一笔善款、每一项物资都用到刀刃上,做到来源与去向可追溯。

(5)公益伙伴管理系统。公益活动的有序开展离不开多元慈善主体的共同参与,如何实现高效的合作协同是公益组织必须面对的一大问题。依托数字化技术对公益组织合作伙伴的相关信息进行系统管理,不仅能够减轻公益组织工作人员线下繁杂操作的工作负担,更有助于提升开展公益活动的工作效率,实现公益资源的快速流动与配置,搭建多方协同的良性公益生态。

(6)公益财务系统。财务管理对于任何组织的成功都是至关重要的,公益组织也不例外。公益机构有责任采取必要措施进行风险管理、资源调动和预算编制,并以可持续的方式管理资金。通过对组织财务的良好管理,不仅能够实现对资金的有效管理与监督,还能够提升财务信息和组织信息的透明度,从而有效防止发生腐败,提升公众信任度,进而更好地服务于组织的总体目标。

通过对本教材的学习,能够帮助读者了解与掌握搭建公益系统的具体操作,依靠数字化手段构建公益组织管理人员、志愿者、捐赠者、救助对象与第三方机构等多方之间的信息管理和数据交流的渠道,实现对信息管理、捐赠管理、项目管理及财务管理等场景的有效管理与服务,提升公益组织的专业化管理与服务能力,为我国公益事业的长远发展提供技术支持。

第 2 章

志愿者档案管理系统

　　志愿服务这一概念在 20 世纪 80 年代引入中国,1993 年首次在官方文本中出现"青年志愿者"这一称谓。此后,"中国青年志愿者协会"及各地志愿者协会相继成立,促进了志愿活动在全国各地的开展。党的十八大以来,我国志愿服务发展迅速。截至 2022 年 12 月 30 日,我国注册志愿者已逾 2.3 亿人,志愿队伍总数达 135 万个,志愿项目总数 1010 万个,记录志愿服务时间超过 52 亿小时,其中江苏、山东、四川、河南、安徽、广东、河北、湖北、广西等地注册志愿者总数均超 1000 万人。志愿服务在应急救灾援助及国家重大活动和大型赛会等方面发挥着重要作用,通过响应重大事件同时深入参与社区基层治理和常态化服务,志愿服务已逐步融入我国政治、经济、社会、文化、生态文明建设等方方面面。

　　"共同富裕"被列入国家发展战略,志愿服务成为公众参与和捐赠的第三次分配重要内容。党的二十大报告提出完善志愿服务制度和工作体系的新要求,为志愿服务事业指明了前进方向、提供了根本遵循,极大地点燃了社会公众参与志愿服务的热情。

　　志愿者作为志愿服务的重要主体,以自己的时间、知识、技能、体力等从事志愿服务,是推动中国志愿服务事业向前发展的重要力量。随着志愿服务范围的不断扩大、志愿者队伍的不断壮大,志愿服务的发展也面临新的挑战:如何为志愿者提供顺畅的参与志愿服务的渠道,并保障志愿者的信息安全。这也成为每一个公益机构所必须要面对的问题。为了提高沟通与管理效率、便利志愿者参与,公益机构不能够再依赖于原本的志愿者登记与管理办法,必须就其管理与运营系统进行升级与革新。互联网和一系列新技术的出现,为解决志愿服务管理问题提供了可能。通过运用互联网技术所搭建的平台,公益机构能够更为科学和规范地管理志愿者及相关信息,合理调配志愿者,提高工作效率与志愿服务资源使用效能。

　　本章将带大家学习如何搭建志愿者档案管理系统。该系统主要分为"基础信息维护"功能、"志愿者活动管理"功能、"数据看板"功能以及志愿者档案管理系统首页四个模块,如图 2-1 所示。"基础信息维护"功能用于对在志愿活动中涉及的志愿档案以及活动名称进行统一的管理;"志愿者活动管理"功能用于志愿者参与活动申请,相关活动证书申请以及对相关活动的反馈;"数据看板"功能将志愿者活动参与情况进行数据分析以及展示。

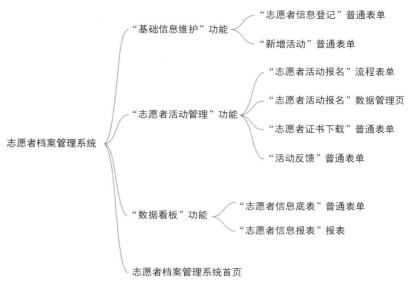

图 2-1 "志愿者档案管理系统"思维导图

2.1 创建"志愿者档案管理系统"应用

　　首先进入钉钉宜搭,在浏览器中通过网址"https://www.aliwork.com"进入宜搭官网,如图 2-2 所示,单击右上角的"登录"按钮,跳转至登录页面,如图 2-3 所示,使用钉钉扫描二维码即可登录,然后选择需要创建应用的组织架构,如图 2-4 所示,选择后将跳转至钉钉宜搭首页,即"开始"页面。

教学视频

实验视频

图 2-2 "钉钉宜搭"官网首页示意图

　　进入开始页,单击右上角的"创建应用"按钮,如图 2-5 所示。在弹出的"选择创建应用类型"对话框中选择"从空白创建"选项,如图 2-6 所示。在弹出的"创建应用"对话框中将"应用名称"命名为"志愿者档案管理系统",并依次设置"应用图标""应用描述""应用主题色",如图 2-7 所示。设置完信息后单击"确定"按钮跳转至应用编辑页面,如图 2-8 所示。

图 2-3 账号登录示意图

图 2-4 选择机构示意图

图 2-5 "开始页"创建入口示意图

图 2-6 "开始页"创建示意图

图 2-7 应用信息填写示意图

图 2-8 创建表单示意图

教学视频

实验视频

2.2 "基础信息维护"功能设计

"基础信息维护"功能模块主要对志愿者活动过程中涉及的部分基本信息进行管理。在志愿者活动宣传过程中会有很多志愿者申请参与,组织需要对申请参与的志愿者进行个人信息的收集和维护。因此需要在"基础信息维护"功能创建"志愿者信息登记"普通表单,社会爱心人士可以留下自己的联系方式、身份证号等基础信息,申请成为志愿者,以便后续参加公益活动。

志愿者们要在对应的活动中进行申请,组织需要提前将活动名称进行统一的录入和维护。因此可在"基础信息维护"功能模块创建"新增活动"普通表单。"基础信息维护"功能的思维导图如图 2-9 所示。

图 2-9 "基础信息维护"功能思维导图

2.2.1 "基础信息维护"分组创建

"基础信息维护"功能模块包含"志愿者信息登记"普通表单和"新增活动"普通表单,如图 2-9 所示,因此需要先创建一个分组,命名为"基础信息维护"。

进入系统后单击左上角的加号,在弹出的下拉菜单中选择"新建分组"命令,如图 2-10 所示。在弹出的"新建分组"对话框中将"分组名称"命名为"基础信息维护",并且选择需要存放分组的位置,按照系统需求存放根目录即可,如图 2-11 所示,设置完成后单击"确定"按钮即可。

图 2-10 "基础信息维护"分组创建示意图

2.2.2 "志愿者信息登记"普通表单

在机构成员进行活动宣传或机构宣传时,社会爱心人士可以通过填写基础信息申请成为志愿者,以便后续参加公益活动。该表单预留信息包括姓名、身份证号、联系方式等信息,主要字段如图 2-12 所示。

1. 表单设计

首先打开系统,单击左上角的加号,在下拉菜单中选择"新建普通表单"命令,在弹出的"新

图 2-11　"基础信息维护"分组信息填写示意图

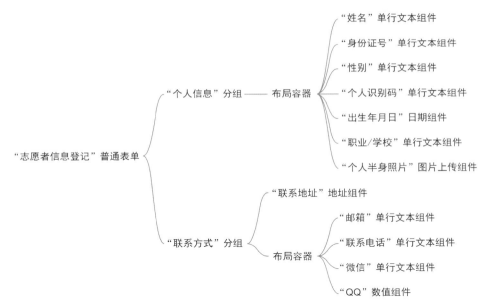

图 2-12　"志愿者信息登记"普通表单思维导图

建表单"对话框中选择"从空白表单新建"选项,如图 2-13 所示。创建表单后,在标题栏中将表单命名为"志愿者信息登记",如图 2-14 所示。

　　从页面左侧的"组件库"窗口中,将"分组"控件拖拽到表单页面中,双击"分组"文本,将其重命名为"个人信息"。按照同样的方法添加"联系方式"分组。由于组件过多,可以使用布局容器让组件排布更加整洁。将"布局容器"控件拖拽到"个人信息"分组中,可通过页面右侧的布局容器属性窗口中的"列比例"设置分栏。例如,一行四列的列比例为 3∶3∶3∶3(一行为 12 格,可根据需求调整),若两行四列则可将列比例设置为 3∶3∶3∶3∶3∶3∶3∶3。在该表单中,将"个人信息"分组内的布局容器设置为两行四列。按照同样的方法为"联系方式"添加布局容器并设置为一行四列。表单整体布局如图 2-15 所示。

图 2-13　"志愿者信息登记"表单创建效果图

图 2-14　"志愿者信息登记"表单命名效果图

图 2-15　"布局容器组件"设置效果图

　　布局设置完成后,根据图 2-12 所示在页面中添加组件,并将组件重命名。表单设计效果如图 2-16 所示。

图 2-16　"志愿者信息登记"表单设计示意图

　　设置完成后单击右上角的"保存"按钮,保存成功后,表单效果如图 2-17 所示。

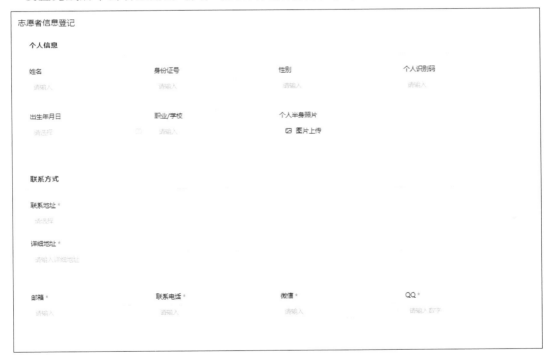

图 2-17　"志愿者信息登记"表单效果图

2. 页面发布

　　该表单用于社会爱心人士在机构预留基础信息,大部分填写人员都非组织内成员,因此,该表单需要进行"公开发布"。单击上方的"页面发布"选项卡进入发布页面,选择左侧菜单栏的"公开发布"选项,如图 2-18 所示。单击"公开访问"的开关按钮,开启公开访问功能,勾选

"我已阅读并接受《用户协议》",同时自定义访问地址。设置完成后单击下方的"保存"按钮即可,如图2-19所示。

图2-18 "页面发布"页面示意图

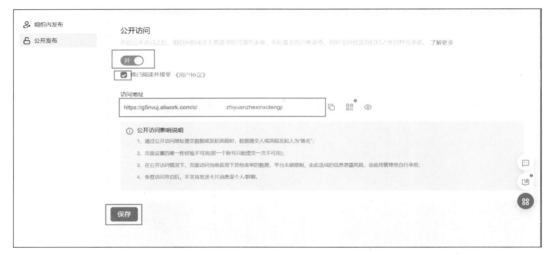

图2-19 公开发布设置示意图

公开发布有两种模式,分别为链接发布和二维码发布,链接可以通过单击"访问地址"文本框后方的"复制链接"按钮进行复制,二维码可以通过单击"复制链接"按钮旁边的"二维码"按钮,在下拉菜单中选择"下载二维码"选项进行生成,如图2-20所示。在进行宣传时,需要制作二维码海报,可通过"二维码"按钮下拉菜单中的"海报模板库"选项进行自动生成,如图2-21所示。选择"海报模板库"选项,进入海报模板库后填写标题、描述等信息,可以选择海报模板库提供的背景图片,也可选择自定义上传背景图片,如图2-22所示。设置好后,单击"生成海报"按钮即可将二维码海报下载到本地,二维码海报效果图如图2-23所示。

公开发布设置好后,返回应用编辑页面。将光标移动到页面左侧的"志愿者信息登记"表单处,出现"设置"图标,单击图标后弹出下拉菜单,如图2-24所示。单击下拉菜单中的"移动到"命令,弹出"移动到"对话框,选择需要移动到的分组,如图2-25所示,单击"移动"按钮完成

图 2-20 "志愿者信息登记"普通表单公开发布示意图

图 2-21 进入海报模板库示意图

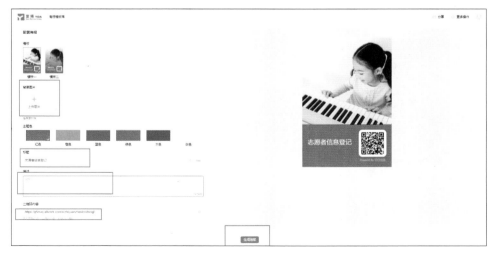

图 2-22 海报信息设置示意图

图 2-23　二维码海报效果图

图 2-24　"志愿者信息登记"移动效果图

图 2-25　"志愿者信息登记"移动分组选择效果图

表单的移动。此时,"页面管理"页左侧的目录效果如图 2-26 所示。

图 2-26　"志愿者信息登记"移动示意图

2.2.3　"新增活动"普通表单

志愿者申请参与活动需要选择活动名称,该表单主要用于存储活动的基础数据如活动名称及举办时间,便于成员申请参与活动时进行选择,该表单思维导图如图 2-27 所示。

图 2-27　"新增活动"普通表单思维导图

表单设计

参考 2.2.2 节创建一个普通表单,并将其命名为"新增活动",如图 2-28 所示。创建完成后按照图 2-27 所示,依次将组件拖动到画布中,并将它们命名为对应的名称。设置完成后单击右上角的"保存"按钮完成表单创建,表单组件放置的位置如图 2-29 所示。

图 2-28　"新增活动"命名示意图

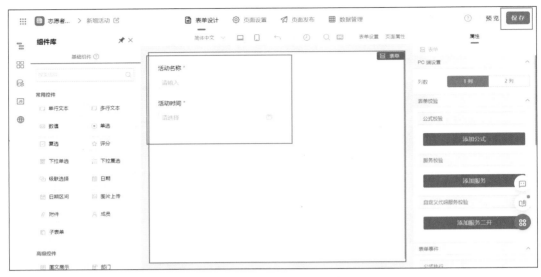

图 2-29 "新增活动"组件示意图

保存好表单内容后,退回应用编辑页面。将"新增活动"普通表单移入"基础信息维护"分组内,具体操作参考 2.2.2 节,表单移动效果如图 2-30 所示。

图 2-30 表单移动效果图

2.3 "志愿者活动管理"功能设计

"志愿者活动管理"功能用于对志愿者参与活动过程中涉及的相关流程进行管理,包括志愿者活动参与申请、相关活动证书下载以及志愿者活动反馈。

图 2-31 "志愿者活动管理"功能思维导图

志愿者们通过报名链接或二维码进行活动申请,由公益机构内相关工作人员进行审批;公益活动结束后,志愿者们可下载相关活动证书,同时可以对本次活动进行反馈评价。该功能模块的思维导图如图 2-31 所示。

参考 2.2.1 节创建一个分组,将其命名为"志愿者活动管理",分组创建效果如图 2-32 所示。

图 2-32　"志愿者活动管理"分组示意图

2.3.1　"志愿者活动报名"流程表单

当志愿者们对活动产生兴趣时,可以填写并提交所需申请资料,由公益接口人进行审批和执行,因此该页面大纲设计如图 2-33 所示。

教学视频

实验视频

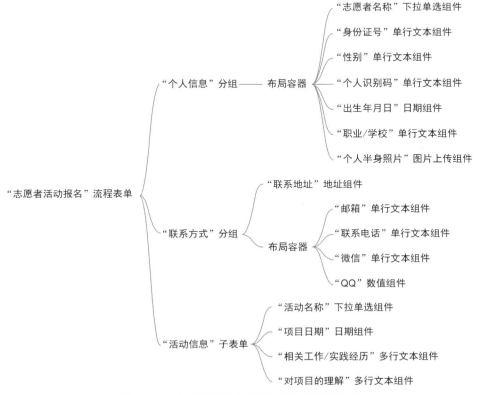

图 2-33　"志愿者活动报名"流程表单思维导图

1. 表单设计

参考 2.2.2 节中创建表单的方式，在应用内新建一个流程表单，并将其命名为"志愿者活动报名"如图 2-34 所示。从"组件库"窗格中拖拽三个"分组"组件到页面中，并分别命名为"个人信息""联系方式""活动信息"，并在"个人信息"分组和"联系方式"分组内各添加一个布局容器，参考 2.2.2 节中布局设置将"个人信息"分组的布局容器"列比例"设置为 3：3：3：3：3：3：3：3，将"联系方式"分组的布局容器"列比例"设置为 3：3：3：3。从"组件库"窗格中拖拽图 2-33 所示的组件到页面中并将它命名为对应的名称，表单设计示意图如图 2-35 所示。

图 2-34　流程表单命名示意图

图 2-35　表单设置效果图

2. 属性设置

我们在 2.2.2 节创建的"志愿者信息登记"表单中对志愿者信息进行收集，因此可以获取"志愿者信息登记"表单的"姓名"字段数据作为"志愿者名称"下拉单选组件的选项，选中"志愿者名称"下拉单选组件，将"属性"窗格中的"选项类型"设置为"关联其他表单数据"，并设置关联表单为"志愿者信息登记"表单，关联字段为"姓名"，如图 2-36 所示。

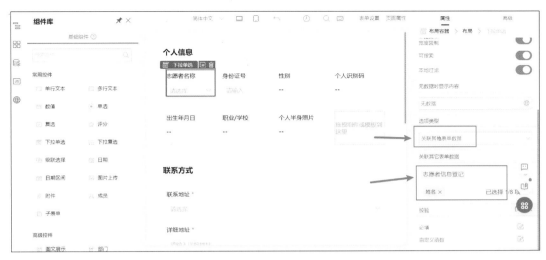

图 2-36　"志愿者名称"默认值示意图

身份证号、性别、个人识别码、出生年月日、职业/学校、个人半身照片、邮箱、联系电话、微信、QQ 等数据在"志愿者信息登记"表单中已提前录入,可以通过选择的志愿者名称及手动录入的身份证号获取该志愿者对应的个人信息数据并填充到当前表单组件中。依次设置"个人信息"中部分组件的"默认值"为"数据联动",单击"数据联动"按钮,在弹出的对话框中,设置以选择的志愿者名称以及手动录入的身份证号为条件规则,联动显示出所需要展示的数据,以"性别"字段为例,如图 2-37 所示。设置好后,将组件"状态"设置为"只读"。

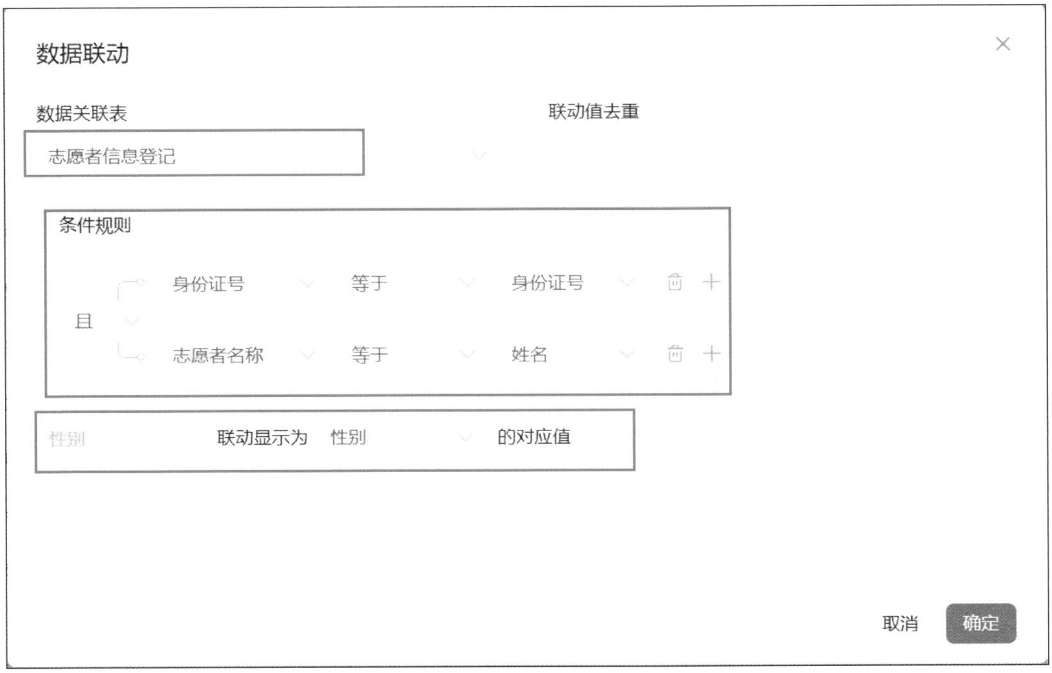

图 2-37　字段数据联动设置示意图

在"属性"窗格中,将"活动名称"下拉单选组件的"选项类型"设置为"关联其他表单数据",获取"新增活动"的"活动名称"字段填充到本表单作为选项,如图 2-38 所示。

图 2-38 "活动名称"默认值示意图

将"活动日期"组件的"默认值"设置为"数据联动",单击"数据联动"按钮,在弹出的对话框中,设置以选择的活动名称为条件,在"志愿者信息登记"表单内匹配活动时间字段的数据填充至当前表单对应项目的日期组件内,并将组件的"状态"设置为"只读"。操作如图 2-39 所示。

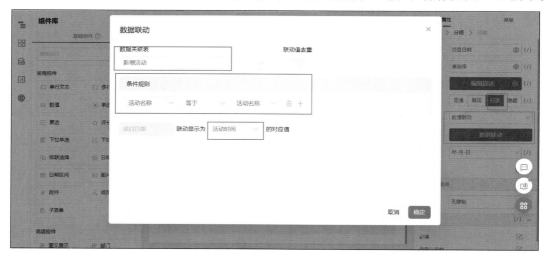

图 2-39 字段数据联动默认值示意图

由于本表单内的"联系地址""活动名称""相关工作/实践经历""对项目的理解"是必填的,因此需要打开这些组件的必填校验。单击组件,在右侧"属性"对话框中,勾选"校验"栏的"必填"选项。

属性设置完成后,单击右上角的"保存"按钮,该表单效果图如图 2-40 所示。

3. 流程设计

保存成功后单击上方菜单栏中的"流程设计"选项卡,进入流程设计页面,单击"创建新流程"按钮,如图 2-41 所示。在创建新流程之后,可根据各机构需求来设置对应的审批人。为了方便调试,此处将"审批人"设置为"发起人本人",如图 2-42 所示。

流程设计完成后,退回应用编辑页面,参考 2.2.2 节将本流程表单移入"志愿者活动管理"分组内,移动后的分组效果图如图 2-43 所示。

图 2-40　"志愿者活动报名"流程表单效果图

图 2-41　"志愿者活动报名"流程创建示意图

图 2-42 "志愿者活动报名"流程设置示意图

图 2-43 表单移动示意图

2.3.2 "志愿者活动报名"数据管理页

由于"志愿者活动报名"流程表单在访问状态下只能提交数据,无法直接查看到已提交的数据以及进行编辑修改,因此需要生成该报名表的数据管理页。

在应用编辑首页选中"志愿者活动报名"流程表单,单击右上角的"生成数据管理页"按钮。在弹出的"新建数据管理页面"对话框中,填写页面名称并选择存放表单的分组,如图 2-44 所示,单击"确定"按钮,该数据管理页的效果图如图 2-45 所示。

2.3.3 志愿者快捷报名功能实现

成为志愿者后会进入公益组织并加入活动群,当有活动新增时,会向群内发送活动详情卡片,并放入志愿者报名链接,志愿者可通过卡片上的报名按钮快捷报名。

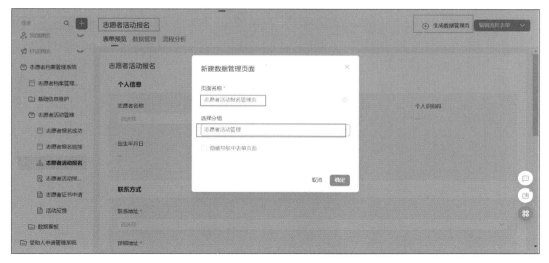

图 2-44　数据管理页生成示意图

图 2-45　数据管理页示意图

1. 集成 & 自动化创建

切换到"集成 & 自动化"页面,单击"新建集成 & 自动化"按钮,选择"从空白创建"选项,在弹出的"新建集成 & 自动化"对话框中,将名称设置为"新增活动后向群内发起酷卡片",由于卡片需要在每次新增活动后自动发起,因此选择触发类型为"表单事件触发",触发表单为"新增活动",如图 2-46 所示。

2. 集成 & 自动化配置

集成 & 自动化创建完成后,将跳转到集成 & 自动化的流程设置页面。单击"表单事件触发"节点,在弹出的窗格中,选择事件触发为"创建成功",触发方式为"允许自动触发",单击"保存"按钮,如图 2-47 所示。在流程线上单击加号,在弹出的菜单中选择"卡片节点"类型中的"发送卡片"选项如图 2-48 所示。

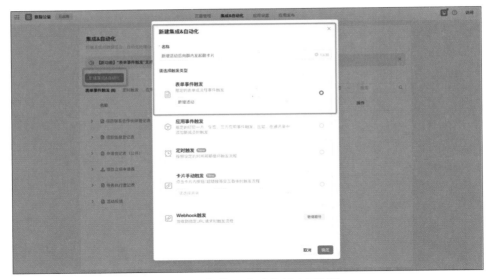

图 2-46 集成 & 自动化新建示意图

图 2-47 表单事件触发设置示意图

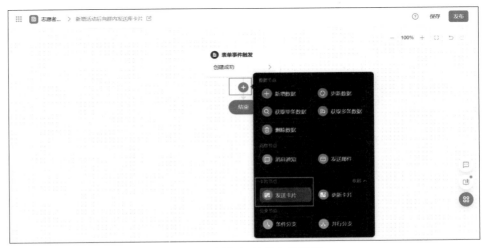

图 2-48 添加相关节点示意图

3．酷卡片设置

单击添加的"发送卡片"节点,在右侧的弹窗中依次设置卡片属性。首先设置"第 1 步:选择卡片",单击卡片右侧的"更改"按钮,如图 2-49 所示,进入卡片选择页,在该页面可修改卡片模块或创建自定义卡片。此处创建新的卡片,切换到"我的卡片"选项卡,单击"新建卡片"按钮,在下拉菜单中选择"新建交互卡片"命令,如图 2-50 所示。

图 2-49　发送卡片示意图

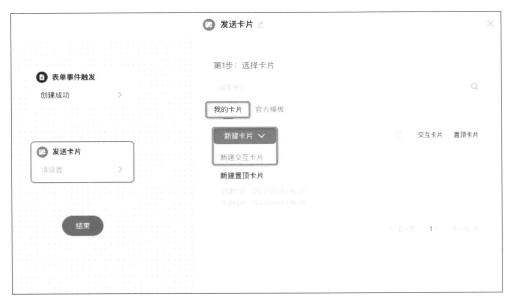

图 2-50　新建卡片设置示意图

进入卡片设计页面,单击左侧侧边栏的"预设模版"按钮,可在已有模版基础上进行修改,也可通过卡片组件自定义设置,在这里我们选择"订餐列表"模板进行启用并修改,如图 2-51 所示。

启用模版成功后,需要添加或修改数据源。在左侧侧边栏单击"数据源"按钮,在弹出的"数据源"窗格中单击"编辑"命令。由于卡片需要设置活动名称、活动时间,并设置报名跳转链

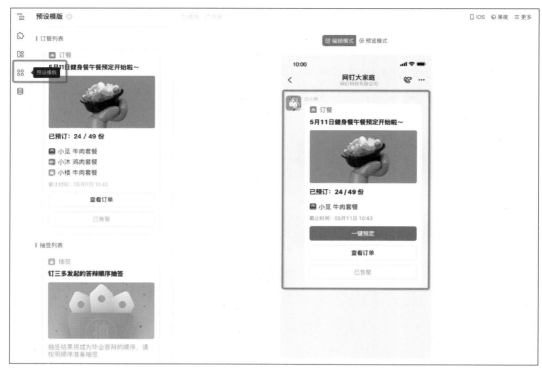

图 2-51　模板预览效果示意图

接及报名详情页,因此我们需要"公益活动名称""报名截止时间""一键报名""查看报名详情"四个变量,具体参数设置如图 2-52 所示,设置好后单击"保存"按钮即可在卡片组件内调用变量。

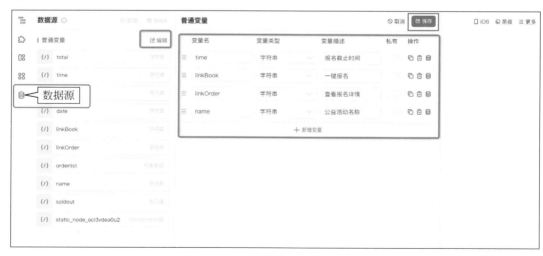

图 2-52　数据变量设置示意图

单击卡片头部组件,将在右侧弹出"内容"窗格,在其中即可修改卡片 LOGO 及指标名称,如图 2-53 所示。

单击卡片第二行的文本组件,在右侧弹出的"内容"窗格中即可修改文本信息、字体格式等。在这里我们可以调用公益活动名称变量,如图 2-54 所示。

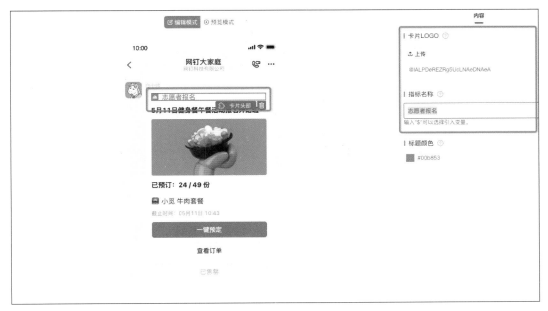

图 2-53　卡片头部信息设置示意图

图 2-54　卡片文本组件设置示意图

单击"已预订：$\{count\}/\$\{total\}$份"文本组件及其下方的人员列表组件,单击组件框右上角的删除按钮,单击"截止时间"文本组件,在右侧弹出的"内容"窗格中即可修改相关内容。在这里可以调用报名截止时间变量,如图 2-55 所示。

按照前面讲述的方法删除"已售罄"按钮组件。单击"一键预定"按钮组件,在右侧弹出的

图 2-55　活动截止时间示意图

"内容"窗格中,将"按钮标题"设置为"一键报名",将"是否显示"修改为"固定值",并将"链接值"设置为"绑定变量"linkBook(一键报名变量),如图 2-56 所示。同理,将"查看订单"按钮的按钮标题改为"查看报名详情",并将链接值绑定变量 linkOrder(查看报名详情变量),如图 2-57 所示。

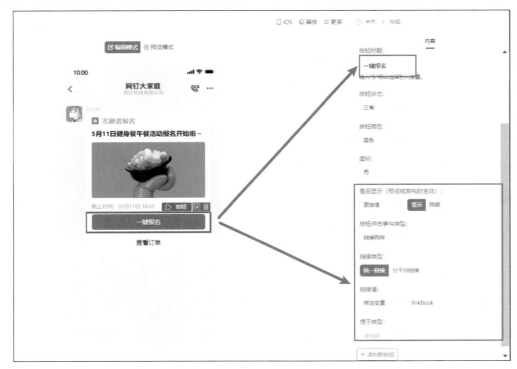

图 2-56　"一键报名"按钮设置示意图

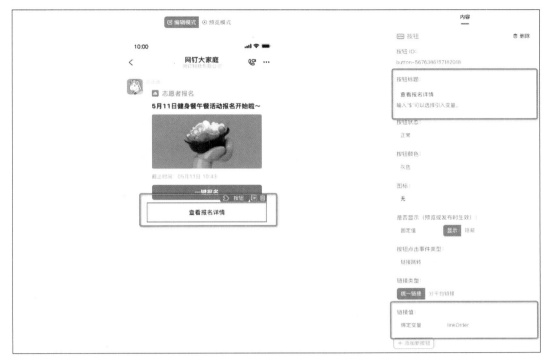

图 2-57　查看报名详情按钮设置示意图

设置完成后,单击"保存"按钮,并返回集成 & 自动化流程设计页面,在"我的卡片"选项卡中,将光标移动到刚刚保存好的卡片上,单击"使用"按钮,如图 2-58 所示。

图 2-58　添加发送卡片设置示意图

使用成功后,继续设置"第 2 步:配置卡片内容",将"报名截止时间"变量的值设置为字段"活动时间",将"公益活动名称"变量的值设置为字段"活动名称",在"卡片动作配置"栏中设置单击「一键报名」后,通过"侧边栏"打开"应用内页面",并选择应用内页面为"志愿者活动报名"表单;单击查看报名详情后,通过"侧边栏"打开"应用内页面",并选择应用内页面为"志愿者活动报名管理页",如图 2-59 所示。

图 2-59　卡片节点信息设置示意图

设置"第 3 步：属性配置"，在"发送范围"栏中勾选"发送到群"，并选择"值"，可搜索当前组织架构下已有群聊，同时设置"钉钉会话列表提示语"为"志愿者活动报名提醒"，如图 2-60 所示，设置好后保存发送卡片节点，并保存发布该集成 & 自动化。

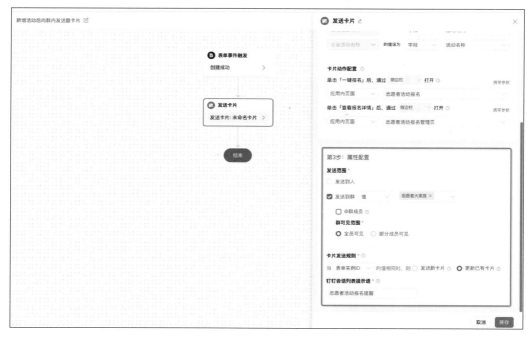

图 2-60　卡片节点属性配置示意图

返回应用,切换到应用发布页面,单击"发布到自建酷应用中心"右侧的"上架"按钮,将应用上架,如图 2-61 所示。

图 2-61 酷应用发布示意图

进入需要发送酷卡片的群内,单击"更多酷应用"按钮,在右侧弹窗中将已发布到自建酷应用中心的应用进行启用。如图 2-62 所示,启用成功后,该应用可从群聊内快捷进入,如图 2-63 所示。

图 2-62 添加酷应用示意图

返回应用,在"新增活动"表单新增一条数据如图 2-64 所示,单击"提交"按钮后即可在群内看到卡片效果,单击"一键报名"按钮,弹出"志愿者活动报名"流程表单,如图 2-65 所示,即集成 & 自动化酷卡片设置成功。

图 2-63　卡片发送效果图

图 2-64　活动新增操作示意图

图 2-65　集成 & 自动化酷应用效果示意图

2.3.4 "志愿者证书下载"普通表单

每一次志愿活动都可以给参与志愿者发放对应的证书。由于该证书需要志愿者手动填写申请,并通过打印模板下载电子版证书,因此需要创建"志愿者证书下载"表单,同时通过打印模版配置证书样式。该表单主要字段如图 2-66 所示。

教学视频

实验视频

图 2-66　"志愿者证书下载"普通表单思维导图

1. 表单设计

参考 2.2.2 节创建一张普通表单,并将其命名为"志愿者证书下载"。在表单中依次拖拽图 2-66 所示的组件到页面中,然后在页面中将组件命名为对应名称。表单创建完成后单击右上角的"保存"按钮,表单效果图如图 2-67 所示。

图 2-67　表单设置示意图

2. 属性设置

证书类型默认为"志愿者证书",将该组件"状态"设置为"只读"并将其"默认值"设置为"志愿者证书"。

单击"活动名称"下拉单选组件,在右侧的"属性"窗格中,将"选项类型"设置为"关联其他表单数据",将"新增活动"普通表单的"活动名称"字段数据作为"活动名称"组件的选项,如图 2-68 所示。

参考 2.3.1 节操作步骤,设置"志愿活动日期"组件的"默认值"为"数据联动",以选择的活动名称为条件,在"新增活动"表单内匹配活动时间字段的数据填充至当前表单对应组件内,并

图 2-68 "志愿者名称"默认值示意图

将组件的"状态"设置为"只读"。操作如图 2-69 所示。

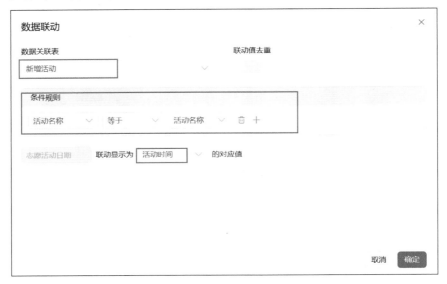

图 2-69 字段数据联动默认值示意图

由于证书都存在证书编号且为系统自动生成,不需要用户手动填入,因此可在该组件的"属性"窗格中将状态设置为"隐藏",切换到"高级"选项卡,将"数据提交"状态设置为"始终提交",确保在隐藏状态下也可以正确提交证书编号,如图 2-70 所示。

在表单提交时会自动生成证书编号,并填充到"证书编号"字段中。

首先单击除组件外的空白区域选中表单,在表单右侧的"属性"窗格中单击"添加业务关联规则",如图 2-71 所示。在弹出的对话框内单击"单据提交"文本框,表示在表单数据提交时会触发该业务关联规则。跳转至"公式执行"对话框,在"公式"文本框中添加函数"SETSERIALNO(证书编号)",如图 2-72 所示。"SETSERIALNO(field)"函数用于获取提交后示例数据的流水号,赋值到指定的组件(field)中,需预先开启页面设置中的流水号设置,否则会将指定的 field 赋值为空。将函数添加好后单击"保存"按钮,退回"业务关联规则"对话

图 2-70 "证书编号"状态示意图

图 2-71 "进入业务关联规则"示意图

图 2-72 公式编辑示意图

框,在"标题"文本框中输入"生成证书编号",然后单击"确定"按钮,如图 2-73 所示。设置完成后单击表单右上角的"保存"按钮,将当前设置进行保存,如图 2-74 所示。

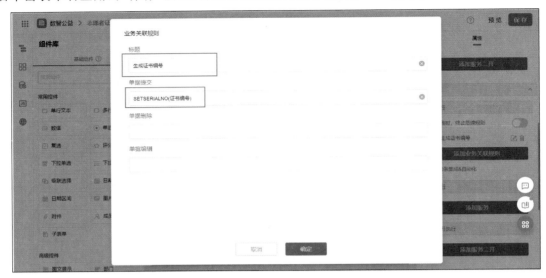

图 2-73 "业务关联规则"设置示意图

图 2-74 表单保存示意图

该表单效果如图 2-75 所示。

3. 设置证书流水号

切换到"页面设置"选项卡,选择"基础设置"选项,在"高级设置"栏中勾选"用户提交表单/流程后自动生成流水号"选项,如图 2-76 所示。单击右侧的设置按钮,在弹出的"设置自定义参数"对话框中,根据机构要求设置编号,如图 2-77 所示,之后单击"确定"按钮即可。

志愿者证书下载

证书类型

志愿者证书

申请人名称 *

请选择

活动名称 *

请选择

志愿活动日期

--

活动主办机构 *

请输入

图 2-75　表单设置效果图

图 2-76　"流水号"设置示意图

图 2-77　"流水号"格式示意图

4. 证书模板设置

设置完证书流水号后进入"打印设置"页面。在"页面设置"界面中选择"打印设置"选项，单击"新建打印模板"按钮，在弹出的下拉菜单中选择"宜搭打印模板"，如图 2-78 所示。在弹出的对话框中，设置模板名称为"志愿者证书模板"，单击"确认"按钮，如图 2-79 所示。进入模板设置页面，将原有的模板内容全部删除，然后单击左侧"表单字段"中的"证书类型"，将其格式设置为"居中"，字体设置为"48px""一级标题"，如图 2-80 所示。在模板设置页面编辑如图 2-81 所示的内容，设置其字体为"微软雅黑 24px 段落"，如图 2-81 所示。最后将页面左侧表单字段插入模板文本中，设置完成后单击"保存"按钮，如图 2-82 所示。

图 2-78　打印模板选择示意图

图 2-79　模板名称命名示意图

设置完成后返回应用编辑页面，参考 2.2.2 节，将该表单移动至"志愿者活动管理"分组内，表单移动效果如图 2-83 所示。

移动完成后在该分组内生成其数据管理页，其操作参考 2.3.2 节。然后在应用编辑页面选中该管理页，选择要生成证书的数据，单击"详情"按钮进入该证书下载详情页，如图 2-84 所

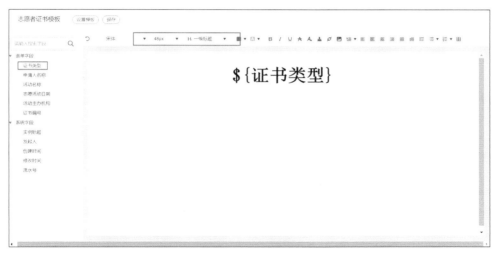

图 2-80　"证书类型"格式设置示意图

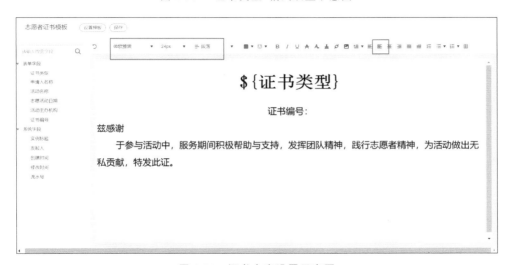

图 2-81　证书内容设置示意图

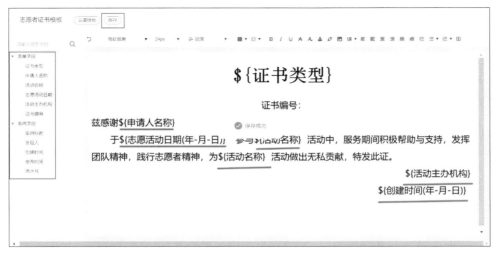

图 2-82　表单字段插入示意图

图 2-83　表单移动效果示意图

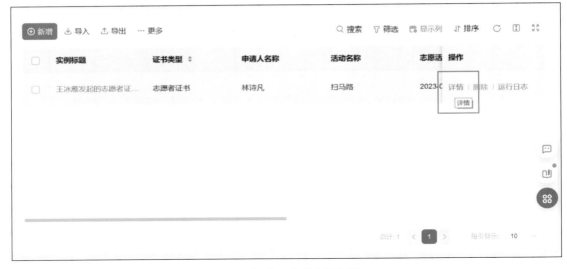

图 2-84　证书下载操作示意图-1

示。在弹出的窗格中单击右上角的"更多"按钮,在下拉菜单中选择"打印"选项,在子菜单中选择创建好的"志愿者证书申请"选项,如图 2-85 所示。在弹出的"文件预览"对话框中单击"下载"按钮,如图 2-86 所示,即可获得下载到本地的 PDF 格式证书文件。

2.3.5　"活动反馈"普通表单

教学视频

活动完成后,志愿者可以对参与的活动进行反馈,提供建议才能更有效地帮助机构办好活动。该表主要用于志愿者对活动以及自我参与程度进行评价,思维导图如图 2-87 所示。

1. 表单设计

参考 2.2.2 节创建一张普通表单,并将其命名为"活动反馈"。然后按照图 2-87 所示的组件拖拽到页面中并将其命名为对应的名称,组件设置效果如图 2-88 所示。

实验视频

图 2-85　证书下载操作示意图-2

图 2-86　证书下载操作示意图-3

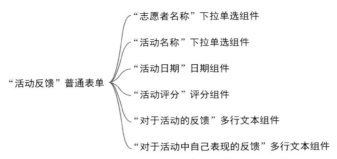

图 2-87 "活动反馈"普通表单思维导图

图 2-88 表单设置效果图

2. 属性设置

在"志愿者名称"下拉单选组件的"属性"窗格中,将"选项类型"设置为"关联其他表单数据",将"志愿者信息登记"表单的"姓名"字段数据作为下拉单选组件的选项,如图 2-89 所示。

图 2-89 "志愿者名称"属性设置示意图

在"活动名称"下拉单选组件的"属性"窗格中,将"选项类型"设置为"关联其他表单数据",将"新增活动"表单的"活动名称"字段数据作为下拉单选组件的选项,如图 2-90 所示。

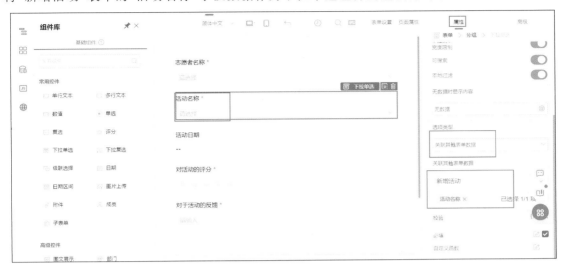

图 2-90　"活动名称"属性设置示意图

在"活动日期"日期组件的"属性"窗格中,将"状态"设置为"只读",将"默认值"设置为"数据联动"。单击"数据联动"按钮,在弹出的"数据联动"对话框中,设置条件规则为当该表单的"活动名称"等于"新增活动"表单的"活动名称"时,"活动日期"组件联动显示为"新增活动"表单的"活动时间"组件内容,如图 2-91 所示。设置好默认值后,将组件格式设置为"年-月-日"即可。

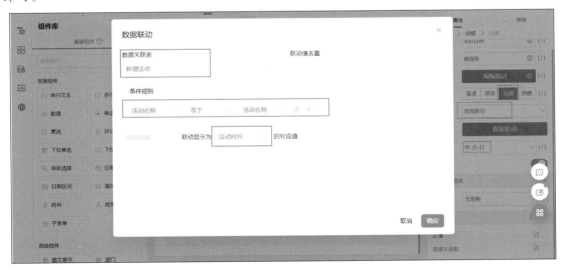

图 2-91　"活动日期"属性设置示意图

属性设置完成后,单击"保存"按钮,表单效果图如图 2-92 所示。表单保存后,返回应用编辑页面,参考 2.2.2 节操作将表单移入"志愿者活动管理"分组,移动成功效果如图 2-93所示。

图 2-92　表单效果图

图 2-93　表单移动效果图

2.4 "数据看板"功能设计

数据看板主要用于统计志愿者信息及其参加过的活动数据,因此可以先将志愿者及其参与活动过程涉及的内容汇总到一个表中,作为数据看板展示数据的底表数据集,因此创建"志愿者信息底表"普通表单,将"活动反馈"普通表单数据和通过审批的"志愿者活动报名"流程表单数据以志愿者名称为条件汇总在底表中。同时,将底表的数据作为数据集进行图表数据展示。所以该功能包括"志愿者信息底表"普通表单和"志愿者信息报表"报表,如图 2-94 所示。

参考 2.2.1 节创建一个分组,将其命名为"数据看板",分组创建效果如图 2-95 所示。

"数据看板"功能 → "志愿者信息底表"普通表单
→ "志愿者信息报表"报表

图 2-94　"数据看板"功能思维导图

图 2-95　"数据看板"分组创建示意图

2.4.1　"志愿者信息底表"普通表单

参考 2.2.2 节创建"志愿者信息底表"普通表单,将"活动反馈"普通表单的数据和通过审批的"志愿者活动报名"流程表单的数据以志愿者名称为条件汇总在底表中。该普通表单的思维导图如图 2-96 所示。

教学视频

实验视频

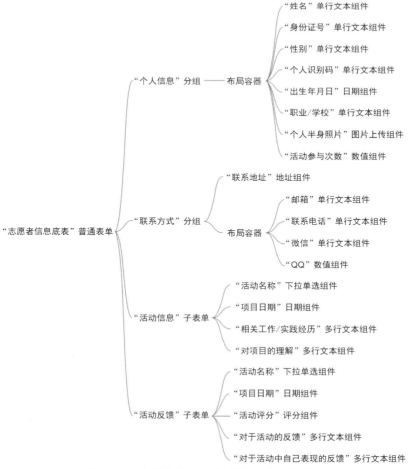

图 2-96　"志愿者信息底表"普通表单思维导图

1. 表单设计

参考 2.2.2 节创建一张普通表单，并将其命名为"志愿者信息底表"，如图 2-97 所示。从"组件库"中拖拽两个"分组"组件到页面中，分别命名为"个人信息"和"联系方式"，并在分组内各添加一个"布局容器"组件。参考 2.2.2 节，将"个人信息"分组的布局容器列比例设置为 3∶3∶3∶3∶3∶3∶3∶3，将"联系方式"分组的布局容器列比例设置为 3∶3∶3∶3。从"组件库"中拖拽图 2-96 所示的组件到页面中并将它命名为对应的名称，表单设计效果图如图 2-98 所示。

图 2-97 "志愿者信息底表"命名示意图

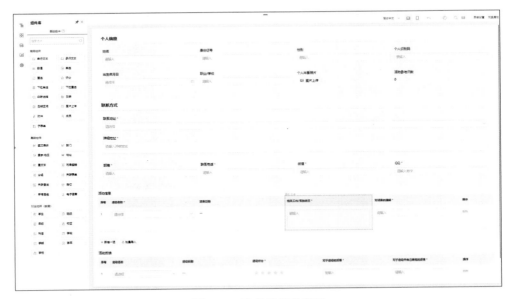

图 2-98 表单设置效果图

2. 属性设置

在"活动参与次数"数值组件的"属性"窗格中，将"状态"设置为"只读"，并在"默认值"下拉列表中选择"自定义"选项，并将值设置为 0，如图 2-99 所示。设置好后单击右上角的"保存"按钮，表单的效果如图 2-100 所示。表单保存后返回应用编辑页面，参考 2.2.2 节将该表单移入

"数据看板"分组,如图 2-101 所示。

图 2-99　"活动参与次数"属性设置示意图

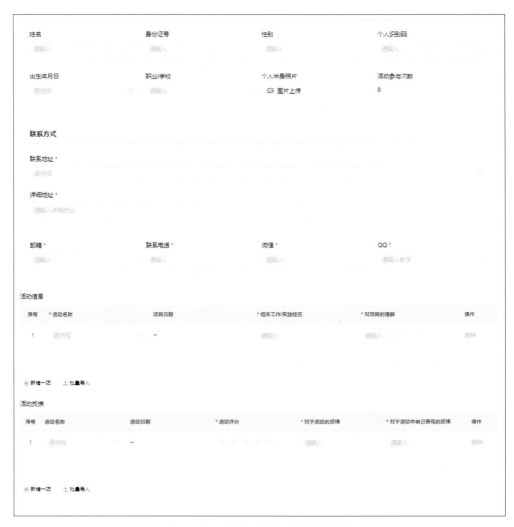

图 2-100　"志愿者信息底表"效果图

图 2-101　分组移动示意图

3. 数据汇总功能设计

该表单用于汇总志愿者参与活动的数据。因此当志愿者填报个人信息后，先更新到汇总表中。当"志愿者活动报名"流程通过后，可将志愿者参与的活动更新到当前汇总表中的活动信息子表单中。最后，活动结束后填写的"活动反馈"表单也可通过集成 & 自动化更新到该志愿者的汇总数据中。

当志愿者填报个人信息后，先更新到汇总表中。

在"页面管理"选项卡中，选择"基础信息维护"分组中的"志愿者信息登记"普通表单，单击右上角的"编辑表单"按钮，如图 2-102 所示。跳转至表单编辑页面后，单击空白区域选中整张表单，在右侧"属性"窗格中，找到"公式执行"分组，单击"添加业务关联规则"按钮，如图 2-103 所示。在弹出的对话框中修改标题为"更新底表"，同时单击"单据提交"的文本框，如图 2-104 所示。弹出"公式执行"对话框，在"公式"文本框中添加如图 2-105 所示的 UPSERT()函数，将"志愿者信息登记"普通表单提交数据同步更新至本表单。

图 2-102　表单选择示意图

图 2-103　"志愿者信息登记"表单属性设置示意图

图 2-104　"更新底表"函数命名示意图

图 2-105　"更新底表"公式添加示意图

当"志愿者活动报名"流程通过后,可将志愿者参与的活动更新到当前汇总表中的活动信息子表单中。切换到"志愿者活动报名"流程表单的"流程设计"选项卡,单击"创建新流程"按钮,如图 2-106 所示。单击"创建新流程"按钮,弹出如图 2-107 所示界面。

图 2-106 "志愿者活动报名"流程表单示意图

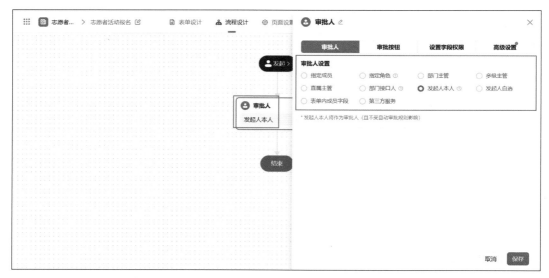

图 2-107 "志愿者活动申请"流程设置示意图

单击流程线上的加号按钮,在弹出的快捷菜单中选择"条件分支"选项,如图 2-108 所示,将自动生成两条分支,分别为"条件 1"分支和"其他分支"。单击"条件 1"节点,在弹出的窗格中将"配置方式"选择为"公式",并在"公式"文本框中输入"EXACT(最近一次审批意见,"同意")"。在这里 EXACT() 函数可以判断两个文本是否相同,因此在审批意见为"同意"时执行条件 1 分支,如图 2-109 所示。

通过获取底表数据,判断是否为同一名志愿者,当志愿者名称相同时更新底表的活动子表单以及参与活动次数。在审批结果为"同意"的分支上,添加人工节点"获取单条数据",单击该节点,在弹出的窗格中选择"从普通表单中获取"选项,然后选择"志愿者信息底表"中的数据,在"按条件过滤"中设置当获取数据身份证号等于本数据身份证号且名称等于志愿者名称时获取该条数据,如图 2-110 所示。

在获取单条数据后,对单条数据的"活动信息"子表单进行新增数据。单击"获取单条数据"节点后的流程线上的加号按钮,在弹出的快捷菜单中选择"新增数据"节点。由于活动信息

图 2-108 "志愿者活动申请"分支节点添加示意图

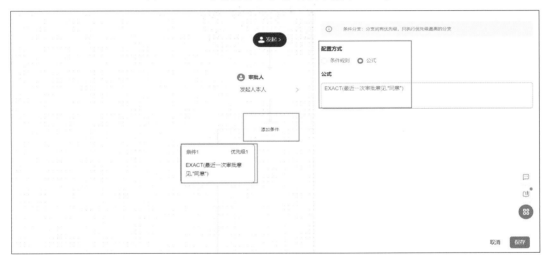

图 2-109 "志愿者活动申请"条件设置示意图

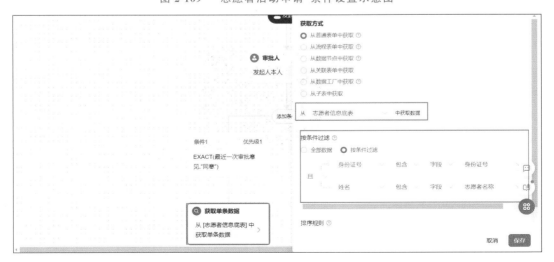

图 2-110 "获取单条数据"条件设置示意图

在底表为子表单,所以在"新增数据"窗格中,选择"新增方式"为"在子表新增",并选择在"获取单条数据"中的"活动信息"中新增数据。将"新增数据"选择为"新增单条数据",同时将新增字段与子表单中字段一一对应,如图 2-111 所示。

图 2-111 "新增数据"条件设置示意图

在子表单中新增单条数据后,要对志愿者参与的活动次数计数加 1。在"新增数据"节点后添加数据节点"更新数据"。单击该节点,在弹出的"更新数据"窗格中,选择更新"获取单条数据"中的数据,并将获取的单条数据的"活动参与次数"通过公式"获取单条数据.活动参与次数+1"进行增加,如图 2-112 所示。

图 2-112 更新活动次数设置示意图

由于子表单在未进行活动时存在一条空数据,所以需要通过条件判断是否存在空数据,若存在则将存在的空数据删除。

在"更新数据"节点后再新增"获取单条数据"节点,并命名为"获取空数据",在弹出的窗格中将"获取方式"选择为"从子表中获取",选择从"获取单条数据"中的"活动信息"中获取数据,选择"按条件过滤"选项,并根据条件"活动名称""没有值"筛选出子表单中是否存在空数据,如图 2-113 所示。

图 2-113　获取空数据设置示意图

随后增加分支节点"条件节点",单击"条件 1"节点,在弹出的窗格中,将"配置方式"选择为"公式",并在"公式"文本框中添加条件判断"ISNULL(获取空数据.活动名称)",如图 2-114 所示,用于对获取的空数据是否存在进行判断。ISNULL()函数用于判断子表单内的某个组件是否为空,或者多项选择框的值是否为空,如图 2-115 所示。只有当空数据存在时才需要将空数据删除,否则无须进行操作。

图 2-114　分支条件设置示意图

在"条件 1"节点后的流程线上单击加号按钮,在弹出的快捷菜单中选择"删除数据"节点,并且在弹出的窗格中设置"选择数据节点"删除"获取空数据"的数据,如图 2-116 所示。

图 2-115　条件公式设置示意图

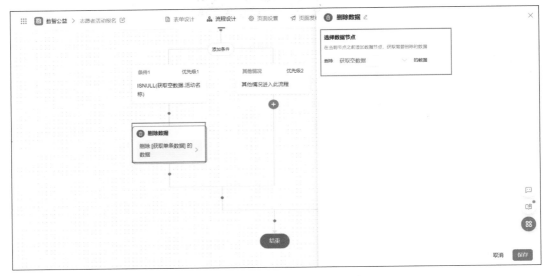

图 2-116　"删除数据"节点设置示意图

　　设置好更新底表数据后,单击右上角的"保存"按钮,将该流程进行保存,流程总体设置如图 2-117 所示。

　　志愿者活动数据更新成功后,需要通过集成 & 自动化将"活动反馈"普通表单的数据也更新至底表。在系统编辑页面,选择上方菜单栏的"集成 & 自动化"选项,单击"新建集成 & 自动化"按钮,选择"从空白创建"选项。在弹出的"新建集成 & 自动化"对话框中,设置名称为"更新底表",当志愿者新建活动反馈表单数据后自动触发,因此选择触发类型为"表单事件触发",触发表单选择"活动反馈",如图 2-118 所示。

　　进入设计页面后,单击"表单事件触发"节点,在右侧弹出的窗格中,将"触发事件"选择为"创建成功"。当"活动反馈"表单新增数据后,自动执行该集成 & 自动化对底表进行更新,因此,将"数据过滤"选择为"全部数据",如图 2-119 所示。

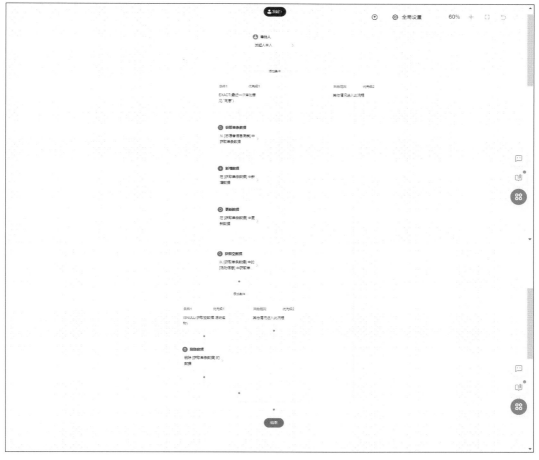

图 2-117　流程表单流程设计效果图

图 2-118　集成 & 自动化设置示意图

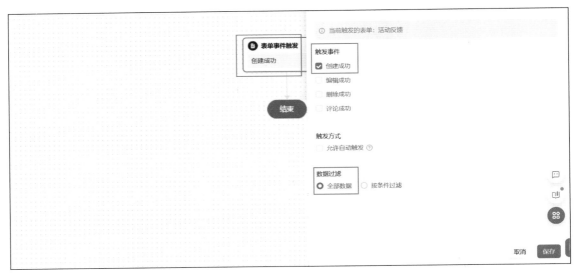

图 2-119　表单触发事件设置示意图

通过获取底表数据,判断是否为同一名志愿者,当志愿者名称相同时更新底表的活动子表单以及更新参与活动次数。因此,添加数据节点"获取单条数据",在右侧的弹窗中将"获取方式"选择为"从普通表单中获取",然后选择从"志愿者信息底表"中获取数据,在"按条件过滤"栏中选择"按条件过滤",并设置当获取名称等于志愿者名称时获取该条数据,如图 2-120所示。

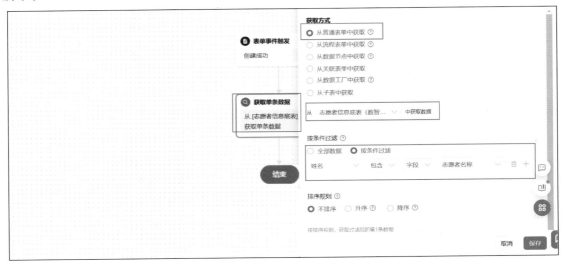

图 2-120　"获取单条数据"节点条件设置示意图

在获取单条数据后,对单条数据的"活动信息"子表单进行新增数据。因此,需要添加数据节点"新增数据",由于活动信息在底表中为子表单,因此在右侧弹出的窗格中,选择"新增方式"为"在子表中新增",然后选择在"获取单条数据"中的"活动反馈"中新增数据。将"新增数据"选择为"新增单条数据",同时将新增字段与子表单中字段一一对应,如图 2-121所示。

图 2-121　"新增数据"节点条件设置示意图

　　由于子表单在未进行活动反馈时存在一条空数据,所以需要通过条件判断是否存在空数据,若存在,则将存在的空数据删除。

　　因此,需要添加数据节点"获取单条数据",并命名为"获取空数据",在右侧弹窗中,将"获取方式"选择为"从子表中获取",选择从"获取单条数据"中的"活动反馈"中获取数据,在"按条件过滤"栏中选择"按条件过滤",并设置根据条件"活动名称""没有值"筛选出子表单中是否存在空数据,如图 2-122 所示。

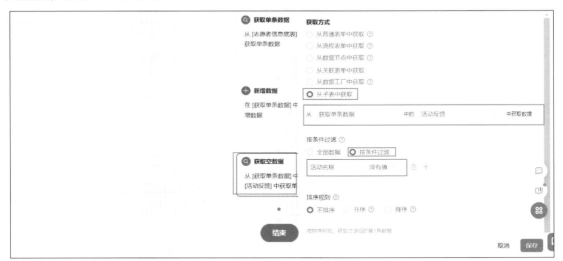

图 2-122　"获取空数据"节点设置示意图

　　随后增加分支节点"条件分支",在"条件 1"窗格中,将"配置方式"选择为"条件规则",并在"条件规则"中设置"获取空数据.活动名称"为"没有值",如图 2-123 所示,对获取的空数据是否存在进行判断。只有当空数据存在时才需要将空数据删除,否则无须进行操作。

　　当通过判断发现存在空数据后,需要将空数据删除。因此,在该分支添加数据节点"删除数据",在"选择数据节点"中选择删除"获取空数据"的数据,如图 2-124 所示。

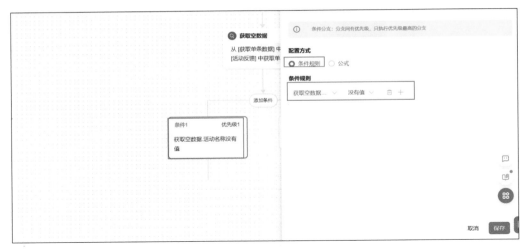

图 2-123 "条件 1"节点设置示意图

图 2-124 "删除数据"节点设置示意图

设置好更新底表数据后,单击右上角的"保存"按钮,将该流程进行保存,流程总体设计如图 2-125 所示。参考 2.2.2 节将表单移入"数据看板"分组内,移动后效果如图 2-126 所示。

2.4.2 "志愿者信息报表"报表页面

教学视频

实验视频

"志愿者信息报表"报表将"志愿者信息底表"普通表单作为数据源,通过报表组件从不同维度对志愿者数据进行分析,更加直观立体地展示志愿者信息及志愿者参与活动情况。该报表页面的思维导图如图 2-127 所示。

参考 2.2.2 节在应用编辑页创建一张报表,并将其命名为"志愿者信息报表",并在表单添加如图 2-127 所示组件,报表组件如图 2-128 所示。

单击"饼图"组件,在右侧的弹窗中,设置饼图的"数据集"为"志愿者信息底表",并设置"分类字段"为"联系地址","数值字段"为"实例 ID",如图 2-129 所示。单击"数值字段"的"实例 ID"右侧的编辑按钮,弹出"数值设置面板"对话框,数值字段的默认值为"聚合""计数",本饼图数值字段需要其计数,因此不需要调整,如图 2-130 所示。

图 2-125 流程表单流程设计示意图

图 2-126 表单移动效果图

```
                                          ┌── "所属地区"下拉筛选组件
                                          │
                                          ├── "姓名"下拉筛选组件
                                          │
                                          ├── "身份证号"下拉筛选组件
                                          │
                                          ├── "性别"下拉筛选组件
"志愿者信息报表"报表 ──────────┤
                                          ├── "出生日期"时间筛选组件
                                          │
                                          ├── "志愿者地区及性别分布"饼图组件
                                          │
                                          ├── "志愿者地区和性别柱状图"柱状图组件
                                          │
                                          └── "志愿者详情查看"基础表格组件
```

图 2-127 "志愿者信息报表"报表页面思维导图

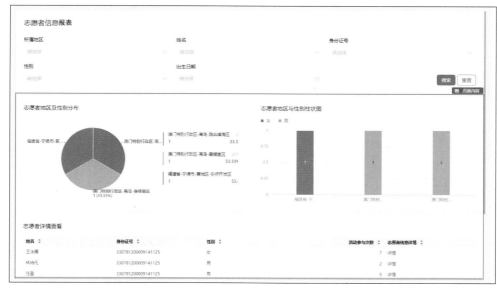

图 2-128 "志愿者信息报表"效果图

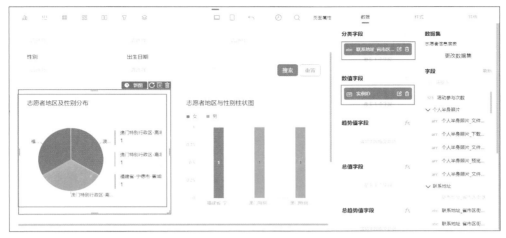

图 2-129　"志愿者地区及性别分布"设置效果图

图 2-130　数据设置示意图

　　按照前面讲述的方法,设置柱状图的数据集为"志愿者信息底表",并设置"横轴"为"联系地址"、"纵轴"为"实例 ID"、"分组"选择"性别",如图 2-131 所示。该组件的数值字段聚合状态与饼图相同,不需要修改"聚合"选项。

　　同理,设置基础表格的数据集为"志愿者信息底表",并设置"表格列"字段为"姓名""身份证号""性别""活动参与次数""实例 ID"。单击"实例 ID"字段右侧的"编辑"按钮,弹出"数据设置面板"对话框,切换到"表格列"选项卡,将"列隐藏"按钮打开,如图 2-132 所示。该图标的数值字段聚合状态与饼图相同,不需要修改"聚合"选项。

　　除此之外,单击"点击添加公式字段"按钮,添加"志愿者详情查看"函数字段,如图 2-133所示。在弹出的"编辑自定义字段"对话框中,设置函数的"自定义字段"内容为"详情",如图 2-134 所示。

　　设置好后,单击右上角的"保存"按钮退回应用编辑页面。然后单击右上角的"访问"按钮,如图 2-135 所示,进入应用访问界面。选择打开"数据看板"分组内的"志愿者信息底表",进入数据管理页,选择任意一条数据点击详情选择新开页面图 2-134,复制新开页面的链接,如图 2-136 所示。

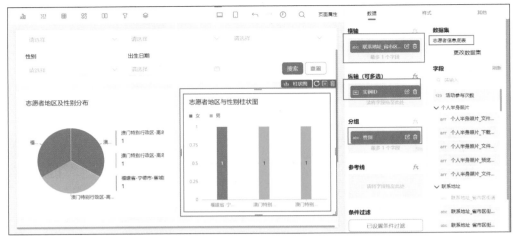

图 2-131 "志愿者地区与性别柱状图"设置示意图

图 2-132 "实例 ID"字段设置效果图

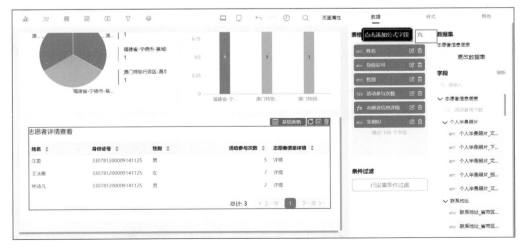

图 2-133 函数字段设置效果图

图 2-134　函数字段内容设置示意图

图 2-135　进入应用访问状态示意图

图 2-136　复制链接示意图

再次进入应用编辑状态,选择"志愿者信息报表",单击"编辑报表"按钮,在下拉列表中选择"报表设计"选项,如图 2-137 所示。将链接粘贴至基础表格的"志愿者信息详情"字段的数据设置面板的"链接"选项卡中,如图 2-138 所示。在粘贴的链接中删除"?formInstId"后面的字符串,点击添加字段,会弹出基础表格中选取的字段,在其中选择"实例 ID",如图 2-139 所示。设置成功后,单击不同的数据详情字段,就会跳转到该数据对应的数据详情页中,如图 2-140 所示。

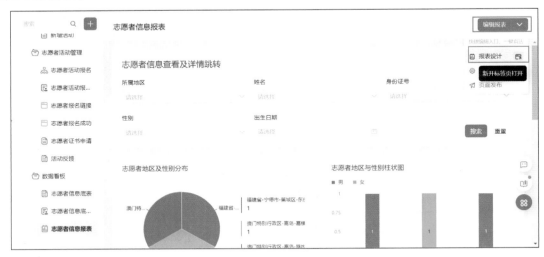

图 2-137　进入报表设计页面示意图

图 2-138　粘贴链接示意图

在"志愿者信息查看及详情跳转"区域中,除"出生日期"时间筛选组件外,其他四个筛选组件设置条件相同,以"所属地区"筛选组件为例。选中上方菜单栏"筛选"组件下拉列表中的"下拉筛选"组件,添加至页面中,单击下拉筛选组件,弹出右侧"样式"属性栏,修改"标题"为"所属地区",如图 2-141 所示。切换到"数据"属性栏,选择数据集为"志愿者信息底表",如图 2-142所示。

图 2-139 函数字段链接编辑示意图

图 2-140 函数字段链接设置示意图

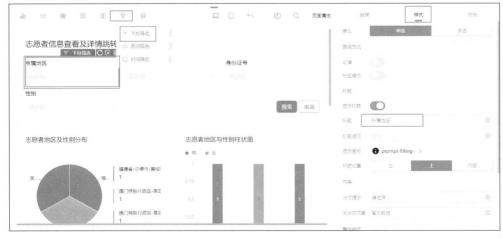

图 2-141 "所属地区"添加示意图

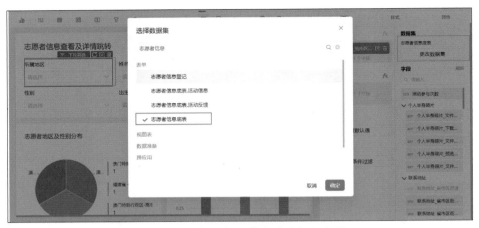

图 2-142　"所属地区"数据集选择示意图

在数据集显示的组件中选择"查询字段"为"联系地址"。使用同样的配置方法将姓名、身份证号及性别等筛选组件依次进行设置,如图 2-143 所示。

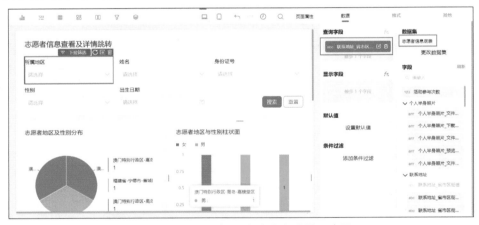

图 2-143　"所属地区"查询字段设置示意图

设置"出生日期"筛选组件。在上方菜单栏"筛选"组件中选择"时间筛选"组件,并将组件添加至页面中。选中该组件,在右侧弹出的"样式"属性栏中修改"标题"为"出生日期",如图 2-144 所示。随后切换至"数据"属性栏,选择数据集为"志愿者信息底表",如图 2-145 所示。

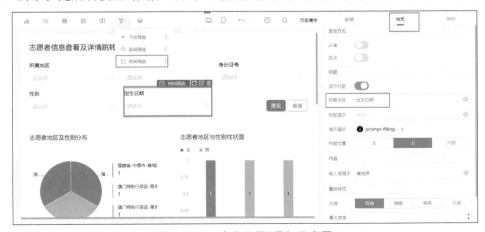

图 2-144　"出生日期"添加示意图

图 2-145　"出生日期"数据集选择示意图

在数据集显示的组件中选择"查询字段"为"日",如图 2-146 所示。

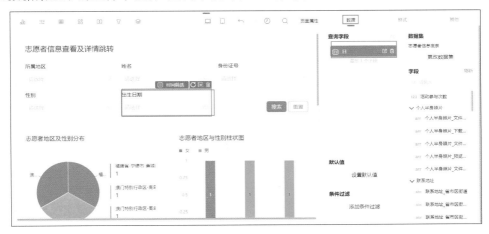

图 2-146　"出生日期"查询字段设置示意图

设置完成后,单击右上角的"保存"按钮。报表效果图如图 2-147 所示。

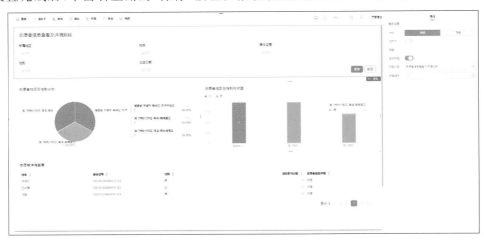

图 2-147　报表设置效果图

参考 2.2.2 节将本报表移入"数据看板"分组内,移动后效果如图 2-148 所示。

图 2-148　表单移动效果图

教学视频

2.5　"志愿者档案管理首页"自定义页面

该页面通过设置链接跳转,可快捷进入每个页面,员工可通过首页快速了解应用并进行使用。单击"页面管理"页左上角的加号按钮,弹出下拉菜单,单击"新建自定义页面"选项,弹出"新建自定义页面",选择"工作台模板-01"选项,如图 2-149 所示。

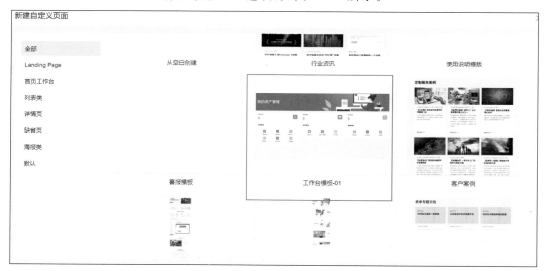

图 2-149　自定义页面模板选择示意图

在右侧"属性"窗格中,修改自定义页面的页头内容为"志愿者档案管理首页",如图 2-150 所示。

按住键盘的 Ctrl 键,选中图 2-151 中的两个链接块以及一个容器,然后按键盘的 Delete 键将这些组件删除。

将三个分组分别重命名为"基础信息""活动申请""活动反馈",并且依次选择每个链接块中的文本,将其修改为图 2-152 所示的文字。并在每个链接块中添加想要关联的链接,本页面选择内部页面,将需要的页面添加上,如图 2-153 所示。

图 2-150　自定义页面页头设置示意图

图 2-151　自定义页面容器选择示意图

图 2-152　修改文本效果图

图 2-153　自定义页面容器效果图

单击右上角的"保存"按钮,该页面的效果如图 2-154 所示。

图 2-154　自定义页面效果图

第 3 章

受助人申请管理系统

在信息化时代,公益慈善事业由"传统慈善"向"现代慈善"转型,公益慈善事业的内涵进一步丰富,公益慈善事业的专业化与职业化程度提高,公益慈善事业的数字化转型也成为现代公益慈善领域的焦点。运用技术手段推动公益慈善事业高效化、透明化是公益慈善事业数字化转型的重要目标。慈善事业是第三次分配的主要渠道,也是实现共同富裕的重要途径。救助和帮扶困难群众作为公益慈善工作的出发点和落脚点,救助业务的信息化也成为公益事业数字化的重要内容。如何实现对救助者信息的高效管理是重中之重。

在实际开展公益救助工作时,由于缺乏简洁有效的技术工具,公益机构面对繁多冗杂的信息难以进行高效地整合与管理,为后续的捐赠人与受助人对接、回访受助人等带来不便,这不仅不利于受助人信息登记、收集与反馈,更难以对受助人进行长期跟踪与管理,从而影响公益救助的工作成效。此外,传统的信息登记与处理方式,难以为受助人提供较好的隐私与信息保护。

运用互联网技术,对受助者有关信息进行汇总与统计,使公益机构有关人员能够在线查询受助人资料,更为迅捷而全面地了解受助人的具体情况,为其提供更为精准、及时的帮助,从而有效提高开展救助活动、进行救助工作的效率,从技术层面实现救助业务的数字化与在线化、项目进度过程透明化,有利于救助帮扶工作取得良好成效。

本系统主要分为"受助人信息管理"功能、"受助人申请管理"功能以及受助人申请管理系统首页三个功能模块,思维导图如图 3-1 所示。"受助人信息管理"功能用于维护受助人的基本信息和受助信息,公益组织可提交对受助人回访情况的反馈;"受助人申请管理"用于受助人

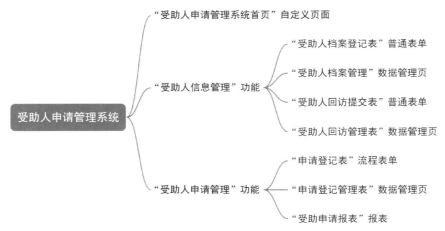

图 3-1 "受助人申请管理系统"思维导图

提交受助申请,公益组织可以对整个流程进行把控,并通过报表实现申请数据的分析和展示。

3.1 创建"受助人申请管理系统"应用

首先需要创建"受助人申请管理系统"应用,创建应用的具体步骤可参考 2.1 节,在网页端登录宜搭进入工作台首页,单击"创建应用"按钮,在弹出的"创建应用"对话框中可依次设置"应用名称""应用图标""应用描述""应用主题色",其中"应用名称"设置为"受助人申请管理系统",选择合适的应用图标,单击"确定"按钮即可,如图 3-2 所示。

图 3-2　应用信息填写示意图

创建成功后自动跳转到"受助人申请管理系统"应用编辑页面,如图 3-3 所示。

图 3-3　应用编辑页面示意图

3.2 "受助人信息管理"功能设计

在开展救助帮扶的过程中,首先需要受助人将个人信息和情况进行提交,公益组织也需要对受助人的情况进行回访,判断是否满足受助条件。此外,公益组织的管理人员也可对受助人的信息进行管理和维护。因此可在"受助人信息管理"功能模块中创建"受助人档案登记表"普通表单、"受助人回访提交表"普通表单。为方便公益组织管理人员对表单进行维护和管理,因此可以生成"受助人档案管理"数据管理页、"受助人回访管理"数据管理页。该功能思维导图如图 3-4 所示。

图 3-4　"受助人信息管理"功能思维导图

首先参考 2.2.1 节的步骤,创建一个名为"受助人信息管理"的分组,如图 3-5 所示。

图 3-5　"受助人信息管理"分组信息填写示意图

3.2.1 "受助人档案登记表"普通表单

"受助人档案登记表"普通表单用于收集受助人的基本信息、账户信息、家庭信息、材料信息、受助情况等,便于对受助人的基本情况进行存档。"受助人档案登记表"普通表单思维导图如图 3-6 所示。

1. 表单设计

参考 2.2.2 节创建一个普通表单,并将其命名为"受助人档案登记表",如图 3-7 所示。

教学视频

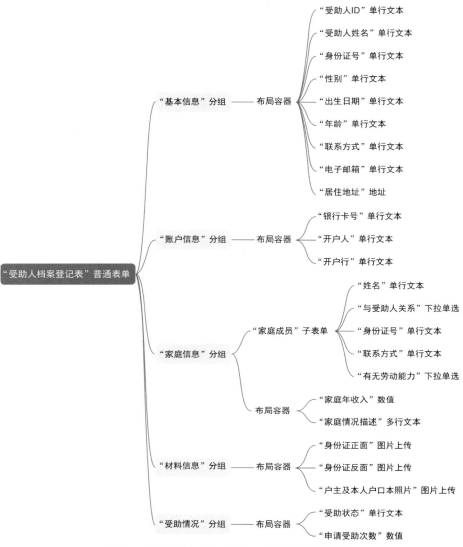

图 3-6 "受助人档案登记表"普通表单思维导图

图 3-7 "受助人档案登记表"命名示意图

参考 2.2.2 节的步骤,在画布中添加"基本信息"和"账户信息"两个"分组"组件,并在其中添加"布局容器"组件。在弹出的布局容器"属性"窗格中,将"列比例"设置为 4∶4∶4,如图 3-8 所示。从组件库中拖拽图 3-6 中所示的"基本信息"和"账户信息"分组的组件至指定位置,并命名为对应的名称,布局效果如图 3-9 所示。

图 3-8　"布局容器"组件设置示意图

图 3-9　"基本信息"和"账户信息"分组布局设置效果图

同上述方法,在画布中添加"家庭信息""材料信息""受助情况"三个"分组"组件,并在其中添加"布局容器"组件。在布局容器"属性"窗格中,将"列比例"设置为 6∶6,如图 3-10 所示。从组件库中拖拽图 3-6 中所示的"家庭信息""材料信息""受助情况"分组的组件至指定位置,并命名为对应的名称,布局容器组件设置如图 3-11 所示。

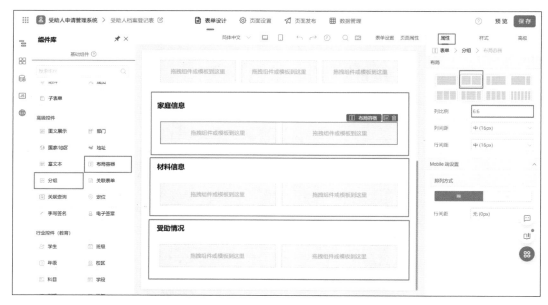

图 3-10 "布局容器"组件设置示意图

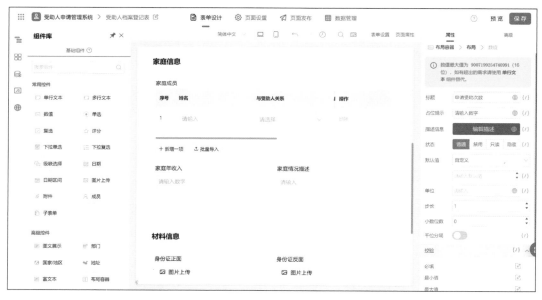

图 3-11 "家庭信息"和"材料信息"分组布局设置效果图

2. 属性设置

组件设置成功后,依次对各分组中组件的属性进行设置。

首先,设置"基本信息"分组中组件的属性。

需要通过公式编辑生成唯一值作为受助人的 ID。因此,单击"受助人 ID"组件,在右侧弹出的"属性"窗格中,将"默认值"选择为"公式编辑",如图 3-12 所示。在弹出的"公式编辑"对话框中,输入公式"CONCATENATE ("SZR-",TEXT(TODAY(),"yyyyMMddhhmmss"))",如图 3-13 所示。其中,CONCATENATE 函数可以将多个字符串按照指定样式拼接成一个文本字符串,TODAY 函数可以返回当日的日期,TEXT 函数可以将数字格式转换成指定格式的文本。

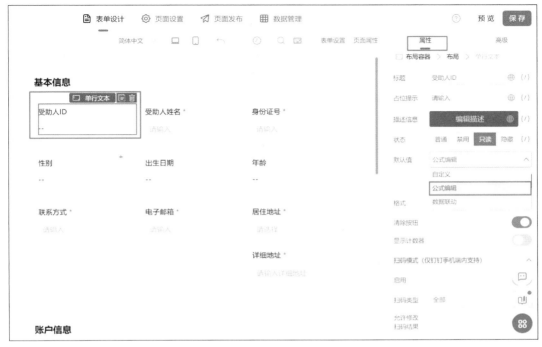

图 3-12　"受助人 ID"组件默认值示意图

图 3-13　"受助人 ID"组件公式编辑示意图

　　由于表单会收集受助人身份证号,身份证号第 17 位是性别位,奇数为男性,偶数为女性;第 7 位到第 14 位是出生年月日。因此可以通过身份证号以及公式编辑自动生成性别、出生日期和年龄。其中可能涉及的公式如下。

- LEN(text):返回文本字符串中的字符个数。可用于返回身份证号位数。
- MID(A,B,C):在 A 字符串中,从第 B 位开始取出 C 个字符。可用于从身份证号中取出需要用到的字符。

- MOD(number,divisor)：返回两数相除的余数。可对身份证号第17位取余数,结果为1,性别为男;结果为0,性别为女。
- VALUE()：把MID函数取出的字符串转换为数字。可用于对身份证号取出的年份转换为数字,进行年龄的计算。
- EQ(value1,value2)：两个值相等时返回true,支持数字、日期格式。可用于判断身份证号是否等于18位或身份证号倒数第二位除以2的余数是否为0。
- IF(判断条件,结果为true的返回值,结果为false的返回值)：通过EQ公式判断身份证号位数或身份证号倒数第二位除以2的余数后,按照条件执行操作。

参考前面所述的步骤,分别设置"性别"组件、"出生日期"组件、"年龄"组件的"默认值"为"公式编辑",编辑公式参考表3-1。"出生日期"组件公式编辑如图3-14所示。

表3-1 "基本信息"组件公式

组 件 名 称	编 辑 公 式	作 用
性别	IF(EQ(LEN(身份证号),18),IF(EQ(MOD(VALUE(MID(身份证号,17,1)),2),0),"女","男"),"请输入正确的身份证号")	获取身份证号第17位,并进行性别判断
出生日期	IF(EQ(LEN(身份证号),18),CONCATENATE(MID(身份证号,7,4),"－",MID(身份证号,11,2),"－",MID(身份证号,13,2)),"请输入正确的身份证号")	获取身份证号中的出生年月日,并进行格式化组合
年龄	IF(EQ(LEN(身份证号),18),YEAR(TODAY())-VALUE(MID(身份证号,7,4)),"请输入正确的身份证号")	获取身份证号中的出生年份,并计算出年龄

图3-14 "出生日期"组件公式编辑示意图

单击"身份证号"组件,在右侧的窗格中将"格式"设置为"身份证号码",如图3-15所示。用同样的方法,将"联系方式"组件的格式设置为"手机","电子邮箱"组件的格式设置为"邮箱"。

受助人"基本信息"分组的效果如图3-16所示。

其次,设置"家庭信息"分组中组件的属性。

图 3-15　"身份证号"组件格式设置示意图

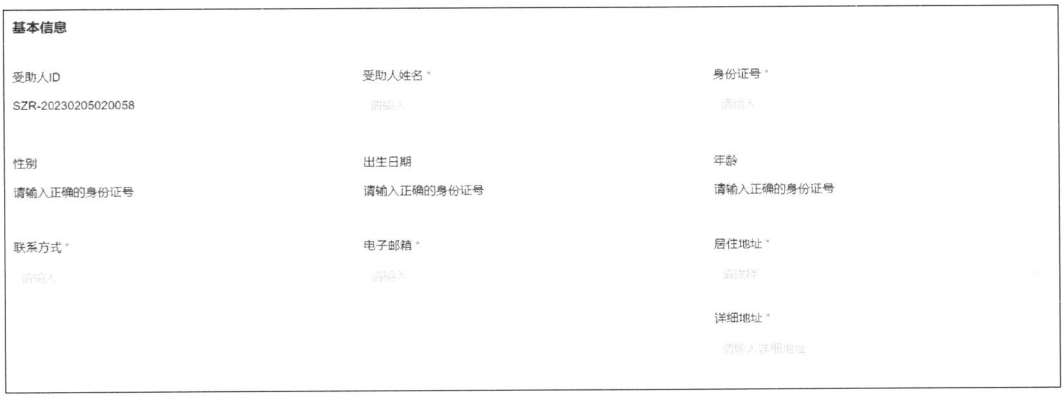

图 3-16　"基本信息"分组效果图

　　由于需要对身份证号和手机号自动进行校验,因此将家庭信息分组中"身份证号"组件的格式设置为"身份证号码","联系方式"组件的格式设置为"手机",如图 3-17 所示。

　　单击"家庭信息"分组中的"与受助人关系"下拉单选组件,在右侧的窗格中编辑"父母、子女、外祖父母、兄弟姐妹"选项,也可通过自定义选项中批量编辑功能快捷设置,如图 3-18 所示。同理,将"有无劳动能力"下拉单选组件的选项设置为"有、无"。

　　单击"保存"按钮,账户信息、家庭信息分组效果如图 3-19 所示。

　　随后,设置"材料信息"分组中组件的属性。

　　在右侧的"属性"窗格中,设置"身份证正面"和"身份证反面"组件的"最大上传文件个数"为"1",如图 3-20 所示。

　　最后,设置"受助情况"分组中组件的属性。

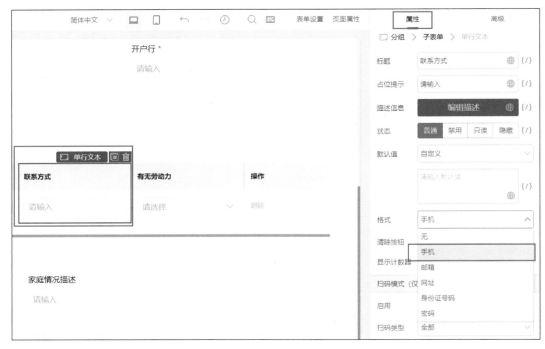

图 3-17 "联系方式"组件格式设置示意图

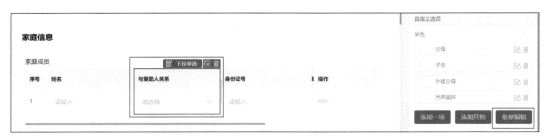

图 3-18 "与受助人关系"下拉单选组件批量编辑设置示意图

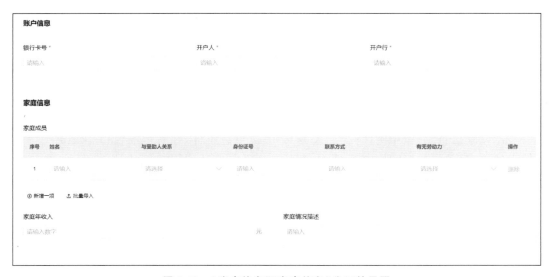

图 3-19 "账户信息""家庭信息"分组效果图

图 3-20 身份证图片上传组件属性设置示意图

在右侧的"属性"窗格中,设置"受助状态"单行文本组件的"默认值"为"自定义",并在文本框中输入"未受助",设置"状态"为"只读",如图 3-21 所示。同理,设置"申请受助次数"数值组件的"默认值"为"自定义",并在文本框中输入 0,设置"单位"为"次",设置"状态"为"只读",如图 3-22 所示。

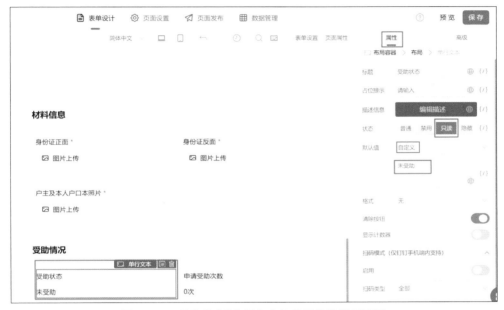

图 3-21 "受助状态"单行文本组件属性设置示意图

图 3-22 "申请受助次数"数值组件属性设置示意图

单击"保存"按钮，"材料信息"分组和"受助情况"分组效果如图 3-23 所示。

图 3-23 "材料信息"和"受助情况"分组效果图

捐赠过程中需要收集受助人的银行卡信息，银行卡号位数通常为 16 或 19 位，因此当提交表单时需要通过公式校验，对银行卡号的位数进行校验。OR 函数中任意一个值满足条件就会阻断提交表单，再通过 NOT 函数对值求反，便能实现当银行卡号不为 16 位或 19 位时阻断提交表单。单击画布右上方"表单设置"按钮，在"属性"窗格中单击"添加公式"按钮，如图 3-24 所示。在弹出的"提交校验"对话框中，输入公式"NOT(OR(EQ(LEN(银行卡号)，16)，EQ(LEN(银行卡号)，19)))"，勾选"当满足公式时，阻断提交"选项，设置"阻断提交时的提示文字"为"银行卡有误"，如图 3-25 所示，单击"确定"按钮即可。

图 3-24 公式校验添加示意图

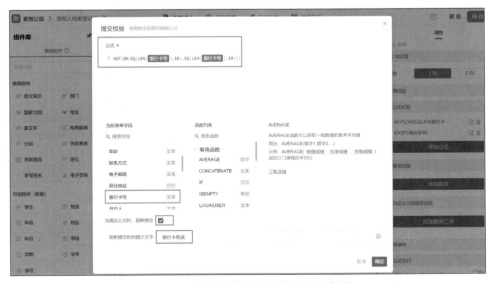

图 3-25 银行卡号校验编辑公式示意图

由于该表单将公开发布,为确保每人只能提交一次,因此需要对身份证号的唯一性进行校验。EXIST 函数能够判断身份证号是否与历史数据重复。单击"属性"窗格中的"添加公式"按钮,在弹出的"提交校验"对话框中输入公式"EXIST(身份证号)",勾选"当满足公式时,阻断提交"选项,设置"阻断提交时的提示文字"为"每人仅可提交一次,请勿重复提交",如图 3-26所示。单击"确定"按钮即可。

图 3-26　身份证号校验编辑公式示意图

设置好后,单击右上角的"保存"按钮。参考 2.2.2 节移动表单的步骤将该表单移动至"受助人信息管理"分组,如图 3-27 所示。

图 3-27　"受助人档案登记表"移动效果图

3. 页面发布

受助人申请救助前,需要在"受助人档案登记表"中登记个人信息,因此需要将表单发布给大众来邀请受助人填写,使用公开发布功能将页面进行发布即可。切换到"页面发布"选项卡,选择"公开发布"选项,开启"公开访问"按钮,如图 3-28 所示。设置"访问地址",如图 3-29 所示,单击"保存"按钮。参考 2.2.2 节中页面发布的内容,通过复制链接、下载二维码或海报的形式将表单分享给大众,如图 3-30 所示。

图 3-28　公开访问设置图

图 3-29　"受助人档案登记表"普通表单公开发布设置示意图

图 3-30　公开发布访问设置示意图

3.2.2　"受助人档案管理"数据管理页

在创建完"受助人档案登记表"普通表单后,可以通过该表的数据管理页对信息进行新增、修改、删除、导入、导出、搜索、筛选等操作,便于管理员对表单信息进行管理。因此,在"受助人档案登记表"预览页面中单击"生成数据管理页"按钮,如图 3-31 所示。在弹出的"新建数据管理页面"对话框中,将"页面名称"命名为"受助人档案管理",选择分组为"受助人申请管理系统"的"受助人信息管理",如图 3-32 所示。"受助人档案管理"数据管理页效果如图 3-33所示。

图 3-31　生成数据管理页示意图

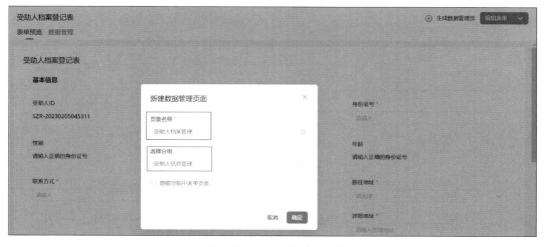

图 3-32　数据管理页名称及分组设置示意图

3.2.3　"受助人回访提交表"普通表单

"受助人回访提交表"普通表单用于公益组织对受助人回访情况进行填写存档,作为判断受助人是否符合受助条件的依据。该表单中组件名称和类型如图 3-34 所示。

教学视频

实验视频

图 3-33 "受助人档案管理"数据管理页效果图

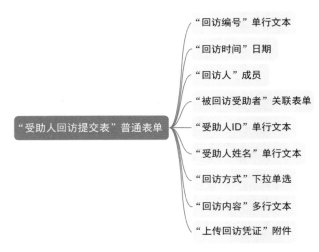

图 3-34 "受助人回访提交表"普通表单思维导图

1. 表单设计

参考 2.2.1 节创建表单的步骤创建一个普通表单,将表单命名为"受助人回访提交表",如图 3-35 所示。

图 3-35 "受助人回访提交表"命名示意图

从"组件库"中拖拽图 3-34 所示的组件至指定位置,并命名为对应的名称。单击"表单设置"按钮,在右侧"属性"窗格中的"列数"中选择"2 列",如图 3-36 所示。

图 3-36 "受助人回访提交表"表单设置列数设置示意图

2. 属性设置

表单设计完毕后,需要设置表单中组件的属性。

需要通过公式编辑生成唯一值作为回访编号,单击"回访编号"组件,在右侧"属性"窗格中,设置"默认值"为选择"公式编辑",如图 3-37 所示。CONCATENATE 函数可以将多个字符串按照指定样式拼接成一个文本字符串,TODAY 函数可返回当日的日期,TEXT 函数可以将数字格式化成指定格式文本。在弹出的"公式编辑"对话框中,输入公式"CONCATENATE("HF-",TEXT(TODAY(),"yyyyMMddhhmmss"))",如图 3-38 所示。

图 3-37 "回访编号"组件默认值设置示意图

User 函数可以获取当前登录人。TIMESTAMP(TODAY())公式可获取当天日期,因此分别设置"回访时间"组件、"回访志愿者"组件的"默认值"为"公式编辑",编辑公式如表 3-2 所示。设置"回访编号""回访时间""回访志愿者"组件的"状态"为"只读"。"回访时间"组件公式编辑如图 3-39 所示。

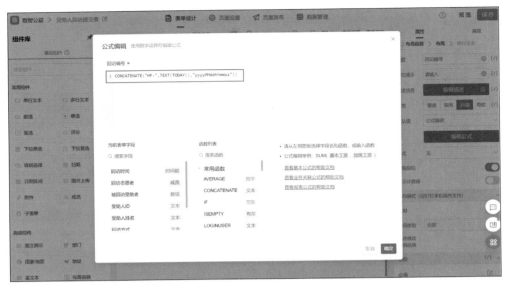

图 3-38 "回访编号"组件公式编辑示意图

表 3-2 "受助人回访提交表"组件公式编辑

组 件 名 称	编 辑 公 式	作 用
回访时间	TIMESTAMP(TODAY())	获取当前时间
回访志愿者	USER()	获取当前登录人

图 3-39 "回访时间"组件公式编辑示意图

关联表单组件可以获取其他表单中的数据。由于受助人的信息已经在"受助人档案登记表"中收集过,因此可以使用关联表单组件,获取受助人档案登记表,并根据受助人姓名匹配获取受助人的个人信息并填充至当前表单组件内。单击"被回访受助者"关联表单组件,在右侧的窗格中,设置"关联表单"为"受助人档案登记表","显示设置"为"受助人姓名",开启"数据填充",属性设置如图 3-40 所示。被填充的组件属性中状态设置"只读",设置条件如图 3-41 所示。填充效果如图 3-42 所示。

图 3-40　"被回访受助者"关联表单组件属性设置示意图

图 3-41　被回访受助者关联表单组件数据填充条件设置示意图

图 3-42　"被回访受助者"关联表单组件数据填充效果图

"受助人回访提交表"效果如图 3-43 所示。

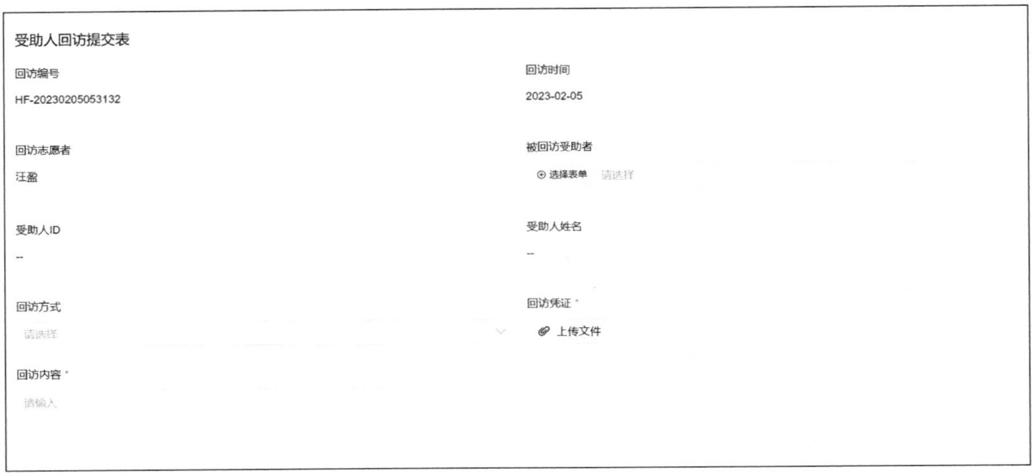

图 3-43 "受助人回访提交表"普通表单效果图

设置完毕后,单击右上角的"保存"按钮。参考 2.2.2 节移动表单的步骤将该表单移动至"受助人信息管理"分组。

3.2.4 "受助人回访管理"数据管理页

在创建完"受助人回访提交表"普通表单后,可以通过该表的数据管理页对信息进行新增、修改、删除、导入、导出、搜索、筛选等操作,便于管理员对表单信息进行管理。因此,对"受助人回访提交表"普通表单生成数据管理页,参考图 3-31,并将该数据管理页命名为"受助人回访管理",选择分组为"受助人申请管理系统"的"受助人信息管理",参考图 3-32。"受助人回访管理"数据管理页效果如图 3-44 所示。

图 3-44 "受助人回访管理"数据管理页

3.3 "受助人申请管理"功能设计

在救助帮扶的过程中,受助申请人需要填写申请信息向公益组织进行申请,公益组织需要对其申请进行审核,审核通过后再进行救助。由于在上一个功能中,已经收集受助人的相关信息，受助人进行申请登记表的填写时，无须重复填写信息，仅需提交当前申请所需的补充信息即可。公益组织收到申请后由专员进行审核和执行，整个流程的动向和结果可进行实时监管，结果也会及时通知给受助人，实现救助业务在线化，受助人资料在线查询，执行进度实时掌控。因此可在"受助人申请管理"功能模块中创建"申请登记表"流程表单、"申请登记管理表"数据管理页、"受助申请报表"报表，如图 3-45 所示。

图 3-45　"受助人申请管理"功能设计思维导图

首先参考 2.2.1 节的步骤，创建一个"受助人申请管理"分组，如图 3-46 所示。

图 3-46　"受助人申请管理"分组命名示意图

3.3.1　"申请登记表"流程表单

当受助人需要申请帮助时，可通过"申请登记表"流程表单申请，由受助人作为流程发起人进行申请（公益组织可在回访时邀请受助人加入组织架构中），填写所需申请资料并提交后，由公益接口人进行审批和执行。该表单中组件名称和类型如图 3-47 所示。

1. 表单设计

参考 2.2.1 节创建表单的步骤创建一个流程表单，将表单命名为"申请登记表"，如图 3-48 所示。

考虑到页面美观，因此需要设置布局格式。参考 2.2.2 节，在所有分组中放入布局容器，并在布局容器"属性"窗格中，对"列布局"进行设置，如"基本信息"分组中的布局容器可设置为 4 : 4 : 4 : 4 : 4 : 4 : 4 : 4 : 4 : 4 : 4 : 4 : 4 : 4，具体样式可根据各自需求进行调整，如图 3-49 所示。从组件库中拖拽图 3-47 所示的组件至指定位置，并将其命名为对应的名称。

教学视频

实验视频

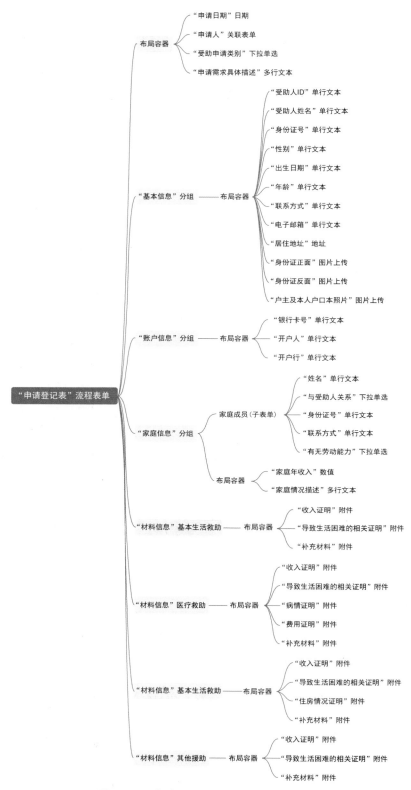

图 3-47 "申请登记表"流程表单思维导图

图 3-48 "申请登记表"命名示意图

图 3-49 "基本信息"分组布局容器设置示意图

2. 属性设置

表单设计完毕后,设置表单中组件的属性。

单击"申请日期"组件,在右侧的"属性"窗格中,将"默认值"选择为"公式编辑",如图 3-50 所示。在弹出的"公式编辑"对话框中输入公式"TIMESTAMP(TODAY())",该公式将获取当日时间,如图 3-51 所示。

单击"受助申请类别"下拉单选组件,在右侧"属性"窗格的"自定义选项"中设置选项为"基本生活救助""医疗救助""住房救助""教育救助""法律援助""心理救助""其他援助"。另外还可通过批量编辑功能快捷设置,如图 3-52 所示。

图 3-50 "申请日期"日期组件默认值设置示意图

图 3-51 "申请日期"组件公式编辑示意图

当申请人选择"受助申请类别"下拉单选组件的不同选项时,收集的信息也会相应发生改变,因此使用下拉单选的"关联选项设置"功能,将对应的组件配置在不同选项,如图 3-53 所示。

单击"家庭信息"分组中"与受助人关系"下拉单选组件,在右侧窗格中单击"批量编辑"按钮,在弹出的"批量编辑"对话框中,设置选项为"父母""子女""外祖父母""兄弟姐妹",一行一选项,如图 3-54 所示。同理,设置"有无劳动能力"下拉单选组件,在自定义选项中批量编辑为"有、无",一行一选项。

设置"基本信息""账户信息""家庭信息"分组中各组件的属性。

由于这三个分组的信息已在"受助人档案登记表"普通表单中收集,因此可以通过关联表单组件,获取受助人档案登记表数据,并根据选择的受助人姓名,匹配获取该受助人的个人信

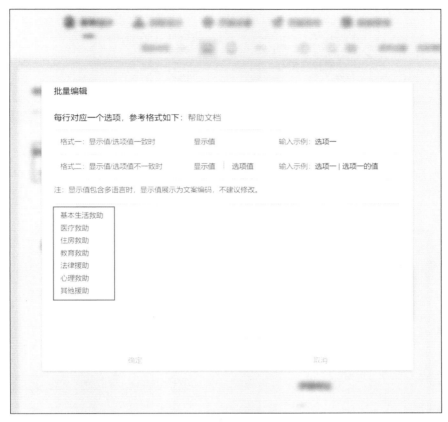

图 3-52 "受助申请类别"下拉单选选项批量编辑示意图

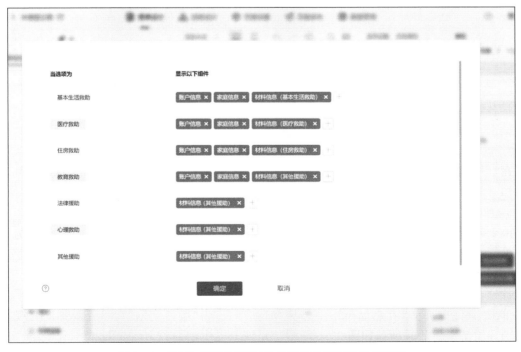

图 3-53 "受助申请类别"下拉单选关联选项设置示意图

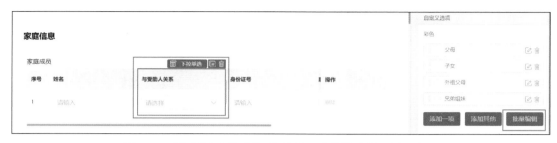

图 3-54 "与受助人关系"下拉单选组件批量编辑设置示意图

息填充到当前表单,对这些组件进行填充,无须重复填写。单击"申请人"关联表单组件,在右侧"属性"窗格中,设置"关联表单"为"受助人档案登记表","显示设置"为"受助人姓名",开启"数据填充"按钮,如图 3-55 所示。设置数据填充条件如图 3-56 所示。

图 3-55 "申请人"组件设置示意图

在各组件的"属性"窗格中,设置三个分组的所有组件状态为"只读",如图 3-57 所示。

单击"保存"按钮。"申请登记表"流程表单效果如图 3-58 所示。

3. 流程设计

在"申请登记表"流程表单提交后,需要由公益主管进行审核,并对捐赠人发送电子邮件进行通知,因此需要对流程进行设计。切换到"流程设计"选项卡,单击"创建新流程"按钮,如图 3-59 所示。

由于不同的受助申请类别需要由不同的专员和主管审核,因此以"受助申请类别"为条件设置不同的流程分支。在"发起"节点后的流程线上单击加号,弹出快捷菜单,选择"条件分支"节点,如图 3-60 所示。

首先对条件 1 分支进行流程设计。

单击"条件 1"节点,在右侧窗格中选择"配置方式"为"条件规则","条件规则"为"受助申请类别等于基本生活救助",如图 3-61 所示。在该分支中需要设置的审批节点有"专员审核""主管审批""通知申请人""专员执行""申请人反馈"。

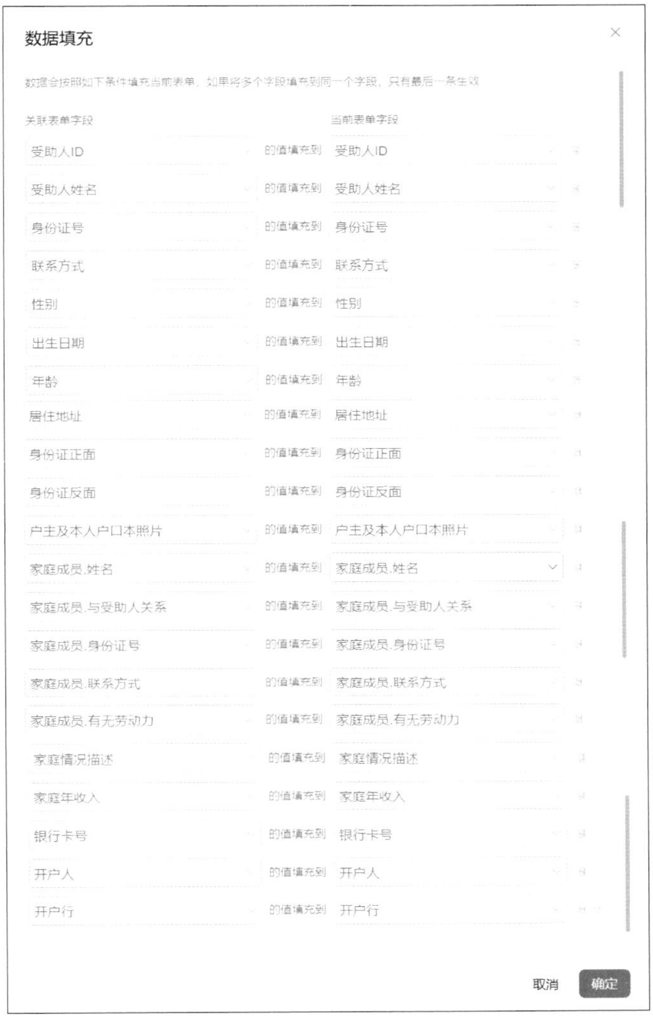

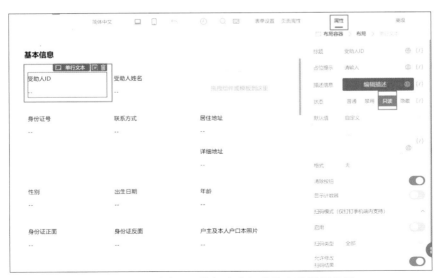

图 3-56 "申请人"数据填充条件设置示意图

图 3-57 "受助人 ID"单行文本组件状态设置示意图

申请日期
--

申请人 *
⊕ 选择表单 请选择

受助申请类别 *
请选择

申请需求具体描述 *
请输入

基本信息

受助人ID
--

受助人姓名
--

拖拽组件或模板到这里

身份证号
--

联系方式
--

居住地址
--

详细地址
--

性别
--

出生日期
--

年龄
--

身份证正面
--

身份证反面
--

户主及本人户口本照片
--

账户信息

银行卡号
--

开户人
--

开户行
--

家庭信息

家庭成员

序号	姓名	与受助人关系	身份证号	联系方式	有无劳动力	操作
1	--	--	--	--	--	删除

+ 新增一项   ⭳ 批量导入

家庭年收入
--

家庭情况描述
--

材料信息（基本生活...

收入证明 *
📎 上传文件

导致生活困难的相关证明 *
📎 上传文件

补充材料
📎 上传文件

材料信息（医疗救助）

收入证明 *
📎 上传文件

导致生活困难的相关证明 *
📎 上传文件

病情证明 *
📎 上传文件
医疗机构诊断证明、化验报告等

费用证明 *
📎 上传文件
诊疗结算单、药费发票等

补充材料
📎 上传文件

图 3-58 "申请登记表"表单设计效果图

图 3-58　（续）

图 3-59　创建新流程示意图

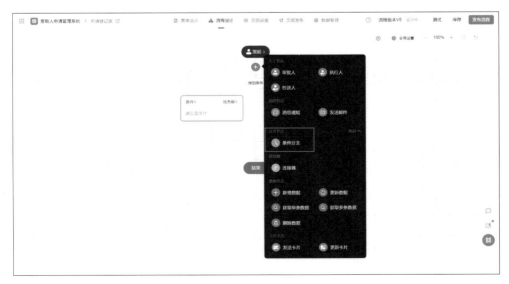

图 3-60　添加条件分支节点示意图

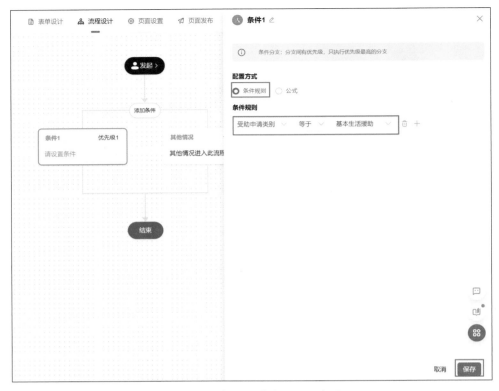

图 3-61　"条件 1"节点设置示意图

按照前面所述的方法添加 1 个审批人节点,命名为"专员审核",选择"审批人"选项卡,"审批人设置"为"指定角色","选择角色"为架构中已经设置好的角色"基本生活救助","多人审批方式"选择"或签",即一名审批人同意即可,单击"保存"按钮,如图 3-62 所示。

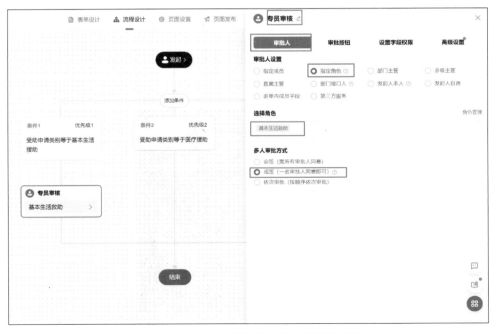

图 3-62　"专员审核"节点审批人设置示意图

切换到"审批按钮"选项卡,启用"同意"和"拒绝",单击"保存"按钮,如图 3-63 所示。

图 3-63　"专员审核"节点审批按钮设置示意图

切换到"设置字段权限"选项卡,全选"只读",表示审批人只能查看数据,不能进行修改,单击"保存"按钮,如图 3-64 所示。

图 3-64　"专员审核"节点设置字段权限设置示意图

同理,在"专员审核"节点后添加1个审批人节点,在右侧窗格中将其命名为"主管审批",在"审批人"选项卡中将"审批人设置"选择为"部门接口人",在"选择部门接口人"中选择为"发起人"所在部门的接口人"公益主管",将"多人审批方式"选择为"或签",即一名审批人同意即可,如图3-65所示。

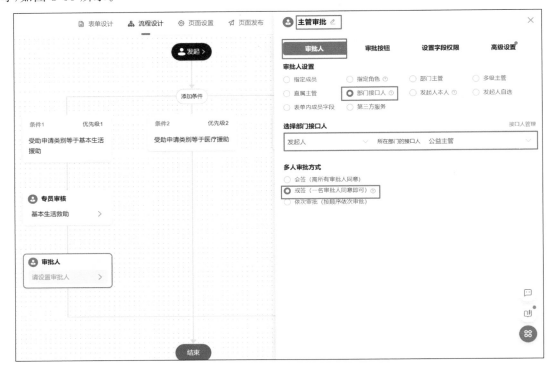

图3-65 "主管审批"节点设置示意图

切换到"审批按钮"选项卡,启用"同意"和"拒绝",参考图3-63所示。切换到"设置字段权限"选项卡,全选"只读",表示审批人只能读,不能进行修改,参考图3-64,单击"保存"按钮即可。

同理,在"主管审批"节点后添加1个消息通知节点,在右侧窗格中将其命名为"通知申请人",选择"选择通知对象"选项,将"通知类型"选择为"工作通知",在"通知人员"中选择"指定成员字段"并选择"流程发起人",如图3-66所示。

单击"下一步"按钮,跳转到"设置通知内容"选项,设置"通知内容"为"自定义",然后设置"标题"为"受助申请结果通知",设置"内容"为"当前表单提交后的数据受助人姓名,您的申请已通过",如图3-67所示。

单击"下一步"按钮,然后单击"保存"按钮。

随后添加1个执行人节点,在右侧窗格中将其命名为"专员执行",在"执行人"选项卡中,将"执行人设置"选择为"指定角色","选择角色"设置为架构中已经设置好的角色"基本生活救助","多人审批方式"选择为"或签",即一名审批人同意即可,如图3-68所示。

切换到"操作按钮"选项卡,在"操作按钮"中启用"提交"按钮并修改"显示名称"为"救助执行",如图3-69所示。

切换到"设置字段权限"选项卡,全选"只读",表示审批人只能读,不能进行修改,参考图3-64,单击"保存"按钮。

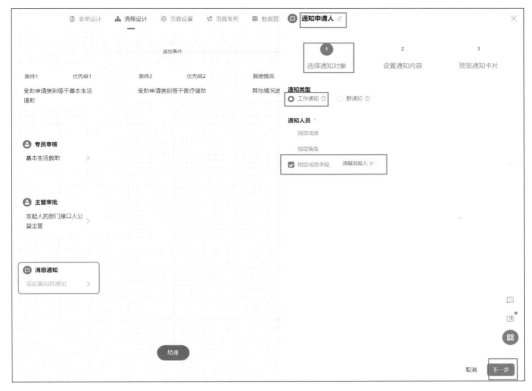

图 3-66　"通知申请人"节点选择通知对象示意图

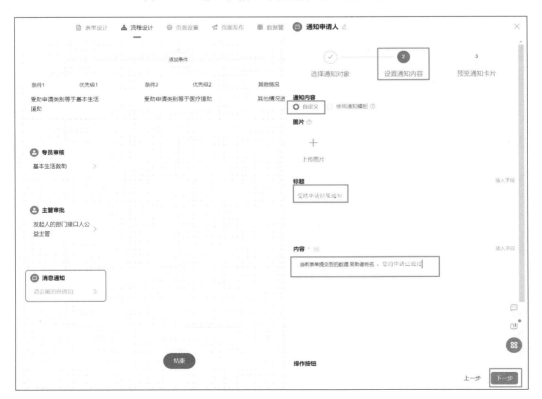

图 3-67　"通知申请人"节点设置通知内容示意图

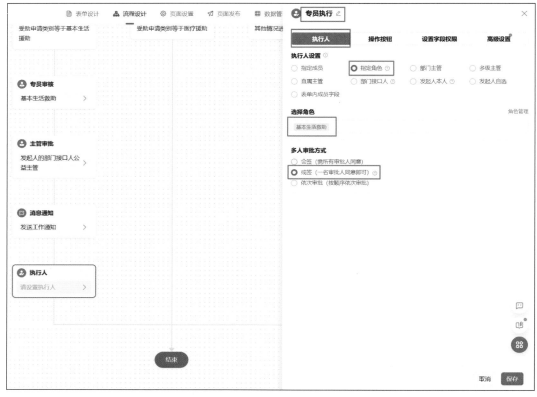

图 3-68 "专员执行"节点执行人设置示意图

图 3-69 "专员执行"节点操作按钮设置示意图

同理,添加 1 个审批人节点,在右侧窗格中将其命名为"申请人反馈",在"审批人"选项卡中将"审批人设置"选择为"发起人本人",如图 3-70 所示。

图 3-70 "申请人反馈"节点审批人设置示意图

切换到"审批按钮"选项卡,启用"同意""拒绝"按钮并分别修改"显示名称"为"已受助""未受助",如图 3-71 所示。

图 3-71 "申请人反馈"节点审批按钮设置示意图

切换到"设置字段权限"选项卡，全选"只读"，表示审批人只能读，不能进行修改，参考图3-64，单击"保存"按钮即可。

"条件2"和"其他情况"分支的流程设计与"条件1"分支基本类似，但其中"专员审核"节点和"专员执行"节点设置的审核人角色不同，可参考图3-72框中设置进行相应的调整。

图3-72 "申请登记表"流程设置效果图

当流程流转至不同的节点时，"受助人档案登记表"中受助人的受助状态也需要及时更新。单击"全局设置"按钮，如图 3-73 所示，在右侧弹出的窗格中，设置"节点提交规则"，如图 3-74 所示。

图 3-73　"全局设置"按钮示意图

图 3-74　"申请登记表"流程表单全局设置示意图

在流程开始时，需要将"受助人档案登记表"中的"受助状态"组件初始化为"未受助"，因此需要设置一个节点提交规则。单击"全局设置"窗格中的"添加规则"按钮，在弹出的"编辑"对话框中，将规则名称设置为"更新受助人信息 0"，选择"节点类型"为"开始"，如图 3-75 所示。

在这里，只需要对"受助状态"组件进行更新，因此使用 UPDATE 函数，只更新符合条件的目标表单数据。UPDATE 函数的用法为：UPDATE(目标表，主条件，子条件，目标列 1，目标值1,目标列2,目标值2…)。设置公式如图3-76所示。

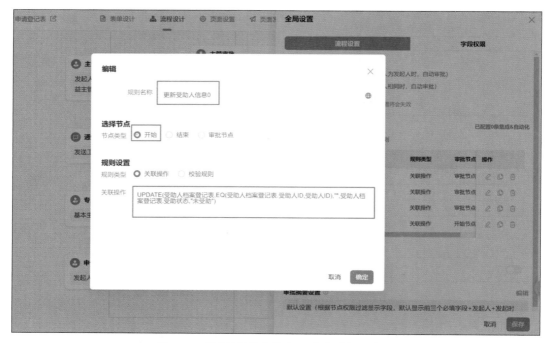

图3-75 "更新受助人信息0"节点选择示意图

图3-76 "更新受助人信息0"节点提交规则公式设置示意图

在流程中主管审批后,需要将"受助人档案登记表"中的"受助状态"组件更新为"开始受助",因此需要配置一个节点提交规则。单击"添加规则"按钮,在弹出的"编辑"对话框中,将"规则名称"设置为"更新受助人信息1",选择"节点类型"为"审批节点",选择"条件和节点"为三条分支的主管审批,选择"触发方式"为"节点完成执行",勾选"节点状态"为"同意",如图3-77所示。

图 3-77　"更新受助人信息 1"节点提交规则设置示意图

在这里，只需要对"受助状态"组件进行更新，因此使用 UPDATE 函数。单击"关联操作"文本框，在弹出的"校验规则/关联操作"对话框中进行公式设置，如图 3-78 所示。

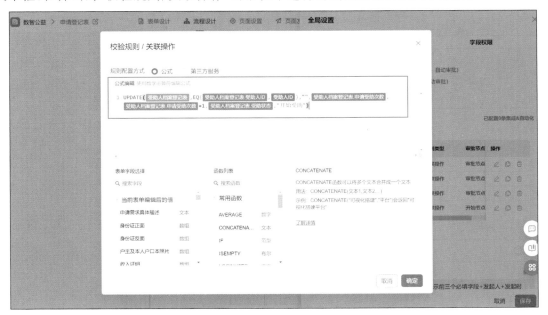

图 3-78　"更新受助人信息 1"节点提交规则公式设置示意图

流程中在专员执行后，需要将"受助人档案登记表"中的"受助状态"组件更新为"正在受助"，因此需要配置一个节点提交规则。单击"添加规则"按钮，在弹出的"编辑"对话框中，将"规则名称"设置为"更新受助人信息 2"，选择"节点类型"为"审批节点"，选择"条件和节点"为三条分支的专员执行，选择"触发方式"为"节点完成执行"，勾选"节点状态"为"同意"，如图 3-79 所示。

图 3-79 "更新受助人信息 2"节点提交规则设置示意图

在这里,只需要对"受助状态"组件进行更新,因此使用 UPDATE 函数。单击"关联操作"文本框,在弹出的"校验规则/关联操作"对话框中进行公式设置,如图 3-80 所示。

图 3-80 "更新受助人信息 2"节点提交规则公式设置示意图

在申请人反馈后,需要将"受助人档案登记表"中的"受助状态"组件更新为"完成受助",因此需要配置一个节点提交规则。单击"添加规则"按钮,在弹出的"编辑"对话框中,将"规则名称"设置为"更新受助人信息 3",选择"节点类型"为"审批节点",选择"条件和节点"为三条分支的专员执行,选择"触发方式"为"节点完成执行",勾选"节点状态"为"同意",如图 3-81 所示。

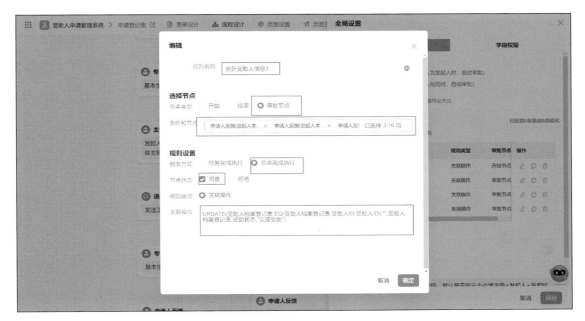

图 3-81　"更新受助人信息 3"节点提交规则设置示意图

在这里,只需要对"受助状态"组件进行更新,因此使用 UPDATE 函数。单击"关联操作"文本框,在弹出的"校验规则/关联操作"对话框中进行公式设置,如图 3-82 所示。

图 3-82　"更新受助人信息 3"节点提交规则公式设置示意图

流程设计完毕后单击"保存"按钮和"发布流程"按钮。

设置好后,参考 2.2.2 节移动表单的步骤,将该表单移动至"受助人申请管理"分组,如图 3-83 所示。

图 3-83 "申请登记表"移动设置示意图

3.3.2 "申请登记管理表"数据管理页

在创建完"受助人回访提交表"普通表单后，可以通过该表的数据管理页对信息进行新增、修改、删除、导入、导出、搜索、筛选等操作，便于管理员对表单信息进行管理。参考 3.2.2 节的操作步骤，对"申请登记表"普通表单生成数据管理页，参考图 3-31 所示，并将该数据管理页命名为"申请登记管理表"，选择分组为"受助人申请管理系统"的"受助人信息管理"，参考图 3-32 所示。"申请登记管理表"数据管理页效果如图 3-84 所示。

		申请日期 ‡	申请人	受助人ID ‡	受助人姓名 ‡	身份证号 ‡	联系方式 ‡	性别	出生E	操作
☐	›	2023-01-09	王冰雁	SZR-20230104023918	王冰雁	330222199909266666	19800000002	女	1999-	详情｜删除｜运行日志
☐	›	2023-01-09	汪小盈	SZR-20230109123028	汪小盈	330222200005216666	19800000001	女	2000-	详情｜删除｜运行日志
☐	›	2023-01-09	汪小盈	SZR-20230109123028	汪小盈	330222200005216666	19800000001	女	2000-	详情｜删除｜运行日志
☐	›	2023-01-09	汪小盈	SZR-20230109123028	汪小盈	330222200005216666	19800000001	女	2000-	详情｜删除｜运行日志
☐	›	2022-12-31	王冰雁	SZR-20230104023918	王冰雁	330222199909266666	19800000002	女	1999-	详情｜删除｜运行日志
☐	›	2023-01-04	汪盈	SZR-20230104022019	汪盈	330222200005216666	19800000001	女	2000-	详情｜删除｜运行日志

图 3-84 "申请登记管理表"数据管理页

3.3.3 "受助申请报表"报表

教学视频

"受助申请报表"可以直观地展示出受助人的信息、受助情况、审批意见以及流程状态，报表效果如图 3-85 所示。

实验视频

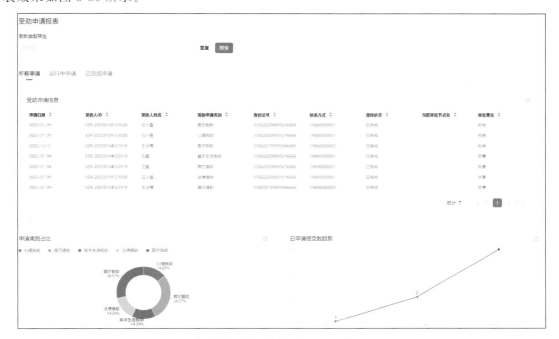

图 3-85 "受助申请报表"效果图

参考 2.2.2 节创建表单的步骤创建一个"受助申请报表"报表。

新建一个选项卡，在"布局"中选择"选项卡"拖拽至画布中。在"属性"窗格中单击"添加一项"按钮，设置三个标签项，分别为"所有申请""运行中申请""已完成申请"，如图 3-86 所示。

图 3-86 "受助申请报表"标签项设置示意图

在选项卡的三个标签下各添加 1 个基础表格，命名为"受助申请信息"，在右侧"数据"窗格中将数据集选择为"申请登记表",将字段中需要展示的字段拖入"表格列"中,如图 3-87~图 3-89 所示。

图 3-87 "受助申请信息-所有申请"基础表格设计示意图

图 3-88 "受助申请信息-运行中申请"基础表格设计示意图

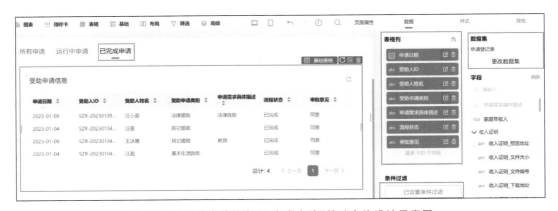

图 3-89 "受助申请信息-已完成申请"基础表格设计示意图

由于"申请日期"未按照日期的格式显示,需要对其进行格式设置,单击"申请日期"字段右侧的编辑按钮,进入"数据设置面板",选择"格式化"选项,在"基础"中选择"日期",在"日期格式"中选择"1998-10-21",申请日期即可按照指定格式显示,如图 3-90 所示。

单击"受助申请类别_值"字段右侧的编辑按钮,弹出"数据设置面板"对话框,切换到"字段

图 3-90　"申请日期"格式设置示意图

信息"选项卡,将"别名"设置为"受助申请类别",如图 3-91 所示。

图 3-91　"受助申请类别_值"字段信息设置示意图

　　为其展示相应的字段信息,需要对"受助申请信息-运行中申请"基础表格和"受助申请信息-已完成申请"基础表格进行条件过滤的设置。因此在条件中对其"流程状态"和"审批意见"进行条件设置,对"运行中申请"基础表格的条件过滤设置为"流程状态等于运行中",如图 3-92 所示;对"已完成申请"基础表格的条件过滤设置为"流程状态等于已完成"且"审批意见等于同意",如图 3-93 所示。

　　在画布中,添加 1 个饼图,命名为"申请类别占比",用于展示各申请类别所占比例。在右侧窗格中,选择数据集为"申请登记表",将"字段"中的"受助申请类别_值"拖入"分类字段"中,将"字段"中的"实例 ID"拖入"数值字段"中。单击受助情况旁的设置按钮,设置"钻取"为"通用下钻",选择"受助类别_值",如图 3-94 所示。"申请类别占比"饼图钻取设计如图 3-95 所示。

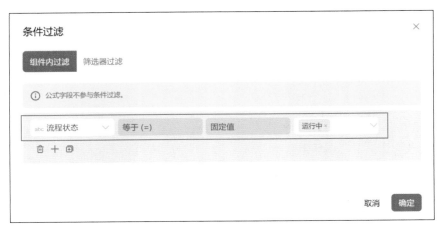

图 3-92 "受助申请信息-运行中申请"基础表格条件过滤设置示意图

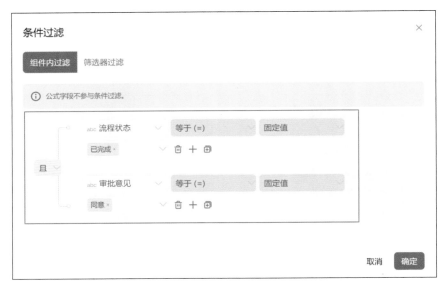

图 3-93 "受助申请信息-已完成申请"基础表格条件过滤设置示意图

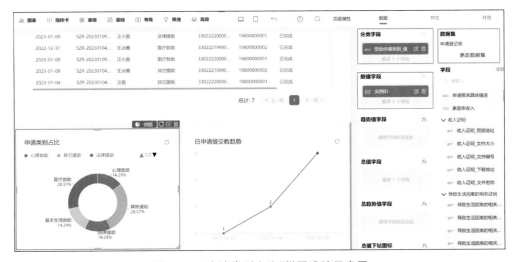

图 3-94 "申请类别占比"饼图设计示意图

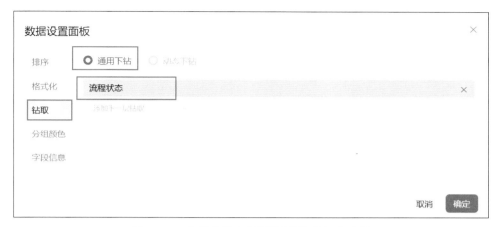

图 3-95　"申请类别占比"饼图钻取设计示意图

在画布中,添加 1 个折线图,命名为"日申请提交数趋势",用于统计每日申请提交数量。在右侧窗格中选择数据集为"申请登记表",将"字段"中申请日期的"日"拖入"横轴"中,修改别名为"日期",并对其格式进行设置,在"基础"中选择"日期",在"日期格式"中选择"1998-10-21";将"字段"中的"实例 ID"拖入"纵轴"中,修改别名为"申请数"。"日申请提交数趋势"折线图设置如图 3-96 所示。

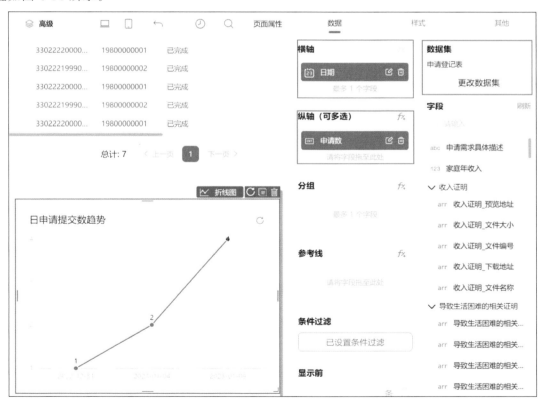

图 3-96　"日申请提交数趋势"折线图示意图

报表设置完毕后,需要对报表的页头进行设置,通过下拉筛选组件对整个报表显示的内容进行筛选。选中"页头",在右侧窗格中开启"显示标题"按钮,设置"标题内容"为"受助申请报表",如图 3-97 所示。若要以"受助类型"对报表的内容进行筛选,可以设置"受助类型筛选"下拉筛选,在右侧窗格中选择"数据集"为"申请登记表",将"字段"中的"受助申请类别_值"字段分别拖至"查询字段"和"显示字段"中,如图 3-98 所示。

图 3-97 "受助申请报表"页头设置示意图

图 3-98 "受助申请报表"下拉筛选设置示意图

设置完毕后,单击右上角的"保存"按钮。参考 2.2.2 节移动表单的步骤将该表单移动至"受助人申请管理"分组,参考图 3-83。

3.4 "受助人申请管理系统"自定义页面

教学视频

实验视频

为使用者更方便地使用系统,需要部署系统首页。参考 2.5 节的步骤,新建一个自定义页面,在界面中选择"工作台模板-01"选项,如图 3-99 所示。

图 3-99 新建自定义页面

首先，单击自定义页面上方图片中的文本组件，在右侧"属性"文本框中，将"内容"修改为"受助人申请管理系统"，如图 3-100 所示。

图 3-100　自定义页面文本命名

从组件库中选择 2 个分组，拖入画布中。对下方布局容器进行属性的设置，在布局中选择两列（列比例 6：6），如图 3-101 所示。修改两个分组名称为"受助人信息管理""受助人申请管理"，通过大纲树选择到链接块，修改链接块内的文本、图标和链接，如图 3-102 所示。

图 3-101　进行属性设置

首页效果如图 3-103 所示。

图 3-102　自定义页面从大纲树修改链接块内容示意图

图 3-103　受助人申请管理系统首页效果图

第 4 章

公益项目管理系统

公益组织和公益项目是并存关系，公益项目需要公益组织去执行，两者缺一不可。公益组织是致力于社会公益事业和解决各种社会性问题的民间志愿性的社会中介组织。公益项目广义上是指为社会大众或社会中某些人口群体的利益而实施的项目，既包括政府部门发起实施的农业、环保、水利、教育、交通等项目，也包括民间组织发起实施的扶贫、妇女儿童发展等项目；狭义的公益性项目是指由民间组织发起的，利用民间资源为某些群体谋求利益，创造社会效应的项目。

项目管理系统有利于帮助公益组织了解项目进度，极大地方便了项目管理员对项目进展情况以及所用人力物力的跟踪，系统、高效地对项目进行管理，减轻了业务人员线下繁杂操作的负担。本章将搭建一个基于项目开发流程的项目管理系统，通过学习本章的内容，可以助力公益组织高效推动项目落地。

本书开发的项目管理系统遵循项目基本流程，从项目立项到项目执行，最后达到项目落地收尾的过程。该系统主要分为"项目立项管理""项目执行管理""项目落地收尾管理""数据看板""公益项目管理系统首页"五个功能模块，本章将按照模块功能顺序逐一实现每个功能模块的搭建。如图 4-1 所示，"项目立项管理"功能主要用于维护项目的分类和提交项目立项申请；

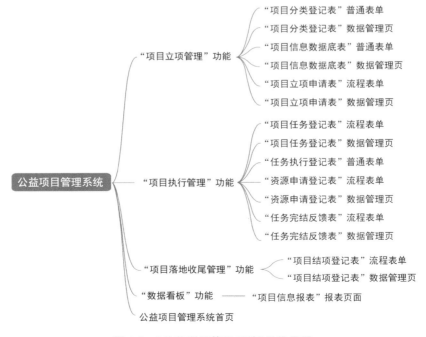

图 4-1 "公益项目管理系统"思维导图

"项目执行管理"功能主要用于对项目中需要执行的任务进行分发、更进、管理;"项目落地收尾管理"功能用于维护项目状态、提交结项申请表并进行项目评估;"数据看板"功能用于展示项目进度以及项目的其他相关数据。

4.1 创建"公益项目管理系统"应用

教学视频

实验视频

首先,通过网址"https://www.aliwork.com"进入宜搭官网,登录账号进入宜搭工作台。参考 2.1 节的操作步骤,单击"创建应用"按钮,在弹出的"选择创建应用类型"对话框中选择"从空白创建"选项,在弹出的"创建应用"对话框中依次设置"应用名称""应用图标""应用描述""应用主题色",其中"应用名称"设置为"公益项目管理系统",如图 4-2 所示,单击"确定"按钮,一个空白的应用就已经创建好了。

图 4-2 应用信息填写示意图

4.2 "项目立项管理"功能设计

"项目立项管理"功能用于业务人员进行项目申报,当项目申报书经过层层立项审批人的审批同意后,项目才能够正式立项。故在"项目立项管理"功能模块中设计了"项目立项申请表"流程表单。

而在项目立项申请的过程中,项目负责人需要填写"项目分类"字段,为了更好地维护和规范该字段,减少业务人员的重复操作,在"项目立项管理"功能模块中设置了"项目分类登记表"普通表单,便于业务人员对项目的类别进行新增、删除等操作。

当项目负责人想要查看项目的整体情况,包括项目的基本信息、项目中任务的执行情况、资源申请情况等,需要一个底表将分散在各个表单中的有关信息收集在一个表单中,便于业务人员查看和后续报表的制作。"项目信息数据底表"主要用于收集项目信息,在项目立项成功时会自动生成相关底表。

　　图 4-3 为"项目立项管理"功能模块的思维导图,为了更好地对整个系统进行模块化的管理,可以将该模块的内容放入一个分组内,便于后续系统的开发和维护。

图 4-3　"项目立项管理"功能设计思维导图

4.2.1　"项目分类登记表"普通表单

　　在项目负责人填写"项目立项申请表"时,需要选择项目的类别,"项目分类登记表"主要用于登记项目的类别,便于项目负责人在申报项目时对其进行选择以及后续该字段的维护。

教学视频

1. 创建表单

　　在空白应用中选择"新建普通表单"选项,如图 4-4 所示,创建一个空的普通表单,创建成功后进入表单设计页面。

图 4-4　"新建普通表单"操作示意图

2. 表单设计

　　"项目分类登记表"普通表单的组件如图 4-5 所示。

　　参考图 4-6,在"表单设计"页面的左上角输入表单名称"项目分类登记表",参考图 4-5 将该表单所需的组件全部拖入中间的画布区域并修改它们的标题名称,并单击"保存"按钮。

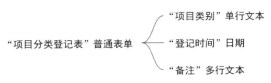

图 4-5 "项目分类登记表"普通表单的组件

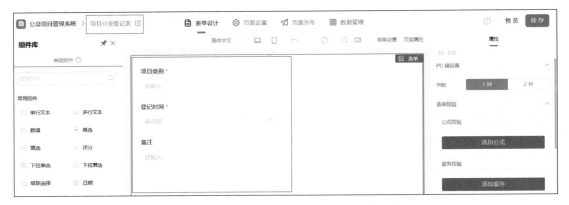

图 4-6 "项目分类登记表"表单设计示意图

3．页面设置

"登记时间"日期组件可以使用公式编辑方法使其自动显示为填表时间。如果不希望业务人员对填表日期进行改动，可以设置其状态为"只读"，这样业务人员就无法修改该组件的值。

单击"登记时间"日期组件，在右侧的"属性"窗格中设置其"状态"为"只读"，"默认值"选择为"公式编辑"，"格式"设置为"年-月-日 时：分"，最后单击"编辑公式"按钮，如图 4-7 所示。在弹出的"公式编辑"对话框中输入公式"TIMESTAMP（NOW（））"，如图 4-8 所示，单击"确定"按钮，即可实现自动显示填表时间的功能。

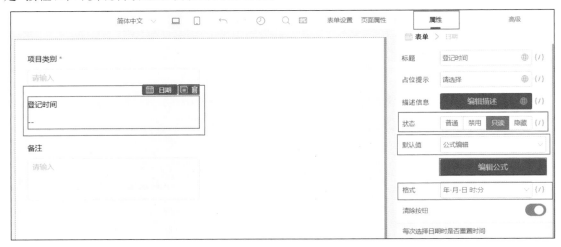

图 4-7 "登记时间"组件属性设置示意图

其中，"NOW（）"函数可以获取当前时间，"TIMESTAMP（）"函数可以将日期对象转换为时间戳。由于日期组件识别的是时间戳格式的时间，但"NOW（）"函数获取的时间格式为日期对象格式，所以需要"TIMESTAMP（）"函数将获取到的对象格式的时间转换为时间戳格式。

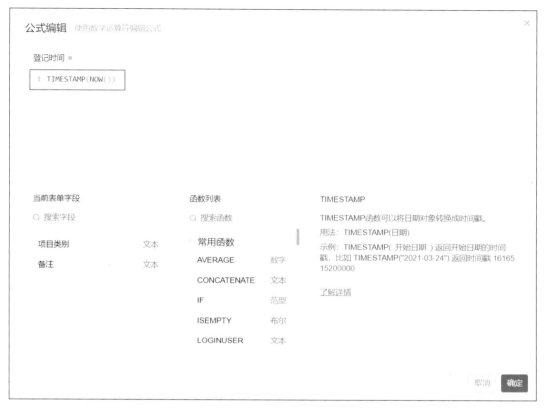

图 4-8　"登记时间"组件公式编辑示意图

"项目类别"单行文本组件需要检验为必填,单击"项目类别"单行文本组件,在右侧"属性"窗格中,将"校验"勾选为"必填",如图 4-9 所示。

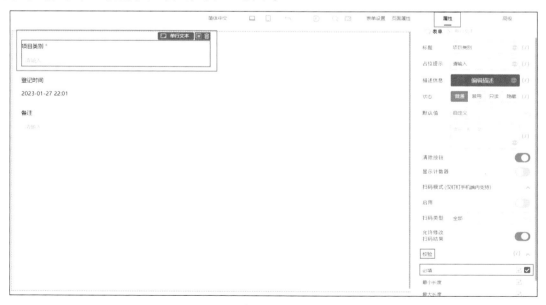

图 4-9　"项目类别"组件属性设置示意图

属性设置完后,表单效果如图 4-10 所示。

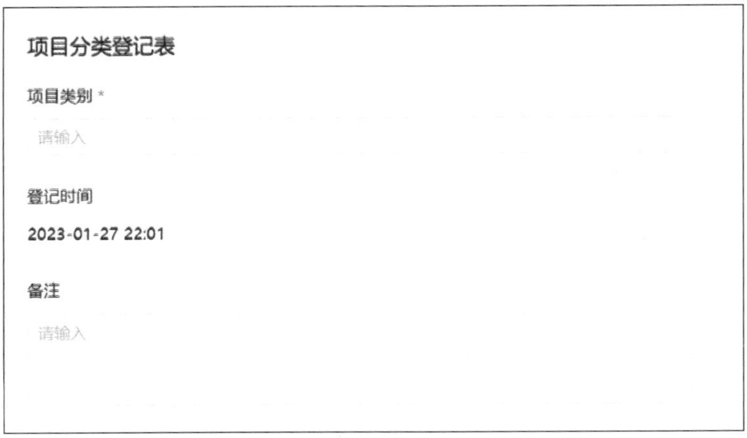

项目分类登记表

项目类别 *

请输入

登记时间

2023-01-27 22:01

备注

请输入

图 4-10 "项目分类登记表"表单效果图

4. 移动表单

在"表单设计"页面单击左上角的应用名,即"公益项目管理系统",如图 4-11 所示。返回 "公益项目管理系统"的"页面管理"页,如图 4-12 所示,在该页面的左侧是该系统的页面目录, 需要在这里新建分组来更好地管理该系统。

图 4-11 返回应用页面管理页操作示意图

单击"页面管理"页左上角的加号按钮,弹出下拉菜单,选择"新建分组"选项,如图 4-13 所 示,弹出"新建分组"对话框,在"分组名称"文本框中输入"项目立项管理",如图 4-14 所示,并 单击"确定"按钮完成分组的创建,新建后"页面管理"页左侧目录效果如图 4-15 所示。

创建完分组后,需要把属于该分组的表单移动到对应分组目录下。光标移动到目录上待 移动的表单处,出现"设置"小图标,单击图标弹出下拉菜单,选择下拉菜单中的"移动到"选项, 如图 4-16 所示弹出"移动到"对话框,选择需要移动到的分组,如图 4-17 所示,并单击"确定" 按钮,完成表单的移动。"页面管理"页左侧目录效果如图 4-18 所示。

图 4-12　"页面管理"页示意图

图 4-13　"新建分组"选项示意图

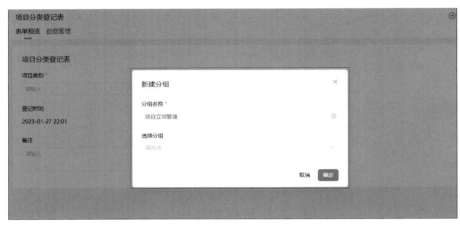

图 4-14 "新建分组"命名示意图

图 4-15 页面管理页目录效果图

图 4-16 "移动到"选项示意图

图 4-17　"移动到"对话框设置示意图

图 4-18　页面管理页目录效果图

4.2.2　"项目分类登记表"数据管理页

由于"项目分类登记表"只能提交数据,无法直接查看到已提交的数据并进行编辑、修改,因此可以生成"项目分类登记表"的数据管理页,参考 2.3.2 节进行管理页的新增。

4.2.3　"项目信息数据底表"普通表单

"项目信息数据底表"普通表单主要用于收集项目信息,包括项目的基本信息、项目中任务的执行情况、资源申请情况等。能够将分散在各个表单中某个项目的重要信息收集在一个表单中,便于业务人员查看和后续报表的制作,在项目立项成功时会自动生成相关底表,无须业务人员填写。

1. 创建表单

参考 2.2.2 节的步骤,创建一个空的普通表单。创建成功后进入"表单设计"页面,如图 4-19 所示。

教学视频

实验视频

图 4-19　新建普通表单效果图

2. 表单设计

"项目信息数据底表"普通表单的思维导图如图 4-20 所示。

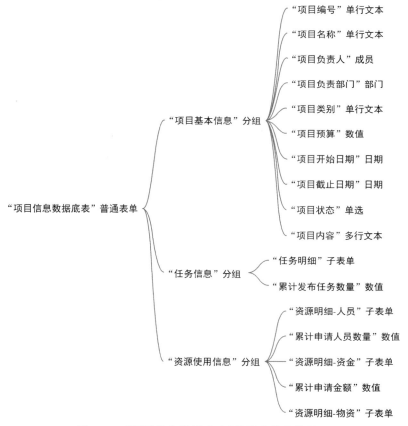

图 4-20　"项目信息数据底表"普通表单思维导图

在"表单设计"页面的左上角输入表单名称"项目信息数据底表",参考组件大纲树,如图 4-20 所示,将该表单所需的组件全部拖入画布区域并修改它们的标题名称,并单击"保存"按钮,如图 4-21 所示。

图 4-21　"项目信息数据底表"表单设计示意图

参考 2.2.2 节操作步骤,设置"布局容器"中的"列比例"为 3 ∶ 3 ∶ 3 ∶ 3,将"项目基本信息"分组包含的组件拖入布局容器中,效果如图 4-22 所示。

图 4-22　"项目信息数据底表"表单设计示意图

其中,"任务明细"子表单主要组件的思维导图如图 4-23 所示。

根据图 4-23,将该子表单所需的组件全部拖入"任务明细"子表单组件中并修改它们的标题名称,如图 4-24 所示。

其中,"资源明细-人员"子表单主要组件的思维导图如图 4-25 所示。

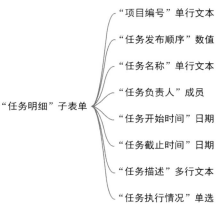

图 4-23　"任务明细"子表单思维导图

图 4-24　"任务明细"子表单设计示意图

图 4-25　"资源明细-人员"子表单思维导图

　　根据图 4-25,将该子表单所需的组件全部拖入"资源明细-人员"子表单组件中并修改它们的标题名称,如图 4-26 所示。

　　其中,"资源明细-资金"子表单主要组件的思维导图如图 4-27 所示。

　　根据图 4-27,将该子表单所需的组件全部拖入"资源明细-资金"子表单组件中并修改它们的标题名称,如图 4-28 所示。

　　其中,"资源明细－物资"子表单主要组件的思维导图如图 4-29 所示。

　　根据图 4-29,将该子表单所需的组件全部拖入"资源明细-物资"子表单组件中并修改它们的标题名称,如图 4-30 所示。

图 4-26　"资源明细-人员"子表单设计示意图

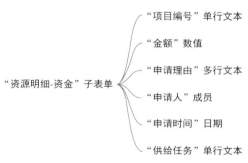

图 4-27　"资源明细-资金"子表单思维导图

图 4-28　"资源明细-资金"子表单设计示意图

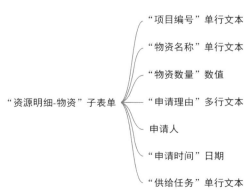

图 4-29　"资源明细-物资"子表单思维导图

图 4-30 "资源明细-物资"子表单设计示意图

3. 页面设置

该表单是自动生成的,无须填写,也不能让业务人员去填写。因此表单中的组件均设置其"状态"为"只读",设置方法在 4.2.1 节中已描述,这里不再赘述。

"项目预算"数值组件需要设置单位和小数位数。单击"项目预算"数值组件,在右侧"属性"窗格中设置"单位"为"元",设置"小数位数"为"2"位,如图 4-31 所示。

图 4-31 "项目预算"组件设置示意图

"累计申请人员数量"数值组件需要设置"单位"为"人","累计申请金额"数值组件需要设置"单位"为"元",设置"小数位数"为"2"位。

"项目状态"单选组件需要设置其选项值。如图 4-32 所示,单击"项目状态"单选组件,在右侧"属性"窗格中的"自定义选项"中,设置选项值为"执行中"和"已结项",表示项目的两个状态,同时可以打开"彩色"功能,使选项获得彩色的背景和文字,便于识别。

由于日期组件的默认格式为"年-月-日",而"任务明细"子表单中的"任务截止时间"日期组件、"任务开始时间"日期组件、"资源明细-人员"子表单中的"申请时间"日期组件、"资源明细-资金"子表单中的"申请时间"日期组件和"资源明细-物资"子表单中的"申请时间"日期组件所展示的时间需要更加精细,所以需要将该日期的格式设置为"年-月-日 时:分"。设置方法在 4.2.1 节中已有描述,这里不再赘述。

"任务明细"子表单中的"任务执行情况"单选组件需要设置选项值,设置"选项值"为"未开始""执行中""已结束",来表示项目任务的 3 种状态,同时也可以打开"彩色"功能,使选项获得彩色的背景和文字,更便于识别。

图 4-32　"项目状态"组件设置示意图

属性设置完后,表单效果如图 4-33～图 4-35 所示。

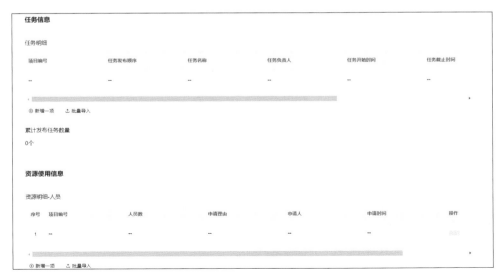

图 4-33　"项目信息数据底表"表单效果图 1

图 4-34　"项目信息数据底表"表单效果图 2

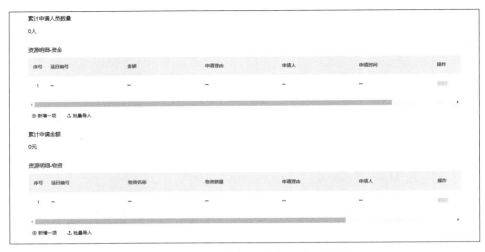

图 4-35 "项目信息数据底表"表单效果图 3

4. 移动表单

返回应用的页面管理页,移动"项目信息数据底表"普通表单到"项目立项管理"分组中,具体操作在 2.2.3 节中已描述,移动后效果如图 4-36 所示。

图 4-36 页面管理页目录效果图

教学视频

实验视频

4.2.4 "项目信息数据底表"数据管理页

由于"项目信息数据底表"只能用于新增数据,无法直接查看到已提交的数据并进行编辑、修改,因此可以生成"项目信息数据底表"的数据管理页,参考 2.3.2 节进行管理页的新增。

4.2.5 "项目立项申请表"流程表单

公益项目的起点在于项目立项,项目立项时往往需要由项目负责人提交"项目立项申请表"，并由立项负责人进行审批，审批成功即项目成功立项。成功立项后，需要自动生成对应数据的"项目信息数据底表"普通表单，用于展示项目的重要信息。

1. 创建表单

参考 2.3.1 节的操作，创建一个空的流程表单，创建成功后进入表单设计页面。

2. 表单设计

"项目立项申请表"流程表单的思维导图如图 4-37 所示。

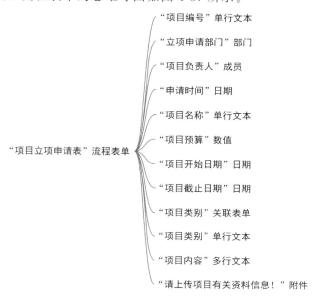

图 4-37　"项目立项申请表"流程表单思维导图

在表单设计页面的左上角填入表单名称"项目立项申请表"，参考组件思维导图，如图 4-37 所示，将该表单所需的组件全部拖入中间的画布区域并修改它们的标题名称，如图 4-38 所示，并单击"保存"按钮。

图 4-38　"项目立项申请表"表单设计示意图

3. 页面设置

"项目编号"单行文本组件使用公式编辑方法使其自动生成,无须业务人员填写。

单击画布中的"项目编号"单行文本组件,在右侧的"属性"窗格中设置其"状态"为"只读","默认值"选择为"公式编辑",单击"编辑公式"按钮,如图 4-39 所示,弹出"公式编辑"对话框,输入公式"CONCATENATE("XMID",TIMESTAMP(NOW()))",如图 4-40 所示,单击"确定"按钮,即可实现自动生成项目编号的功能。

图 4-39 "项目编号"属性设置示意图

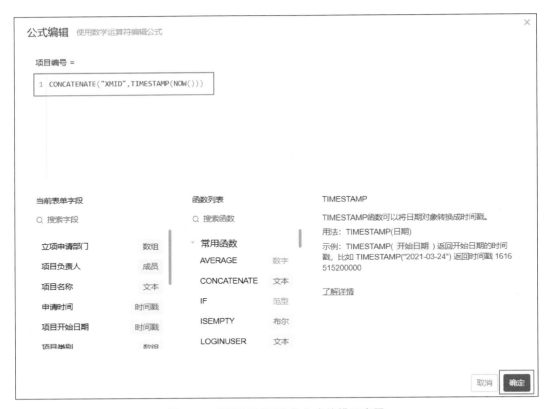

图 4-40 "项目编号"字段公式编辑示意图

"项目编号"需要配置为唯一的流水号,"TIMESTAMP(NOW())"函数用来得到当前时间的时间戳,因为每一个时刻的时间戳都是独一无二的,因此可以用"CONCATENATE()"函数将"XMID"字符串与填表时刻的时间戳进行拼接得到唯一的项目编号。

"立项申请部门"部门组件需要校验该组件为"必填",校验组件为必填的具体操作在 2.3.1

节中已经提及,这里不再赘述。在该表单中需要检验为必填的组件还有"项目负责人"成员组件、"项目名称"单行文本组件、"申请时间"日期组件、"项目开始日期"日期组件、"项目截止日期"日期组件、"项目类别"关联表单组件和"项目内容"多行文本组件。

"申请时间"日期组件可以使用公式编辑方法使其自动显示为填表时间,无须业务人员填写,若实际申请时间不是填表时间,业务人员依旧可以在该组件上进行修改。使用公式编辑的方法使日期组件自动显示为填表时间的操作在 3.3.1 节中已经提及,这里不再赘述。

"项目类别"关联表单组件用于选择项目的类别,为了让"项目分类登记表"中的"项目类别"字段的值能够以下拉单选的形式显示在该表单的"项目类别"组件中,可以选择关联表单组件来实现。关联表单组件提供了关联其他表单数据的功能,与下拉单选组件不同的是,关联表单组件提供了在选择值时新增表单、当前关联表单组件数据的筛选和填充数据到当前表单组件的功能。关联表单组件的"允许新增"和"数据填充"功能将会在下面具体介绍。

单击画布中的"项目类别"关联表单组件,在"属性"窗格中选择"关联表单"为"项目分类登记表",如图 4-41 所示,单击"显示设置",弹出"显示设置"对话框,如图 4-42 所示,设置"主要信息"为"项目类别","次要信息"为"备注"(次要信息不是必填项),"项目类别"关联表单组件效果如图 4-43 所示。

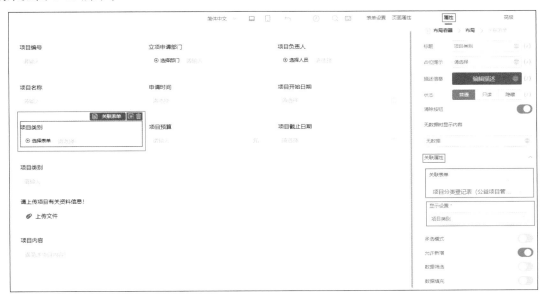

图 4-41　"项目类别"属性设置示意图

其中,关联表单组件属性中的"关联表单"和"显示设置"为必填项,且在设置"显示设置"之前,必须先设置"关联表单"。这很好理解,当需要显示某个表单中的某个字段时,需要先选定这个表单,再在选定的表单中选定这个字段。"显示设置"用于关联表单组件数据下拉列表的信息展示和搜索,支持主要信息和次要信息。

当项目负责人填写"项目立项申请表"中的"项目类别"关联表单组件时,可能会出现下拉列表中没有合适的项目类别可以选择。"允许新增"功能可以很好地解决这个问题,关联表单组件默认开启新增功能,如图 4-44 所示,即在选择关联表单的下拉列表默认会有个新增按钮,效果如图 4-45 所示,单击"新增"按钮,在当前界面就可以新增一条"项目分类登记表"的数据,如图 4-46 所示。

图 4-42 "项目类别"显示设置示意图

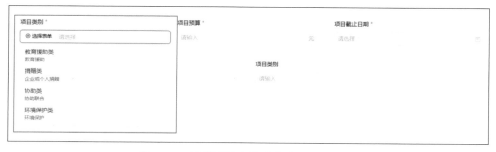

图 4-43 "项目类别"关联表单组件效果图

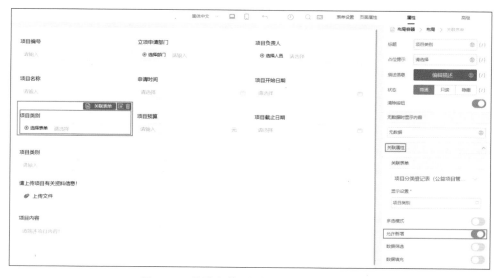

图 4-44 关联表单"允许新增"功能示意图

图 4-45　关联表单组件下拉"新增"按钮示意图

图 4-46　关联表单组件下拉新增表单示意图

因为"项目类别"组件为关联表单组件，在参与公式编辑时，它的格式为数组格式，不便于操作，因此在该表单中增加了"项目类别"单行文本组件，它的格式是文本，并且要想让"项目类别"单行文本组件显示的值与"项目类别"关联表单组件的值一致，就需要用到关联表单的"数据填充"功能，如图 4-47 所示。单击"项目类别"关联表单组件，打开"属性"窗格中的"数据填充"功能，单击"设置条件"按钮，弹出"数据填充"对话框，在对话框内设置如图 4-48 所示，设置完成后效果如图 4-49 所示，可以看见"项目类别"单行文本的值与"项目类别"关联表单的值一致。

虽然新增的"项目类别"单行文本组件方便了后续的其他操作，但是在表单中同时显示"项目类别"关联表单组件和"项目类别"单行文本组件会使表单页面看上去更加复杂，因此需要将"项目类别"单行文本组件进行隐藏。单击"项目类别"单行文本组件，在"属性"窗格中设置其"状态"为"隐藏"，如图 4-50 所示。值得注意的是，当表单内某个组件被隐藏后，在默认状态下，

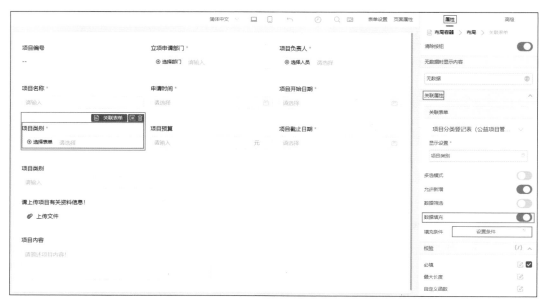

图 4-47　关联表单"数据填充"功能示意图

图 4-48　"数据填充"对话框示意图

图 4-49　项目类别关联表单组件"数据填充"功能效果图

图 4-50　组件"隐藏"设置示意图

该组件的数据是不会保存提交的,如果需要引用隐藏组件的数据,就要在隐藏组件后将该组件设置为始终提交。如图 4-51 所示,单击选中"项目类别"单行文本组件,在"高级"窗格中设置"数据提交"为"始终提交"。

图 4-51　组件数据"始终提交"设置示意图

　　为了使业务人员精确填写"项目预算"组件的数值,需要设置"项目预算"数值组件的"单位"为"元",设置"小数位数"为 2 位,具体操作方法在 4.2.3 节中已经提及,这里不再赘述。
　　属性设置完成后,表单效果如图 4-52 所示。

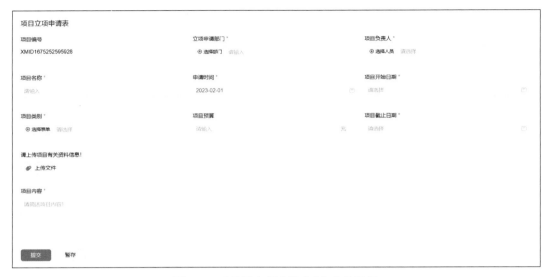

图 4-52 "项目立项申请表"表单效果图

4. 流程设计

在表单设计页中单击"流程设计"进入流程编辑页面,如图 4-53 所示,单击"创建新流程"按钮,如图 4-54 所示。

图 4-53 "流程设计"操作示意图 1

图 4-54 "流程设计"操作示意图 2

　　项目是否能够立项需要由指定的角色或者某部门主管进行审批,读者可以根据需求自行选择。本系统设置一级审批人为"指定角色"中的"一级立项负责人",如图 4-55 所示,并更改该流程节点名称为"一级立项审批人",单击"保存"按钮进行保存。

图 4-55　"一级立项审批人"设置示意图

　　在项目立项过程中,往往需要经过多个级别的负责人的审批,这就需要添加多个流程节点,将光标移动到需要添加节点的灰色箭头中间,单击加号,在弹出的菜单中选择"人工节点"中的"审批人"节点,如图 4-56 所示,新增完节点后可继续设置审批角色,效果如图 4-57 所示。

图 4-56　新增"审批人"节点示意图

图 4-57 "审批人"节点效果图

经过层层审批后,为了能使项目负责人及时收到审批的结果,本流程新增了"消息通知"节点,与新增"审批人"节点类似,单击消息节点中的"消息通知"节点,完成节点的新增,如图 4-58所示。

图 4-58 新增"消息通知"节点示意图

　　新增完"消息通知"节点后,需要设置节点内的具体内容。"消息通知"节点的设置分为三步,首先需要"选择通知对象",因为该消息的通知对象为项目负责人,因此勾选"通知人员"为"指定成员字段",选择"当前表单提交后的数据"中的"项目负责人",如图 4-59 所示。其次,需要"设置通知内容",分别填入消息通知的"标题"与"内容",如图 4-60 所示。最后会给出通知卡片的预览效果,如图 4-61 所示,单击"保存"按钮,完成"消息通知"节点的设置。

图 4-59　消息通知节点的"选择通知对象"设置示意图

图 4-60　消息通知节点的"设置通知内容"设置示意图

图 4-61　消息通知节点的"预览通知卡片"效果示意图

　　当审批结束后,成功立项的项目需要自动生成一张"项目信息数据底表"普通表单来整合该项目的重要信息,与新增"审批人"节点类似,单击数据节点中的"新增数据"节点,完成节点的新增,如图 4-62 所示。

图 4-62　新增"新增数据"节点示意图

　　添加好"新增数据"节点后，需要设置节点内的具体内容，实现自动在"项目信息数据底表"中新增一条对应的数据。选择"新增方式"为"在表单中新增"，选择表单为"项目信息数据底表"，选择"新增数据"为"新增单条数据"，如图 4-63 所示。

图 4-63　新增数据节点设置示意图 1

"字段设置"配置如图 4-64 所示，将"项目信息数据底表"一个一个地填充起来。

图 4-64　新增数据节点设置示意图 2

本流程设计了三个"审批人"节点、一个"消息通知"节点和一个"新增数据"节点,最终效果如图4-65所示,依次单击"保存"和"发布流程"按钮将流程发布。

图4-65 "项目立项申请表"流程设计效果图

5. 移动至分组

返回应用的"页面管理"页,移动"项目立项申请表"流程表单到"项目立项管理"分组中,具体操作在2.2.2节中已描述,移动后效果如图4-66所示。

图4-66 页面管理页目录效果图

4.2.6　"项目立项申请表"数据管理页

由于项目立项申请表只能用于新增数据，无法直接查看到已提交的数据并进行编辑修改，因此可以生成项目立项申请表的数据管理页，参考 2.3.2 节进行管理页的新增。

4.3　"项目执行管理"功能设计

"项目执行管理"功能主要包括项目任务的发布、执行和反馈一系列流程和资源的申请。该系统的场景是每一个项目由多个子任务构成，业务人员通过"项目任务登记表"发布任务给任务负责人执行。当开始执行任务时，任务负责人填写"任务执行登记表"，任务执行过程中，业务人员通过填写"资源申请登记表"申请任务执行过程中所需要的资源。当任务执行完成后，任务负责人提交"任务完结反馈表"给项目负责人查看任务完成情况。

"项目执行管理"功能模块的思维导图，如图 4-67 所示，为了更好地对整个系统进行模块化的管理，可以将该模块的内容放入一个文件夹内，便于后续系统的维护和开发。

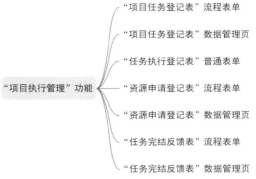

图 4-67　"项目执行管理"功能设计思维导图

4.3.1　"项目任务登记表"流程表单

每一个项目可以拆分为一个一个子任务，项目成功立项后，业务人员通过填写"项目任务登记表"并由项目负责人进行审批，审批通过后，发布消息通知给任务执行人，以此来完成任务的发布。

1. 创建表单

参考 2.2.2 节的操作，创建一个空的流程表单，创建成功后进入表单设计页面。

2. 表单设计

"项目任务登记表"主要组件的思维导图如图 4-68 所示。

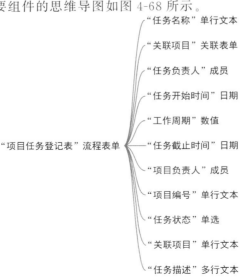

图 4-68　"项目任务登记表"流程表单思维导图

教学视频

实验视频

在表单设计页面的左上角输入表单名称"项目任务登记表",参考图 4-68 所示的组件思维导图,将该表单所需的组件全部拖入中间的画布区域并修改它们的标题名称,如图 4-69 所示,并单击"保存"按钮。

图 4-69 "项目任务登记表"表单设计示意图

3. 页面设置

为防止业务人员漏填重要信息,"任务名称"单行文本组件、"关联项目"关联表单组件、"任务负责人"成员组件、"任务开始时间"日期组件、"工作周期"数值组件和"任务描述"多行文本组件需设置"校验"为"必填",校验组件为必填的具体操作在 2.3.1 节中已经提及,这里不再赘述。

"关联项目"关联表单组件显示的是该任务对应的项目名称,只有成功立项的项目下才能发布任务。在 4.2.5 节"项目立项申请表"的审批流程中,设置了"新增数据"节点,每当有一个项目成功立项,就会生成一个对应的"项目信息数据底表",因此"项目信息数据底表"中的每一个项目都是立项成功的项目。因此,可以设置"关联项目"关联表单组件的"关联表单"为"项目信息数据底表","显示设置"的"主要信息"为"项目名称","次要信息"为"项目编号"。同时,"项目信息数据底表"是不允许业务人员去填写的,因此需要关闭"关联项目"关联表单组件的"允许功能"。打开"数据填充"功能,填充字段如图 4-70 所示,上述关联表单的相关操作在 2.3.1 节中已经提及,这里不再赘述。

另外,只有状态为"执行中"的项目才能继续发布任务,因此需要筛选"关联项目"关联表单组件中的数据,筛选出其中项目状态为"执行中"的项目。单击选中"关联项目"关联表单组件,打开"数据筛选"功能,单击"筛选条件",如图 4-71 所示,弹出"数据筛选"对话框,在对话框中设置如图 4-72 所示。

由于日期组件的默认格式为"年-月-日","任务开始时间"日期组件所展示的时间需要更加精细,所以需要将该日期的格式设置为"年-月-日 时:分"。设置方法在 4.2.1 节中已有描述,这里不再赘述。

"工作周期"数值组件显示的是任务执行的天数,需要设置"工作周期"数值组件的"单位"

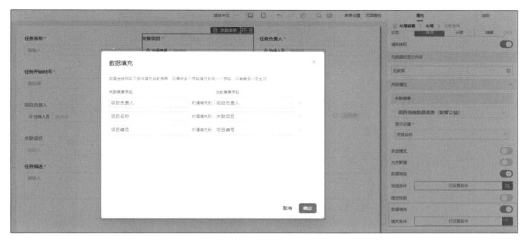

图 4-70　项目类别关联表单组件"数据填充"示意图

图 4-71　关联表单"数据筛选"功能示意图

为"天",具体操作方法在 4.2.3 节中已经提及,这里不再赘述。

"任务截止时间"日期组件的值可以由"任务开始时间"组件和"工作周期"组件的值推算而出,在任务开始时间上加上工作周期的天数,就可以得到任务的截止时间,可以使用公式编辑的方法来实现,公式编辑的具体操作方法在 2.3.4 节中已经提及,这里不再赘述。

设置"任务截止时间"日期组件的"默认值"为"公式编辑",格式设置为"年-月-日 时：分",单击"编辑公式"按钮,在对话框中输入公式"DATEDELTA(DATE(任务开始时间),工作周期)"。其中,"DATEDELTA()"函数可以将指定日期加(减)天数,第一个参数为指定日期(日期对象格式),第二个参数为需要加减的天数。"DATE()"函数将时间戳转换为日期对象。

为防止表单数据冗余,可以隐藏功能性组件,如"项目负责人"成员组件、"项目编号"单行文本组件、"任务状态"单选组件和"关联项目"单行文本组件。在隐藏完组件后,需要设置这些组件的数据提交为"始终提交",防止提交空数据,具体操作方法在 2.3.4 节中已经提及,这里

图 4-72　"关联项目"关联表单组件"数据筛选"示意图

不再赘述。

　　"任务状态"单选组件需要设置其选项值,设置选项值为"未开始""执行中""已结束",来表示项目任务的 3 种状态,同时也可以打开"彩色"功能,使选项获得彩色的背景和文字,更便于识别。由于"项目任务登记表"是发布任务的表单,因此在此表单填写时,"任务状态"是需要默认为"未开始"的。单击"任务状态"单选组件,单击"未开始"前的小圆框设置"任务状态"的默认值为"未开始",如图 4-73 所示。

图 4-73　单选组件的默认值设置示意图

　　"立项申请部门"部门组件需要校验该组件为必填,校验组件为必填的具体操作在 2.3.1 节中已经提及,这里不再赘述。同理,在该表单中需要检验为必填的组件还有"项目负责人"成员组件、"项目名称"单行文本组件、"申请时间"日期组件、"项目开始日期"日期组件、"项目截止日期"日期组件、"项目类别"关联表单组件和"项目内容"多行文本组件。

　　"申请时间"日期组件可以使用公式编辑方法使其自动显示为填表时间,如图 4-74 所示,无须业务人员填写,若实际申请时间不是填表时间,业务人员依旧可以在该组件上进行修改。使用公式编辑的方法使日期组件自动显示为填表时间的操作在 3.3.1 节中已经提及,这里不再赘述。

图 4-74　"申请时间"组件公式编辑示意图

属性设置完后,表单效果如图 4-75 所示。

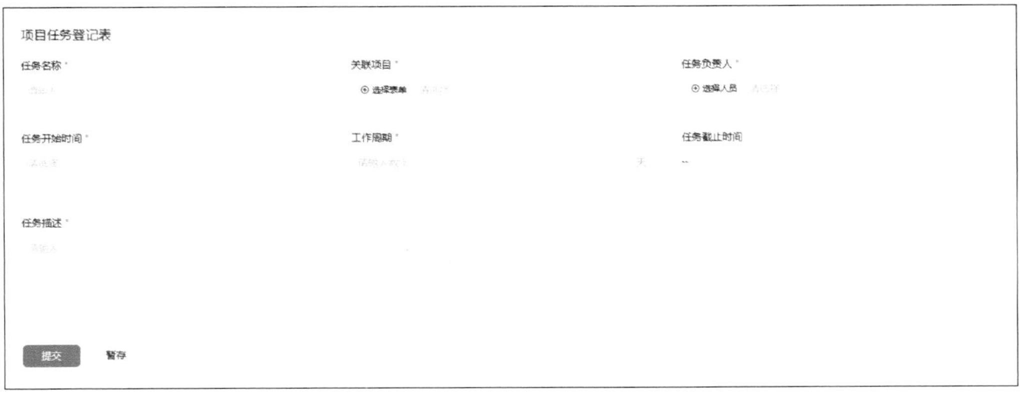

图 4-75　"项目任务登记表"表单效果图

4. 流程设计

在"表单设计"页中单击"流程设计"进入流程编辑页面,单击"创建新流程"按钮,进入流程设计。

"项目任务登记表"发布后,需要由"项目负责人"进行审核,审核通过后,任务即成功发布。需要在对应的"项目信息数据底表"中的"任务明细"子表中插入相关任务的数据,并更新"项目信息数据底表"中"累计发布任务数量"数组组件的值。

本流程设置一级审批人为"表单内成员字段"中的"项目负责人",如图4-76所示,单击"保存"按钮进行保存。

图 4-76　项目任务登记表一级"审批人"设置示意图

在向"任务明细"子表中插入相关任务的数据之前,需要获取到对应的"项目信息数据底表"的数据,本流程新增了"获取单条数据"节点,与新增"审批人"节点类似,单击"数据节点"中的"获取单条数据"节点,将节点名称改为"获取底表数据",完成节点的新增,具体操作在2.3.3节中已描述,这里不再赘述。

新增完"获取底表数据"节点后,需要设置节点内的具体内容,设置"获取方式"为"从普通表单中获取",选择表单为"项目信息数据底表",选择"按条件过滤",过滤条件如图4-77所示,单击"保存"按钮,完成"获取底表数据"节点的设置。

获取到对应的"项目信息数据底表"的数据后,需要在"任务明细"子表中新增数据,添加"新增数据"节点,具体操作在2.3.3节中已描述,这里不再赘述。

添加好"新增数据"节点后,需要设置节点内的具体内容,实现自动在"任务明细"子表中新增一条对应的数据。选择"新增方式"为"在子表中新增",选择表单为在"获取底表数据"中的"任务明细"子表,选择"新增单条数据","字段设置"配置如图4-78所示,将"任务明细"子表的

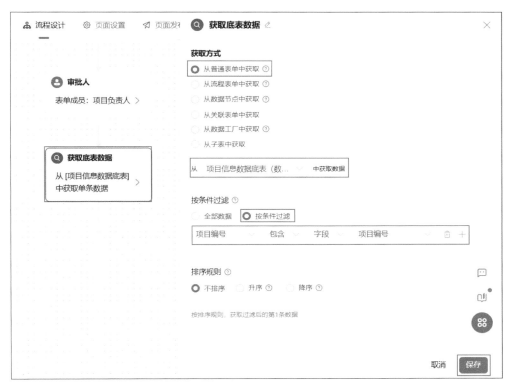

图 4-77　获取底表数据节点设置示意图

字段一个一个地填充起来,其中"任务发布顺序"字段的值设为公式"获取底表数据.已发布任务数量＋1"。

图 4-78　新增数据节点设置示意图

同时,"项目信息数据底表"中"累计发布任务数量"字段的值需要加 1,可以通过流程中的"更新数据"节点来实现。添加"新增数据"节点,具体操作在 2.3.3 节中已描述,这里不再赘述。

添加好"更新数据"节点后,需要设置节点内的具体内容。"选择数据节点"为更新"获取底表数据"中的数据,更新数据设置为"累计发布任务数量"字段的值设为公式"获取底表数据.已发布任务数量+1",如图 4-79 所示。

图 4-79 更新数据节点设置示意图

本流程设计了一个审批人节点、一个获取单条数据节点、一个新增数据节点和一个更新数据节点,最终效果如图 4-80 所示,依次单击"保存"和"发布流程"按钮,将流程发布。

5. 消息通知设计

"项目任务登记表"审核成功后,需要提前通知任务负责人进行查收,消息通知需要定时发送,时间为任务开始时间之前 1 天的 9:00。

单击"页面设置"进入页面设置页,单击左侧菜单栏中的"消息通知",单击"新建消息通知"按钮,如图 4-81 所示,弹出"新建消息通知"对话框。

选择"纯文本详情卡片"选项,如图 4-82 所示,具体设置如图 4-83 和图 4-84 所示,图 4-84 中的自定义链接为"任务执行登记表"的填表链接,读者可之后再设置。

6. 移动至分组

返回应用的页面管理页,新增分组"项目执行管理",移动"项目任务登记表"流程表单到"项目执行管理"分组中,具体操作在 2.2.2 节中已描述,移动后效果如图 4-85 所示。

图 4-80　"项目任务登记表"流程设计效果图

图 4-81　消息通知设置示意图 1

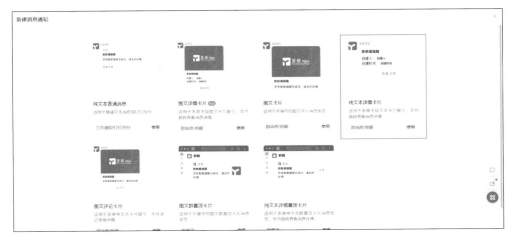

图 4-82　消息通知设置示意图 2

图 4-83 消息通知具体内容设置示意图 1

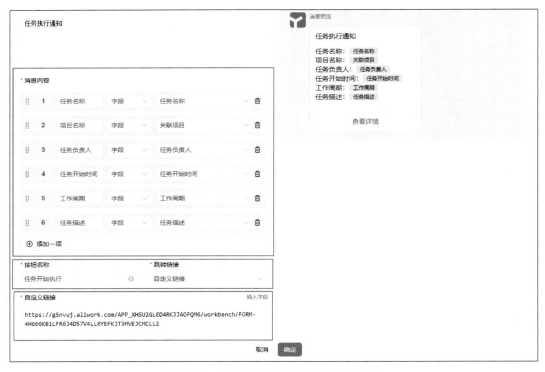

图 4-84 消息通知具体内容设置示意图 2

图 4-85　页面管理页目录效果图

4.3.2　"项目任务登记表"数据管理页

由于项目任务登记表只能用于新增数据,无法直接查看到已提交数据并进行编辑修改,因此可以生成项目任务登记表的数据管理页,参考 2.3.2 节进行管理页的新增。

4.3.3　"任务执行登记表"普通表单

教学视频

当任务下发给任务执行人之后,任务执行人提前查收到了任务通知。当任务执行人开始执行任务时,就需要填写"任务执行登记表"普通表单。

实验视频

1. 创建表单

参考 2.2.2 节的操作,创建一个空的普通表单,创建成功后进入表单设计页面。

2. 表单设计

"任务执行登记表"普通表单的思维导图如图 4-86 所示。

在表单设计页面的左上角填入表单名称"任务执行登记表",参考如图 4-86 所示的组件思维导图,将该表单所需的组件全部拖入中间的画布区域并修改它们的标题名称,如图 4-87 所示,并单击"保存"按钮。

3. 页面设置

项目任务通过"项目任务登记表"下发,因此设置"任务名称"关联表单组件的"关联表单"为"项目任务登记表","显示设置"的"主要信息"为"任务名称","次要信息"为"任务负责人"。同时,"项目任务登记表"是不允许任务负责人去填写的,故需要关闭"任务名称"关联表单组件的"允许新增"功能。

任务负责人在填写"任务执行登记表"时,只能执行状态为"未开始"的自己负责的任务。

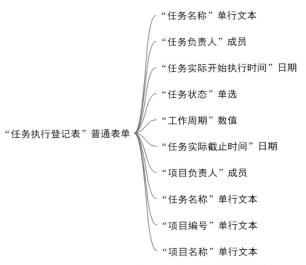

图 4-86 "任务执行登记表"普通表单思维导图

图 4-87 "任务执行登记表"表单设计示意图

因此,需要把"任务名称"关联表单组件的数据进行筛选,筛选条件设置如图 4-88 所示。打开"数据填充"功能,填充字段如图 4-89 所示,上述关联表单的相关操作在 3.2.3 节中已经提及,这里不再赘述。

"任务执行登记表"由任务负责人填写,故"任务负责人"成员组件的值可以自动显示为当前登录人,即当前表单填写人,可以使用公式编辑来实现,输入公式为"USER()"并设置该组件的"状态"为"只读",具体操作在 3.2.3 节中已有描述,这里不再赘述。其中,函数"USER()"显示当前登录人。

"任务实际开始执行时间"需要自动显示为填表时间,且不允许任务负责人进行修改以保证数据的真实性,使用公式编辑的方法,设置公式为"TIMESTAMP(NOW())"并设置该组件的

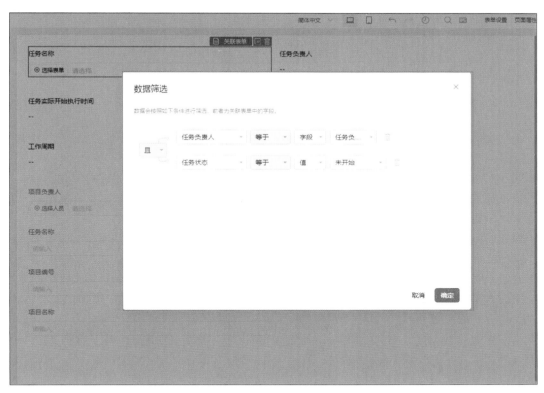

图 4-88 任务名称关联表单组件"数据筛选"示意图

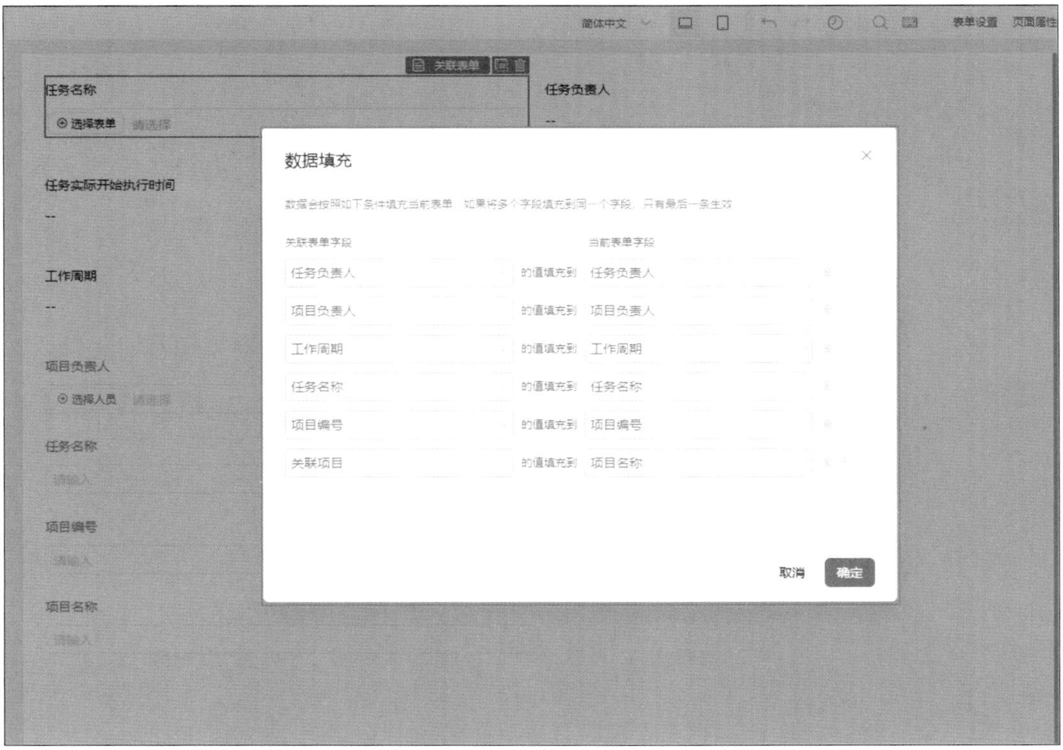

图 4-89 任务名称关联表单组件"数据填充"示意图

"状态"为"只读",具体操作在3.2.3节中已有描述,这里不再赘述。根据实际需求,可设置"任务实际开始执行时间"日期组件的格式为"年-月-日 时：分"。

"任务状态"单选组件需要设置其选项值,设置选项值为"未开始""执行中""已结束",来表示项目任务的3种状态,同时也可以打开"彩色"功能,使选项获得彩色的背景和文字,更便于识别。由于"任务执行登记表"是任务执行时填写的表单,故在此表单填写时,"任务状态"是需要默认为"执行中"的,具体操作在4.2.3节中已有描述,这里不再赘述。

根据实际需求,设置"工作周期"数组组件的"单位"为"天",具体操作在4.2.3节中已有描述,这里不再赘述。

"任务实际截止时间"日期组件的值可以由"任务实际开始执行时间"组件和"工作周期"组件的值推算而出,在任务开始时间上加上工作周期的天数,就可以得到任务的截止时间,可以使用公式编辑的方法来实现。

设置"任务实际截止时间"日期组件的"默认值"选择为"公式编辑",格式设置为"年-月-日时：分",单击"编辑公式"按钮,在"公式编辑"对话框中输入公式"DATEDELTA(DATE(任务实际开始执行时间),工作周期)"。其中"DATEDELTA()"函数可以将指定日期加(减)天数,第一个参数为指定日期(日期对象格式),第二个参数为需要加减的天数。"DATE()"函数将时间戳转换为日期对象。

为防止表单数据冗余,可以隐藏功能性组件,如"项目负责人"成员组件、"任务名称"单行文本组件、"项目编号"单行文本组件和"项目名称"单行文本组件。在隐藏完组件后,需要设置这些组件的数据提交为"始终提交",防止提交空数据,具体操作方法在4.2.5节中已经提及,这里不再赘述。

属性设置完后,表单效果如图4-90所示。

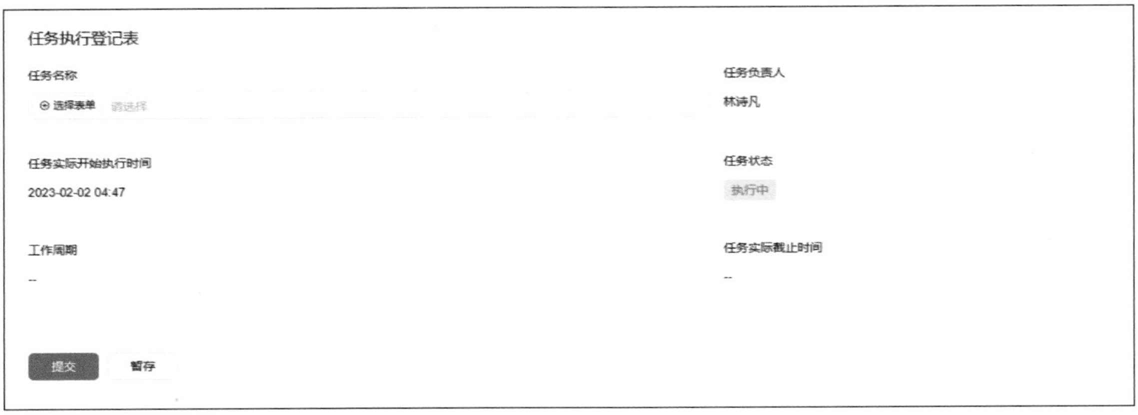

图4-90 "任务执行登记表"表单效果图

4. 集成 & 自动化设计

"任务执行登记表"发布后,任务进入"执行中"状态,需要在对应的"项目信息数据底表"中的"任务明细"子表中更新对应任务的状态为"执行中",更新"任务开始时间"为"任务实际开始执行时间"和"任务截止时间"为"任务实际截止时间"。

切换到"集成 & 自动化"页面,单击"从空白新建"按钮,如图4-91所示,弹出"新建集成 & 自动化"对话框,设置其"名称"为"更新底表任务数据",选择触发类型为"表单事件触发",选择表单为"任务执行登记表",如图4-92所示。

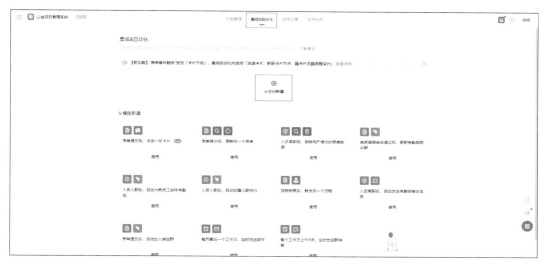

图 4-91 新建"集成 & 自动化"操作示意图

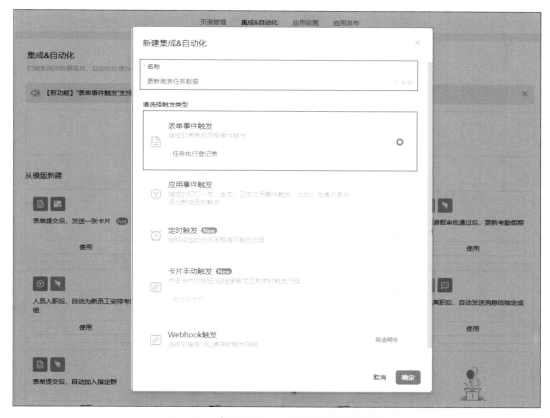

图 4-92 填写"集成 & 自动化"信息示意图

单击"确认"按钮进入"集成 & 自动化"配置界面,单击"表单事件触发",设置"触发事件"为"创建成功",单击"保存"按钮,如图 4-93 所示。

在更新数据前,要获取到对应"项目信息数据底表"的表单数据,与在流程设计中类似,新增"获取单条数据"节点,更改节点名称为"获取底表数据",配置如图 4-94 所示。

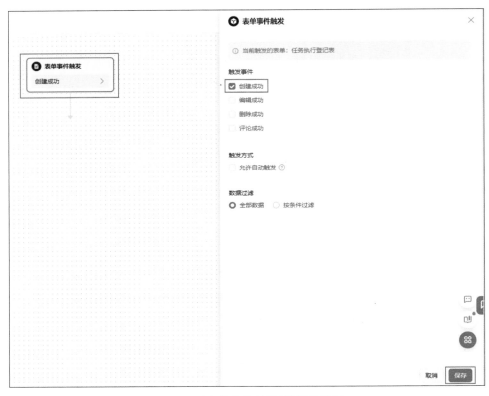

图 4-93 "表单事件触发"设置示意图

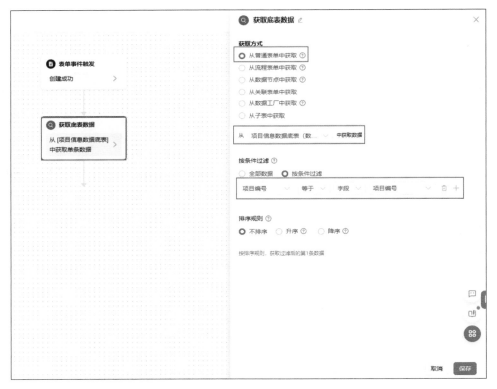

图 4-94 "获取底表数据"设置示意图

由于更新的是某个项目的"任务明细"子表中的某一条任务的数据,故在获取到对应"项目信息数据底表"的表单数据后,还需要获取到该主表中子表单的对应数据。同理,新增"获取单条数据"节点,更改节点名称为"获取底表中子表数据",配置如图 4-95 所示。

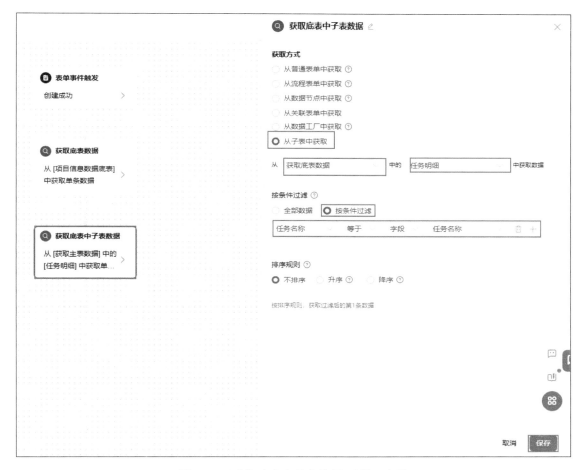

图 4-95 "获取底表中子表数据"设置示意图

获取到"任务明细"子表中的对应数据后,就可以对数据进行更新,新增"更新数据"节点,配置如图 4-96 所示。

同时,还需要更新"项目任务登记表"中的对应数据,在更新数据之前,先要新增"获取单条数据"节点,更改节点名称为"获取项目任务",配置如图 4-97 所示。

获取到"项目任务登记表"中的对应数据后,就可以对数据进行更新,新增"更新数据"节点,配置如图 4-98 所示。

该表单的集成 & 自动化添加了三个"获取单条数据"节点和两个"更新数据"节点,分别更新了对应"项目信息数据底表"中"任务明细"子表中的对应数据和对应"项目任务登记表"中的数据,效果如图 4-99 所示,依次单击"保存"和"发布"按钮启动集成 & 自动化。

5．移动至分组

返回应用的页面管理页,移动"任务执行登记表"普通表单到"项目执行管理"分组中,具体操作在 2.2.2 节中已描述,移动后效果如图 4-100 所示。

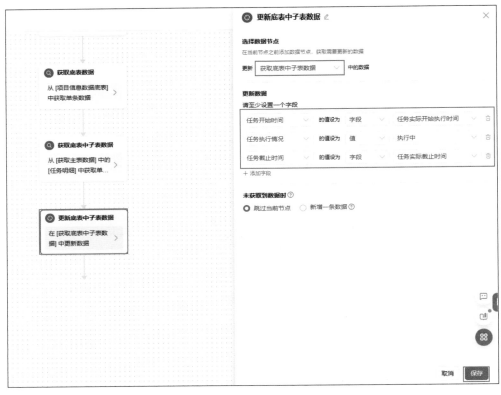

图 4-96 "更新底表中子表数据"设置示意图

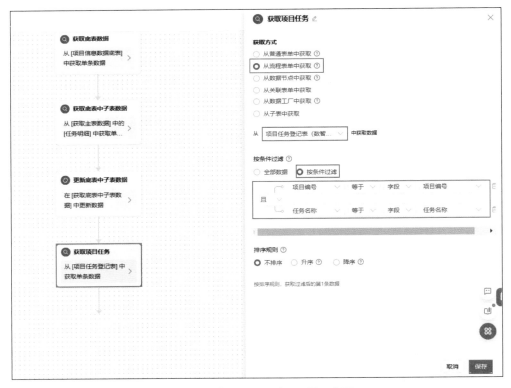

图 4-97 "获取项目任务"设置示意图

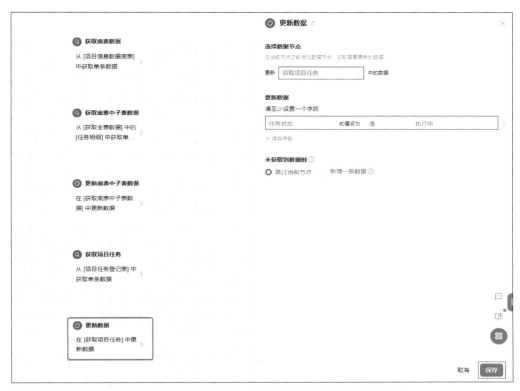

图 4-98　"更新数据"设置示意图

图 4-99　"任务执行登记表"集成 & 自动化设置效果图

图 4-100 页面管理项目录效果图

4.3.4 "资源申请登记表"流程表单

业务人员在任务执行的过程中，会有资源申请的需求。此时，可以通过填写"资源申请登记表"流程表单进行资源的申请，提交后将由相关负责人进行审批。

1. 创建表单

参考 2.2.2 节的操作，创建一个空的流程表单，创建成功后进入表单设计页面。

2. 表单设计

"资源申请登记表"主要组件及其名称如图 4-101 所示。

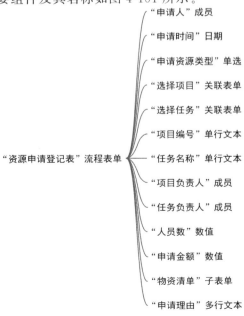

图 4-101 "资源申请登记表"流程表单思维导图

在表单设计页面的左上角输入表单名称"资源申请登记表",参考如图 4-101 所示的思维导图,将该表单所需的组件全部拖入中间的画布区域并修改它们的标题名称,如图 4-102 所示,并单击"保存"按钮。

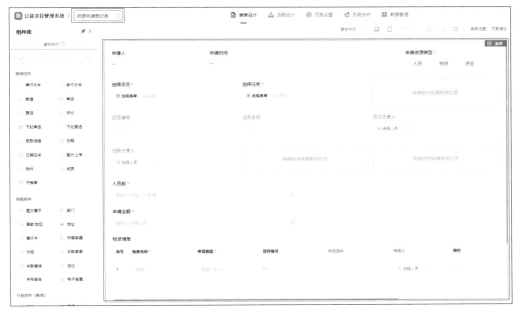

图 4-102 "资源申请登记表"表单设计示意图

其中,"物资清单"子表单主要组件及其名称如图 4-103 所示。

根据图 4-103 所示的思维导图,将该子表单所需的组件全部拖入"任务明细"子表单组件中并修改它们的标题名称,如图 4-104 所示。

3. 页面设置

为了避免业务人员漏填重要信息,"申请资源类型"单选组件、"选择项目"关联表单组件、"选择任务"关联表单组件、"申请理由"多行文本组件、"人员数"数值组件、"申请金额"数值组件、"物资清单"子表单

图 4-103 "物资清单"子表单思维导图

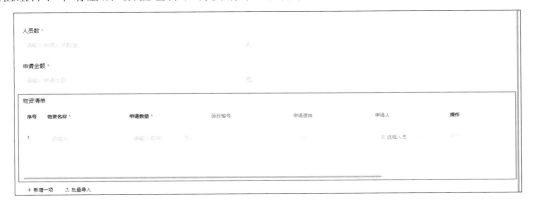

图 4-104 "物资清单"子表单设计示意图

组件中的"物资名称"单行文本组件和"物资清单"子表单组件中的"申请数量"数值组件均设置"校验"为"必填",校验组件为必填的具体操作在 4.2.1 节中已经提及,这里不再赘述。

"申请人"组件需要显示为物资申请人,也就是填表人,可以使用公式编辑功能自动生成,输入公式为"USER()"。

"申请时间"组件需要显示为当前填表时间,可以使用公式编辑功能自动生成,输入公式为"TIMESTAMP(NOW())"。

"申请资源类型"单选组件需要设置其选项值,设置选项值为"人员"、"物资"和"资金",来表示资源申请的 3 种类型。由于不同的物资申请类型后续需要填写的信息是不同的,如当选项值为"人员"时,需要填写的就是"人员数"组件;当选项值为"资金"时,需要填写的就是"申请金额"组件。单选组件的"关联选项设置"可以实现上述功能,如图 4-105 所示,单击"申请资源类型"单选组件,在"属性"窗格中单击"关联选项设置",弹出设置对话框,配置如图 4-106 所示。

图 4-105　单选组件"关联选项设置"示意图 1

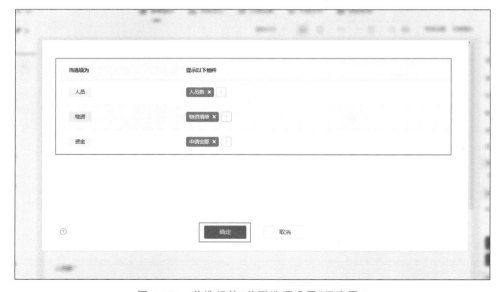

图 4-106　单选组件"关联选项设置"示意图 2

　　"选择项目"关联表单组件显示的是项目名称,只有状态为"执行中"的项目才能申请资源。设置"选择项目"关联表单组件的关联表单为"项目信息数据底表","显示设置"的"主要信息"为"项目名称","次要信息"为"项目编号"。同时,"项目信息数据底表"是不允许业务人员去填写的,故需要关闭"选择项目"关联表单组件的"允许功能"。打开"数据筛选"功能,设置筛选条件如图 4-107 所示,上述关联表单的相关操作在 4.2.5 节中已经提及,这里不再赘述。

图 4-107　选择项目关联表单组件"数据筛选"示意图

　　打开"数据填充"功能,填充字段如图 4-108 所示,上述关联表单的相关操作在 3.2.3 节中已经提及,这里不再赘述。

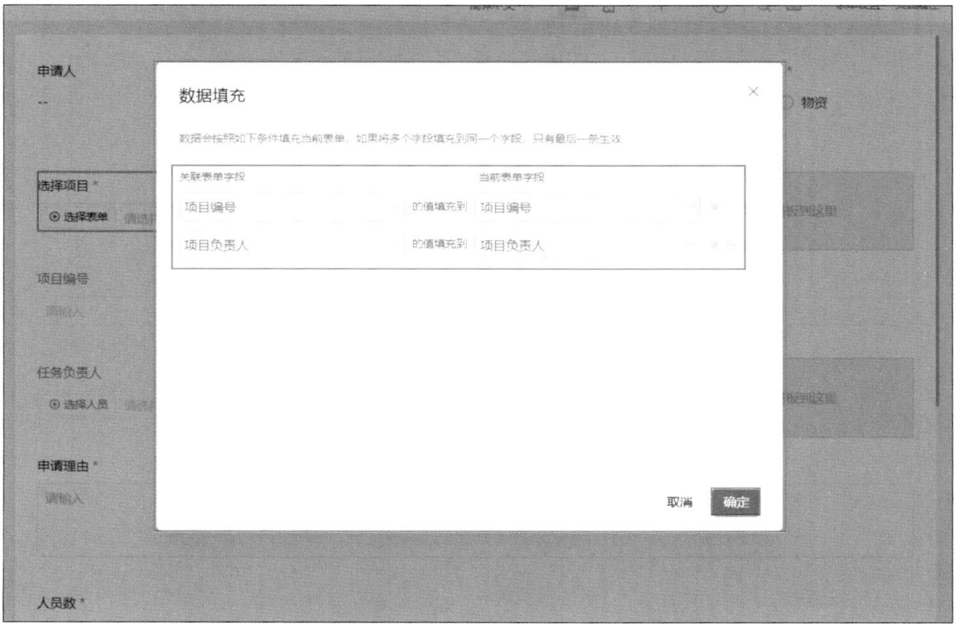

图 4-108　选择项目关联表单组件"数据填充"示意图

"选择任务"关联表单组件显示的是任务名称,只有状态为"执行中"的任务才能申请资源。设置"选择任务"关联表单组件的关联表单为"项目任务登记表","显示设置"的"主要信息"为"任务名称","次要信息"为"关联项目"。打开"数据筛选"功能,设置筛选条件如图 4-109 所示,上述关联表单的相关操作在 4.2.5 节中已经提及,这里不再赘述。

图 4-109 选择任务关联表单组件"数据筛选"示意图

打开"数据填充"功能,填充字段如图 4-110 所示,上述关联表单的相关操作在 3.2.3 节中已经提及,这里不再赘述。

图 4-110 选择任务关联表单组件"数据填充"示意图

"人员数"数值组件需要设置其"单位"为"人"；"申请金额"数值组件需要设置其"单位"为"元"，设置"小数位数"为"2"位；"物资申请"子表单中的"申请数量"数值组件需要设置其"单位"为"个"，具体操作方法在 4.2.3 节中已经提及，这里不再赘述。

"物资清单"子表中的"项目编号"单行文本组件、"申请理由"多行文本组件、"申请人"成员组件、"申请时间"日期组件和"任务名称"单行文本组件的设置都是为了其余表的流程设计中方便操作的，所以这些组件的值都可以用公式编辑设置为主表中的相同值。例如，子表中"项目编号"组件的公式输入为"项目编号"。

为防止表单数据冗余，可以隐藏功能性组件，如"项目编号"单行文本组件、"任务名称"单行文本组件、"项目负责人成员组件"、"任务负责人"成员组件以及"物资清单"子表单组件中的"项目编号"单行文本组件、"申请理由"多行文本组件、"申请人"成员组件、"申请时间"日期组件和"任务名称"单行文本组件。在隐藏完组件后，需要设置这些组件的数据提交为"始终提交"，防止提交空数据，具体操作方法在 2.3.4 节中已经提及，这里不再赘述。

属性设置完后，表单效果如图 4-111 所示。

图 4-111　"资源申请登记表"表单效果图

4. 流程设计

在表单设计页中单击"流程设计"进入流程编辑页面，单击"创建新流程"按钮，进入流程设计。

"资源申请登记表"发布后，需要由任务负责人和项目负责人相继进行审核，审核通过后，即资源申请成功发布。此时，还需要根据资源申请类型在"项目信息数据底表"中对应的子表中插入相关资源申请的数据，并更新"项目信息数据底表"相关组件值。

本流程的一级"审批人"设置为"任务负责人"，二级"审批人"设置为"项目负责人"，单击"保存"按钮进行保存。

在插入数据之前，需要获取到对应的"项目信息数据底表"的数据，本流程新增了"获取单条数据"节点，将节点名称改为"获取底表数据"，具体操作在 2.3.3 节中已描述，这里不再赘述。

新增完"获取底表数据"节点后，需要设置节点内的具体内容，设置"获取方式"为"从普通表单中获取"，选择表单为"项目信息数据底表"，选择"按条件过滤"，过滤条件如图 4-112 所示，单击"保存"按钮，完成"获取底表数据"节点的设置。

获取到对应的"项目信息数据底表"的数据后，需要根据不同的资源申请类型，在对应子表

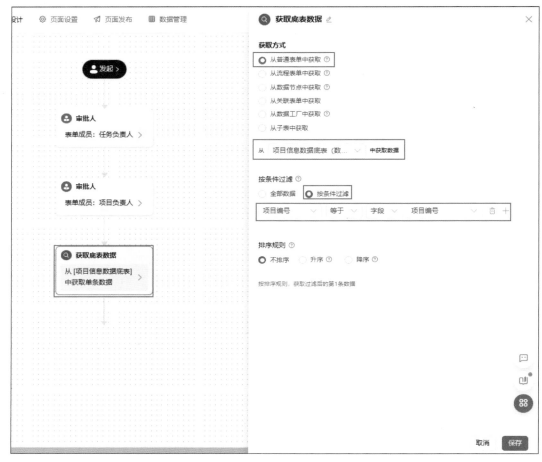

图 4-112 获取底表数据节点设置示意图

中新增数据,新增"条件分支"节点,设置三个条件分支,如图 4-113 所示。

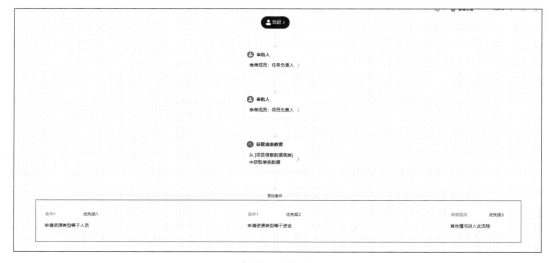

图 4-113 条件分支节点设置示意图

单击"条件 1",选择"配置方式"为"条件规则",条件规则设置如图 4-114 所示。

图 4-114　条件规则 1 设置示意图

当资源申请类型为人员时，就需要在"项目信息数据底表"的"资源明细-人员"子表中新增数据，添加"新增数据"节点，具体操作在 2.3.3 节中已描述，这里不再赘述。

添加好"新增数据"节点后，需要设置节点内的具体内容，实现自动在"资源明细-人员"子表中新增一条对应的数据。选择"新增方式"为"在子表中新增"，选择表单为在"获取底表数据"中的"资源明细-人员"子表，选择"新增单条数据"，"字段设置"配置如图 4-115 所示，将"资源明细-人员"子表的字段一个一个地填充起来。

图 4-115　新增数据节点设置示意图

同时，"项目信息数据底表"中"累计申请人员数"字段的值需要加上当前申请人员数，可以通过流程中的"更新数据"节点来实现。添加"新增数据"节点，具体操作在 2.3.3 节中已描述，这里不再赘述。

添加好"更新数据"节点后，需要设置节点内的具体内容。"选择数据节点"为更新"获取底表数据"中的数据,"更新数据"设置为"累计申请人员数量"字段的值设为公式"获取底表数据.累计申请人员数量＋人员数",如图 4-116 所示。

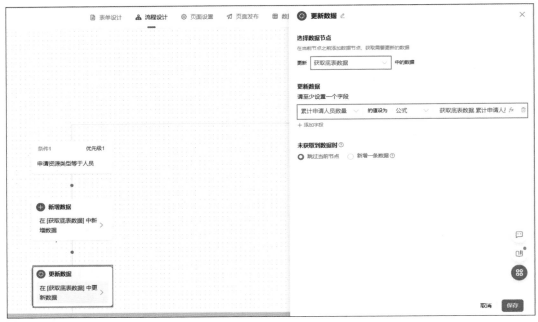

图 4-116 更新数据节点设置示意图

条件 2 和条件 3 的设置过程与条件 1 的设置过程类似,这里不再赘述,读者可以自行完成。

最终效果如图 4-117 所示,依次单击"保存"和"发布流程"按钮将流程发布。

图 4-117 "资源申请登记表"流程设计效果图

5. 移动至分组

返回应用的页面管理页,移动"资源申请登记表"流程表单到"项目执行管理"分组中,具体操作在 2.2.3 节中已描述,移动后效果如图 4-118 所示。

图 4-118　页面管理页目录效果图

4.3.5 "资源申请登记表"数据管理页

由于资源申请登记表只能用于新增数据，无法直接查看到已提交的数据并进行编辑、修改，因此可以生成资源申请登记表的数据管理页，参考 2.3.2 节进行管理页的新增。

4.3.6 "任务完结反馈表"流程表单

教学视频

任务执行完毕或是到达任务截止时间，业务人员需要提交"任务完结反馈表"将任务的执行情况向上级进行反馈，反馈的过程也是一个审批的流程。

1. 创建表单

参考 2.2.2 节的操作，创建一个空的流程表单，创建成功后进入表单设计页面。

实验视频

2. 表单设计

"任务完结反馈表"主要组件及名称如图 4-119 所示。

在表单设计页面的左上角填入表单名称"任务完结反馈表"，参考如图 4-119 所示组件思维导图，将该表单所需的组件全部拖入中间的画布区域并修改它们的标题名称，如图 4-120 所示，并单击"保存"按钮。

3. 页面设置

"选择项目"关联表单组件显示的是项目名称，只有状态为"执行中"的项目下的任务才能被"反馈"。设置"选择项目"关联表单组件的关联表单为"项目信息数据底表"，"显示设置"的"主要信息"为"项目名称"，"次要信息"为"项目编号"。同时，"项目信息数据底表"是不允许业务人员去填写的，故需要关闭"选择项目"关联表单组件的"允许新增"功能。打开"数据筛选"

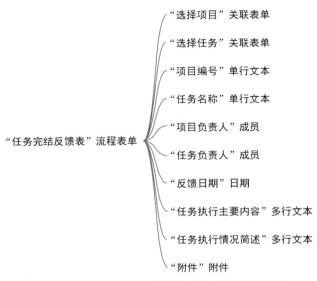

图 4-119　"任务完结反馈表"流程表单思维导图

图 4-120　"任务完结反馈表"表单设计示意图

功能,设置筛选条件如图 4-121 所示,上述关联表单的相关操作在 4.2.5 中已经提及,这里不再赘述。

　　打开"数据填充"功能,填充字段如图 4-122 所示。

　　"选择任务"关联表单组件显示的是任务名称,只有状态为"执行中"的任务才能进行完结反馈。设置"选择任务"关联表单组件的关联表单为"项目任务登记表",设置"显示设置"的"主要信息"为"任务名称","次要信息"为"关联项目"。打开"数据筛选"功能,设置筛选条件如图 4-123 所示,上述关联表单的相关操作参考 4.2.5 节。

　　打开"数据填充"功能,填充字段如图 4-124 所示。

图 4-121 选择项目关联表单组件"数据筛选"示意图

图 4-122 选择项目关联表单组件"数据填充"示意图

"反馈日期"日期组件需要显示为当前填表时间,可以使用公式编辑功能自动生成,输入公式为"TIMESTAMP(NOW())",具体操作参考 4.2.1 节。

图 4-123　选择任务关联表单组件"数据筛选"示意图

图 4-124　选择任务关联表单组件"数据填充"示意图

为防止业务人员漏填重要信息,"选择项目"关联表单组件、"选择任务"关联表单组件、"任务执行主要内容"多行文本组件、"任务执行情况简述"多行文本组件校验为"必填",设置"校验"为"必填"的具体操作参考 4.2.1 节。

属性设置完后,表单效果如图 4-125 所示。

图 4-125　"任务完结反馈表"表单效果图

4. 流程设计

在表单设计页中单击"流程设计"进入流程编辑页面,单击"创建新流程"按钮,进入流程设计。

"资源申请登记表"发布后,需要项目负责人进行审核。此外,还需要在对应的"项目信息数据底表"中的"任务明细"子表中更新对应任务的状态为"已结束"。

本流程的一级审批人设置为"项目负责人",单击"保存"按钮进行保存,具体操作步骤可参考 4.2.5 节。

在更新数据前,要获取到对应"项目信息数据底表"的表单数据,与在流程设计中类似,新增"获取单条数据"节点,更改节点名为"获取底表数据",配置如图 4-126 所示。

由于更新的是某个项目的"任务明细"子表中的某一条任务的数据,故在获取到对应"项目信息数据底表"的表单数据后,还需要获取到该主表中子表单的对应数据。同理,新增"获取单条数据"节点,更改节点名称为"获取子表单数据",配置如图 4-127 所示。

获取"任务明细"子表中的对应数据后,就可以对数据进行更新,参考 2.3.1 节的操作步骤,新增"更新数据"节点,配置如图 4-128 所示。

同时,还需要更新"项目任务登记表"中的对应数据,在更新数据之前,依旧新增"获取单条数据"节点,更改节点名称为"获取任务登记表数据",配置如图 4-129 所示。

获取到"项目任务登记表"中的对应数据后,就可以对数据进行更新,新增"更新数据"节点,配置如图 4-130 所示。

该表单的流程设计使用了三个"获取单条数据"节点和两个"更新数据"节点,分别更新了对应"项目信息数据底表"中"任务明细"子表中的对应数据和对应"项目任务登记表"中的数据,效果如图 4-131 所示,依次单击"保存"和"发布流程"按钮启动流程。

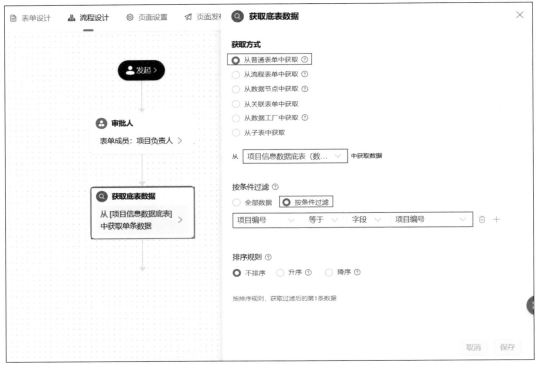

图 4-126 "获取底表数据"设置示意图

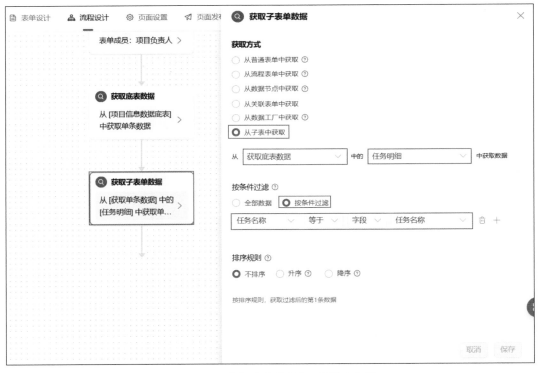

图 4-127 "获取子表单数据"设置示意图

图 4-128 "更新数据"设置示意图

图 4-129 "获取任务登记表数据"设置示意图

图 4-130 "更新数据"设置示意图

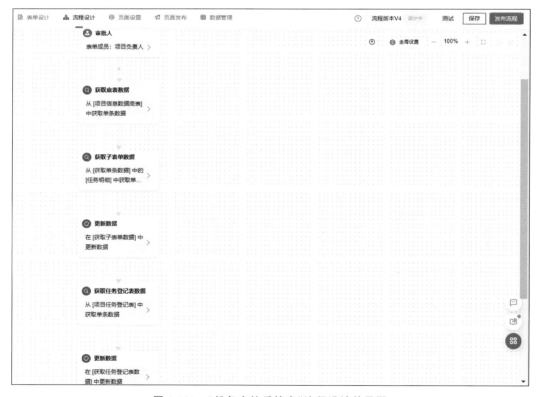

图 4-131 "任务完结反馈表"流程设计效果图

5. 移动至分组

返回应用的页面管理页，移动"任务完结反馈表"流程表单到"项目执行管理"分组中，具体操作参考 4.2.1 节，移动后效果如图 4-132 所示。

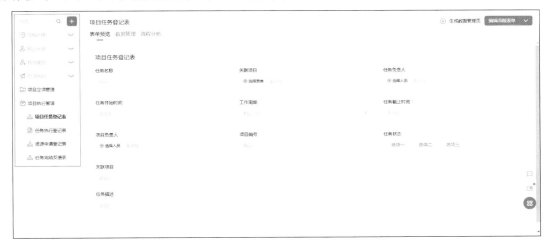

图 4-132　页面管理页目录效果图

4.3.7　"任务完结反馈表"数据管理页

由于任务完结反馈表只能用于新增数据，无法直接查看到已提交的数据并进行编辑、修改，因此我们可以生成任务完结反馈表的数据管理页，参考 2.3.2 节进行管理页的新增。

4.4　"项目落地收尾管理"功能设计

"项目落地收尾管理"功能主要包括项目结项。当项目所属的任务都已经完结或者达到项目截止日期时，任务负责人填写"项目结项登记表"，反馈项目的完成情况，以及项目中碰到的问题。

"项目落地收尾管理"功能模块的思维导图如图 4-133 所示，为了更好地对整个系统进行模块化的管理，可以将该模块的内容放入一个文件夹内，便于后续系统的维护和开发。

教学视频

实验视频

"项目落地收尾管理"功能　——　"项目结项登记表"流程表单

　　　　　　　　　　　　　　"项目结项登记表"数据管理页

图 4-133　"项目落地收尾管理"功能模块的思维导图

4.4.1　"项目结项登记表"流程表单

当项目所属的任务都已经完结或者达到项目截止日期时，任务负责人填写"项目结项登记表"，反馈项目的完成情况，以及项目中碰到的问题。

1. 创建表单

参考 2.2.2 节的操作，创建一个空的流程表单，创建成功后进入表单设计页面。

2. 表单设计

"项目结项登记表"主要组件及名称如图 4-134 所示。

在表单设计页面的左上角填入表单名称"项目结项登记表"，参考图 4-134 所示组件思维

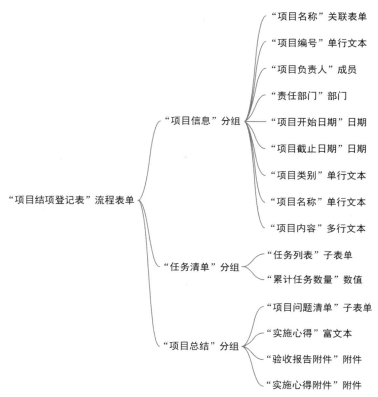

图 4-134 "项目结项登记表"流程表单思维导图

导图,将该表单所需的组件全部拖入中间的画布区域并修改它们的标题名称,如图 4-135 所示,并单击"保存"按钮。

图 4-135 "项目结项登记表"表单设计示意图

其中,"任务列表"子表单主要组件及名称如图 4-136 所示。

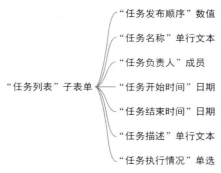

图 4-136   "任务列表"子表单思维导图

根据图 4-136,将该子表单所需的组件全部拖入"任务列表"子表单组件中并修改它们的标题名称,如图 4-137 所示。

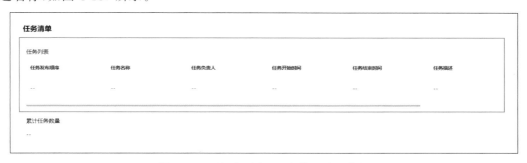

图 4-137   "任务列表"子表单设计示意图

其中,"项目问题清单"子表单主要组件及名称如图 4-138 所示。

图 4-138   "项目问题清单"子表单思维导图

根据图 4-138,将该子表单所需的组件全部拖入"项目问题清单"子表单组件中并修改它们的标题名称,如图 4-139 所示。

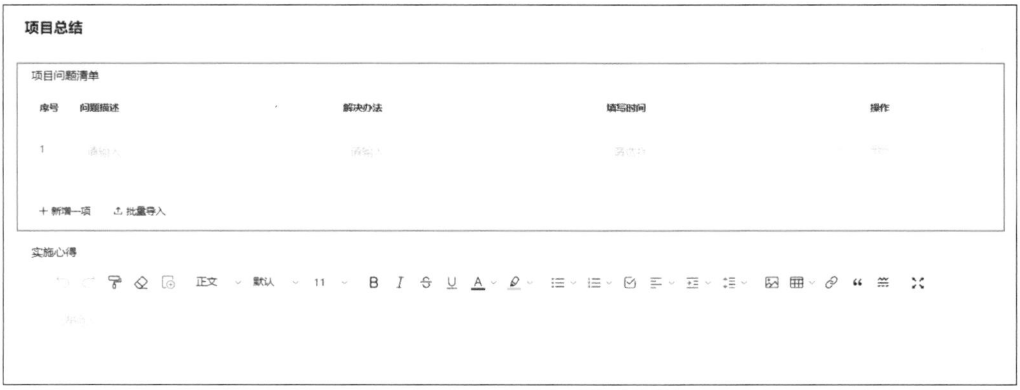

图 4-139   "项目问题清单"子表单设计示意图

3. 页面设置

"项目名称"关联表单组件显示的是项目名称,只有状态为"执行中"的项目才能进行结项。设置"项目名称"关联表单组件的关联表单为"项目信息数据底表","显示设置"的"主要信息"为"项目名称","次要信息"为"项目编号"。同时,"项目信息数据底表"是不允许业务人员去填写的,故需要关闭"项目名称"关联表单组件的"允许新增"功能。打开"数据筛选"功能,设置筛选条件如图 4-140 所示,上述关联表单的相关操作参考 4.2.5 节。

图 4-140 项目名称关联表单组件"数据筛选"示意图

打开"数据填充"功能,填充字段如图 4-141 和图 4-142,上述关联表单的相关操作参考4.2.5 节。

由于该表单的大部分字段数据可由"项目名称"关联表单的数据填充功能进行填充,故可以通过数据填充的数据的状态均可设置为"只读",具体操作参考 2.3.1 节。例如,"项目编号"单行文本组件、"项目负责人"成员组件、"责任部门"部门组件、"项目开始日期"日期组件、"项目截止日期"日期组件、"项目类别"单行文本组件、"项目名称"单行文本组件、"项目内容"多行文本组件以及"任务列表"子表单组件中的所有组件。

由于日期组件的默认格式为"年-月-日",而"任务列表"子表单中的"任务截止时间"日期组件、"任务开始时间"日期组件所展示的时间需要更加精细,所以需要将该日期的格式设置为"年-月-日 时:分"。设置方法参考 4.2.1 节。

"任务列表"子表单中的"任务执行情况"单选组件需要设置其选项值为"未开始""执行中"和"已结束",来表示任务的 3 种状态,同时可以打开"彩色"功能,使选项获得彩色的背景和文字,更便于识别。

图 4-141　项目名称关联表单组件"数据填充"示意图 1

图 4-142　项目名称关联表单组件"数据填充"示意图 2

"累计任务数量"数值组件需要设置"单位"为"个",设置方法参考 4.2.3 节。

为防止业务人员漏填重要信息,"项目名称"关联表单组件和"验收报告附件"附件组件需要设置"校验"为"必填",具体操作参考 4.2.1 节。

属性设置完后,表单效果如图 4-143～图 4-145 所示。

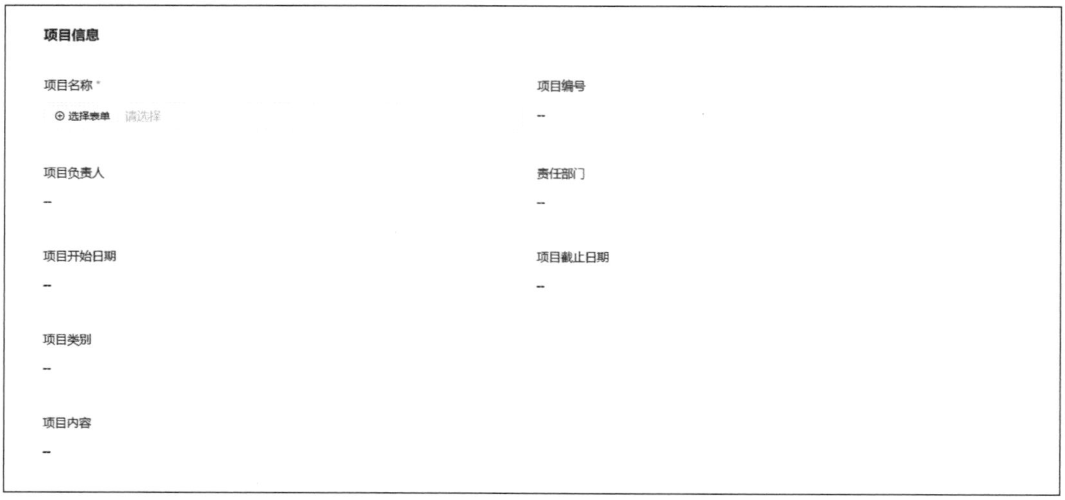

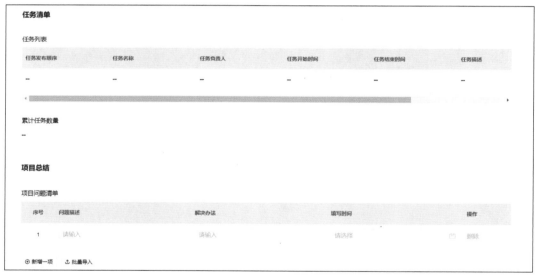

图 4-143 "项目结项登记表"表单效果图 1

图 4-144 "项目结项登记表"表单效果图 2

4. 流程设计

在表单设计页中单击"流程设计"进入流程编辑页面,单击"创建新流程"按钮,进入流程设计。

"项目结项登记表"发布后,需要相关部分负责人进行审核。此外,还需要在对应的"项目信息数据底表"更新项目的状态为"已结项"。

本流程的一级审批人设置为"三级立项负责人",单击"保存"按钮进行保存,具体操作步骤可参考 4.2.5 节。

图 4-145 "项目结项登记表"表单效果图 3

在更新数据前,要获取到对应"项目信息数据底表"的表单数据,具体操作步骤可参考 4.2.5 节,新增"获取单条数据"节点,配置如图 4-146 所示。

图 4-146 "获取单条数据"设置示意图

获取到"项目信息数据底表"中对应数据后,就可以对数据进行更新,新增"更新数据"节点,配置如图 4-147 所示。

该表单的流程设计使用了一个"获取单条数据"节点、一个"更新数据"节点,更新了对应

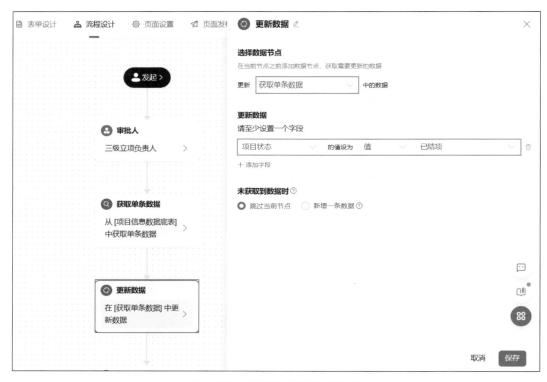

图 4-147 "更新数据"设置示意图

"项目信息数据底表"中的数据,效果如图 4-148 所示,依次单击"保存"和"发布流程"按钮启动流程。

图 4-148 "项目结项登记表"流程设计效果图

5．移动至分组

返回应用的页面管理页,新增分组"项目落地收尾管理",移动"项目结项登记表"流程表单到"项目落地收尾管理"分组中,具体操作参考 4.2.1 节,移动后效果如图 4-149 所示。

图 4-149　页面管理页目录效果图

4.4.2　"项目结项登记表"数据管理页

由于项目结项登记表只能用于新增数据,无法直接查看到已提交的数据并进行编辑、修改,因此可以生成项目结项登记表的数据管理页,参考 2.3.2 节进行管理页的新增。

4.5　"数据看板"功能设计

教学视频

"数据看板"功能将项目管理系统内的信息可视化,便于管理人员查看、收集、筛选需要的数据。

"数据看板"功能设计的思维导图如图 4-150 所示,为了更好地对整个系统进行模块化的管理,可以将该模块的内容放入一个文件夹内,便于后续系统的维护和开发。

实验视频

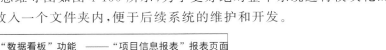

图 4-150　"数据看板"功能设计的思维导图

"项目信息报表"主要用于将项目管理系统内的信息可视化,便于管理人员查看、收集、筛选需要的数据,查看项目进度,进展等。

1．创建报表

单击"页面管理"页左上角的加号按钮,弹出下拉菜单如图 4-151 所示,单击"新建报表",完成报表的创建,进入报表设计页面。

2．报表设计

"项目信息报表"主要组件及名称如图 4-152 所示。

图 4-151 "新建报表"操作示意图

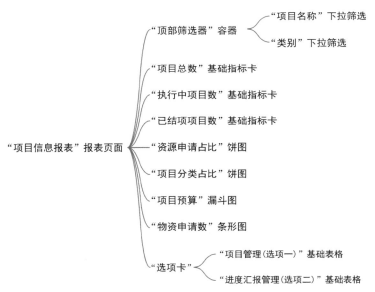

图 4-152 "项目信息报表"普通表单思维导图

在页面的左上角填入报表名称"项目信息报表",参考如图 4-152 所示组件思维导图,将该表单所需的组件全部拖入中间的画布区域并修改它们的标题名称,如图 4-153 所示,并单击"保存"按钮。

3. 页面设置

参考 2.4.2 节的操作步骤,设置"项目名称"下拉筛选的"数据集"为"项目信息数据底表",

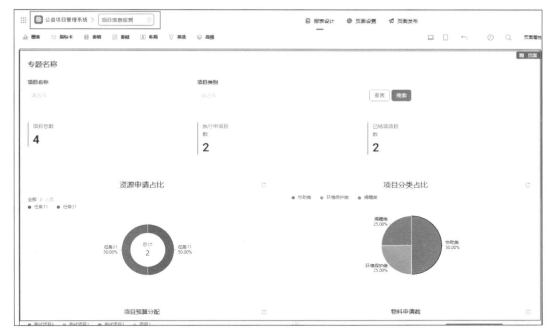

图 4-153　"项目信息报表"设计示意图

设置"查询字段"为"项目名称",如图 4-154 所示;设置"项目类别"下拉筛选的"数据集"为"项目信息数据底表",设置"查询字段"为"项目类别"。

图 4-154　"下拉筛选"配置示意图

设置"项目总数"基础指标卡的"数据集"为"项目信息数据底表",将"字段"中的"项目编号"拖入"指标"中,如图 4-155 所示。单击编辑字段按钮,在弹出的对话框中,修改其别名为"项目总数",如图 4-156 所示。同理,设置"执行中项目数"基础指标卡的"数据集"为"项目信息数据底表","指标"为"项目信息数据底表","辅助指标"为"项目状态_值";设置"已结项项

图 4-155　"基础指标卡"配置示意图 1

目数"基础指标卡的"数据集"为"项目信息数据底表","指标"为"执行中项目数","辅助指标"为"项目状态_值"。

图 4-156 "基础指标卡"配置示意图 2

设置"资源申请占比"饼图的"数据集"为"项目信息数据底表",将"字段"中的"申请资源类型"拖入"分类字段"中,将"字段"中的"申请资源类型_值"拖入"数值字段"中,如图 4-157 所示。同理,设置"项目分类占比"饼图的"数据集"为"项目立项申请表","分类字段"为"项目类别","数值字段"为"项目类别"。

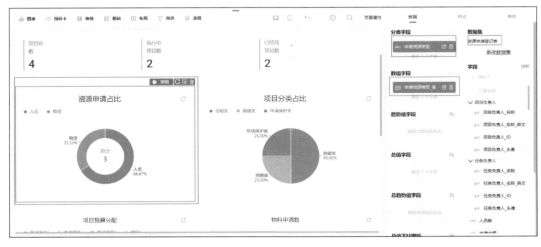

图 4-157 "饼图"配置示意图

设置"项目预算分配"漏斗图的"数据集"为"项目信息数据底表","指标"为"项目预算","分组"为"项目名称",如图 4-158 所示。

设置"物资申请数"条形图的"数据集"为"物资申请登记表.物资清单","横轴"为"物料名称","纵轴"为"申请数量",如图 4-159 所示。

"项目管理"选项卡思维导图如图 4-160 所示。

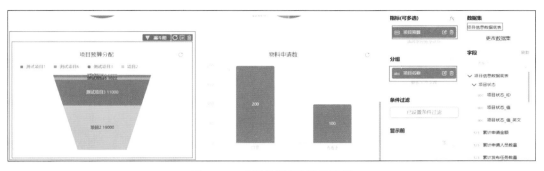

图 4-158 "漏斗图"配置示意图

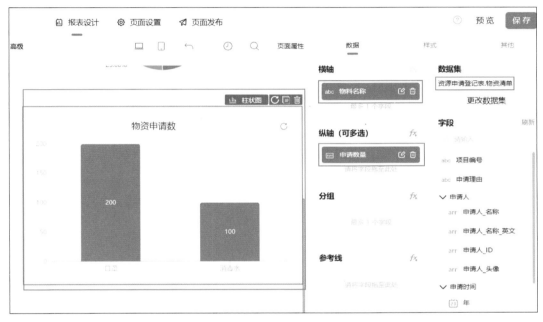

图 4-159 "条形图"配置示意图

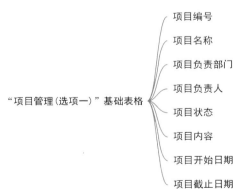

图 4-160 "项目管理"选项卡思维导图

设置"项目管理"选项卡中基础表格的"数据源"为"项目信息数据底表",根据图 4-160,将所需的字段全部拖入"表格列"中,如图 4-161 所示。

其中,"进度汇报管理"选项卡主要字段如图 4-162 所示。

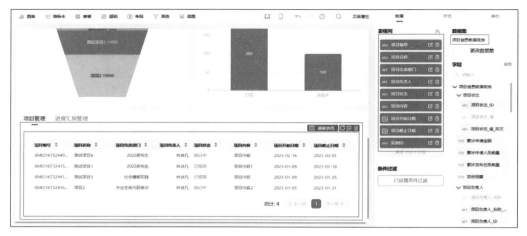

图 4-161 "项目管理"选项卡设计示意图

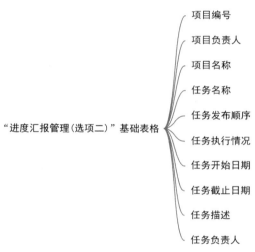

图 4-162 "进度汇报管理"选项卡思维导图

设置"进度汇报管理"选项卡中基础表格的"数据源"为"项目信息数据底表",根据图 4-162，将所需的字段全部拖入"表格列"中，如图 4-163 所示。

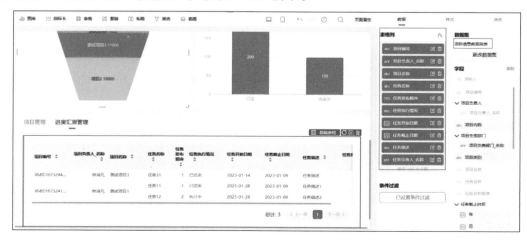

图 4-163 "进度汇报管理"设计示意图

4. 移动至分组

返回应用的页面管理页,新增分组"数据看板",移动"项目信息报表"报表表单到"数据看板"分组中,具体操作在 2.2.3 节中已描述,移动后效果如图 4-164 所示。

图 4-164　页面管理页目录效果图

4.6　"公益项目管理系统首页"自定义界面

为了使管理人员能够更好地使用本系统,更加清晰地找到对应的表单,本系统添加了"公益项目管理系统首页"。

单击"页面管理"页左上角的加号按钮,弹出下拉菜单如图 4-165 所示,单击"新建自定义

图 4-165　"新建自定义页面"操作示意图 1

页面",弹出"新建自定义页面"对话框,如图 4-166 所示,切换到"首页工作台"选项卡,选择"工作台模板-01",完成自定义页面的创建。

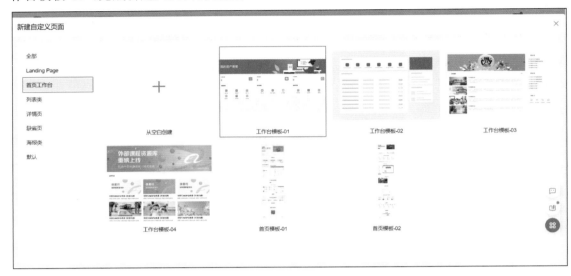

图 4-166 "新建自定义页面"操作示意图 2

进入编辑页面后,将页面上的大标题改为"公益项目管理系统"。在布局方面,将"公益项目管理系统"分为四大分组,分别为"项目立项""项目执行""项目落地收尾""数据报表"。设置了 7 个链接块容器,如图 4-167 所示。

图 4-167 "公益项目管理系统"自定义页面设计示意图

单击链接块可以实现链接的跳转,如图 4-168 所示,单击"项目分类"链接块组件,选择"链接类型"为"内部页面","选择页面"为对应的"项目分类管理"。用同样的方法设置其他链接块。"公益项目管理系统"首页自定义页面效果如图 4-169 所示。

图 4-168　"链接块"组件设置示意图

图 4-169　"公益项目管理系统"首页效果图

第 5 章

慈善捐赠管理系统

慈善捐赠是出于人道主义精神,捐赠或资助慈善事业的社会活动。公共关系的慈善捐赠工作除了捐赠现款与实物外,还常常借助传播媒介,如广播、电视、报刊等宣传慈善事业,引起社会公众对慈善事业的关心与支持,普及人道主义及社会公益思想,从而改善慈善机构的物质条件,创造良好的社会环境,弘扬正义与爱心。

据第十九届(2022)中国慈善榜发布的数据显示,超过百亿的慈善捐赠投入方向既包括扶贫济困、扶老救孤等传统慈善的领域,也包括现代慈善所涵盖的科、教、文、卫、体等公益事业,慈善家的捐赠领域日益多元。从资金来源来看,慈善家所处的行业相较之前也更加分散,涉及房地产、互联网、电子电气、制造业、农业、医疗、投资、矿业、教育等多个行业①。

"慈善捐赠管理系统"基于我国慈善事业互助行业,实现社会善款和物资的捐助捐赠以及公益组织对于捐赠的管理。该系统的功能不仅是捐赠信息的提交和相关数据的收集,还需要对整个资金和物资的管理、发放过程进行详细的记录,做到可以追溯到每一笔资金的捐赠来源和分发情况。通过公开资助记录可以接受政府、社会捐赠人的监督,这有助于提高组织的透明化程度,进一步提升组织的公信力。本章将带大家学习如何搭建慈善捐赠管理系统。

本系统主要分为"受助人管理"功能、"捐赠人管理"功能、"善款管理"功能、"物资管理"功能以及慈善捐赠管理系统首页五个功能模块,思维导图如图 5-1 所示。"受助人管理"功能用于维护和展示受助人的基本信息和受助信息;"捐赠人管理"功能用于维护捐赠人的基本信息和捐赠信息;"善款管理"功能用于捐赠人的善款捐赠、慈善组织对受助人的善款发

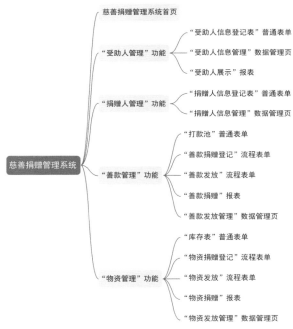

图 5-1 "慈善捐赠管理系统"思维导图

① 《公益时报》社:《大额捐赠不再是少数企业的"专利"! 本届中国慈善榜榜单有哪些看点?》,第十九届(2022)中国慈善榜,2022 年 5 月 2 日,http://www.gongyishibao.com/html/redian/2022/05/21276.html。

放,以及善款捐赠数据的分析和展示;"物资管理"功能用于捐赠人的物资捐赠、慈善组织对受助人的物资发放,以及物资捐赠数据的分析和展示。

5.1　创建"慈善捐赠管理系统"应用

教学视频

实验视频

　　首先需要创建"慈善捐赠管理系统"应用,创建应用具体步骤可参考 2.1 节,在网页端登录宜搭进入工作台首页,单击"创建应用"按钮,弹出"选择创建应用类型"对话框,选择"从空白创建"选项,在弹出的"创建应用"对话框中依次设置"应用名称""应用图标""应用描述""应用主题色",其中"应用名称"设置为"慈善捐赠管理系统",选择合适的应用图标和应用主题色,如图 5-2 所示。创建好的应用如图 5-3 所示。

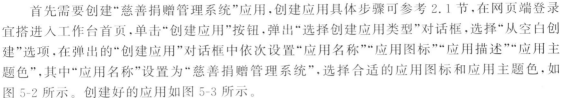

图 5-2　应用信息填写示意图

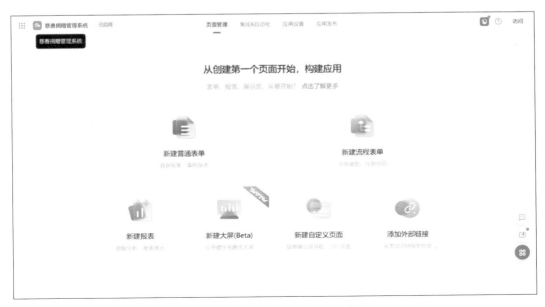

图 5-3　应用"页面管理"页面示意图

5.2 "受助人管理"功能设计

在慈善捐赠的过程中,首先需要受助人将自身的个人信息和情况进行提交,同时受助人的信息也需要向大众进行展示。因此可在"受助人管理"功能模块中创建"受助人信息登记"普通表单和"受助人展示"报表。为方便慈善组织管理人员对表单进行维护和管理,因此可以生成"受助人信息管理"数据管理页,如图5-4所示。

"受助人管理"功能 ⟨ "受助人信息登记表"普通表单 / "受助人信息管理"数据管理页 / "受助人展示"报表

图5-4 "受助人管理"功能思维导图

首先参考2.2.1节的步骤,新建一个"受助人管理"分组,如图5-5所示。

图5-5 "受助人管理"分组信息填写示意图

5.2.1 "受助人信息登记表"普通表单

"受助人信息登记表"普通表单用于收集受助人的基本信息、家庭信息、善款受助信息、物资受助信息、受助情况等,便于对受助人的基本情况进行存档。该表单中组件名称和类型如图5-6所示。

1. 表单设计

参考2.2.2节的操作步骤,创建一个普通表单,并将其命名为"受助人信息登记表",如图5-7所示。

考虑到页面美观,因此需要设置布局容器。在表单和所有分组中放入布局容器,并对布局容器属性中的列布局进行设置,如基本信息分组中的布局容器可设置为4:4:4:4:4:4:4:4:4,具体样式可根据各自需求进行调整,可参考2.2.2节布局设置。从组件库中拖拽图5-6所示组件至指定位置,并将其命名为对应的名称。

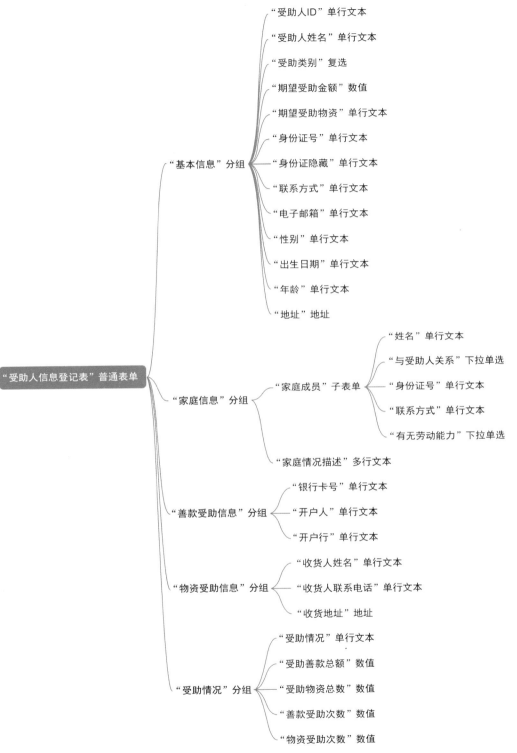

图 5-6　"受助人信息登记表"普通表单思维导图

图 5-7 "受助人信息登记表"命名效果图

2. 属性设置

设置"基本信息"分组中组件的属性。

单击"受助人 ID"组件,在右侧"属性"窗格的"默认值"中选择"公式编辑"选项,如图 5-8 所示。在弹出的"公式编辑"对话框中,输入公式"CONCATENATE("SZR-",TEXT(TODAY(),"yyyyMMddhhmmss"))",如图 5-9 所示,其中 CONCATENATE 函数可以将多个字符串按照指定样式拼接合成一个文本字符串,TODAY 函数可返回当日的日期,TEXT 函数可将数字格式化成指定格式文本。该组件可通过获取当下时间自动生成受助人 ID。

图 5-8 "受助人 ID"单行文本组件公式设置示意图

由于表单会收集受助人身份证号,身份证号第 17 位是性别位,奇数为男性,偶数为女性,由此即可得知性别;第 7 位到第 14 位是出生年月日,由此可得知出生日期和年龄。那么可以通过身份证以及公式编辑自动生成性别、出生日期和年龄。其中可能涉及的公式如下。

- LEN(text):返回文本字符串中的字符个数。用于返回身份证号位数。
- MID(A,B,C):在 A 字符串中,从第 B 位开始取出 C 个字符。用于从身份证号中取出需要用到的字符。

图 5-9 "受助人 ID"组件公式编辑示意图

- MOD(number,divisor)：返回两数相除的余数。对身份证号第 17 位取余数,结果为 1,性别为男;结果为 0,性别为女。
- VALUE()：把 MID()函数取出的字符串转换成数字。用于对身份证号取出的年份转换成数字,进行年龄的计算。
- EQ(value1,value2)两个值相等返回 true,支持数字、日期格式。可用于判断身份证号是否等于 18 位或身份证号倒数第二位除以 2 的余数是否为 0。
- IF(判断条件,结果为 true 的返回值,结果为 false 的返回值)。通过 EQ 公式判断身份证号位数或身份证号倒数第二位除以 2 的余数后,按照条件执行操作。
- REPLACE(A,B,C,D)：用 D 替代 A 中第 B 位起的 C 位字符。

分别设置"身份证号(隐藏)"组件、"性别"组件、"出生日期"组件、"年龄"组件的"默认值"为"公式编辑",公式参考表 5-1。

表 5-1 "受助人信息登记表"组件公式编辑汇总

组 件 名 称	编 辑 公 式	作 用
身份证号(隐藏)	REPLACE(身份证号,7,8,"********")	对身份证号的第 7~14 位进行加密
性别	IF(EQ(LEN(身份证号),18),IF(EQ(MOD(VALUE(MID(身份证号,17,1)),2),0),"女","男"),"请输入正确的身份证号")	获取身份证号第 17 位,并进行性别的判断
出生日期	IF(EQ(LEN(身份证号),18),CONCATENATE(MID(身份证号,7,4),"—",MID(身份证号,11,2),"—",MID(身份证号,13,2)),"请输入正确的身份证号")	获取身份证号中的出生年月日,并进行格式化组合
年龄	IF(EQ(LEN(身份证号),18),YEAR(TODAY())-VALUE(MID(身份证号,7,4)),"请输入正确的身份证号")	获取身份证号中的出生年份,自动计算出年龄

单击"身份证号"组件,在右侧"属性"窗格中将"格式"设置为"身份证号码",如图 5-10 所示。同理,将"联系方式"组件的格式设置为"手机"、将"电子邮箱"组件的格式设置为"邮箱"。

图 5-10 "身份证号"单行文本组件格式设置示意图

单击"期望受助金额"数值组件,在右侧"属性"窗格中将"单位"设置为"元",如图 5-11 所示。

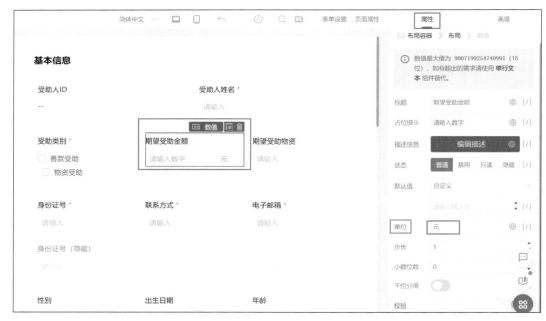

图 5-11 "期望受助金额"数值组件单位设置示意图

单击"受助类别"复选组件,在右侧"属性"窗格中将"自定义选项"设置为"善款受助""物资受助"。由于选择不同的受助类别时,需要填写的组件和分组也会有相应的变化,因此单击"关联选项设置"按钮,在弹出的对话框中设置,当选项为"善款受助"时,显示组件"期望受助金额"

"善款受助信息"；当选项为"物资受助"时，显示组件"期望受助物资""物资受助信息"，如图 5-12 所示。

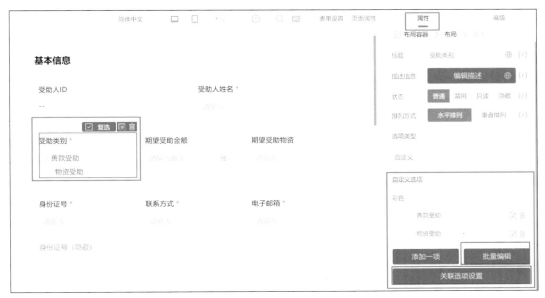

图 5-12　"受助类别"复选组件选项设置示意图

受助人"基本信息"分组效果如图 5-13 所示。

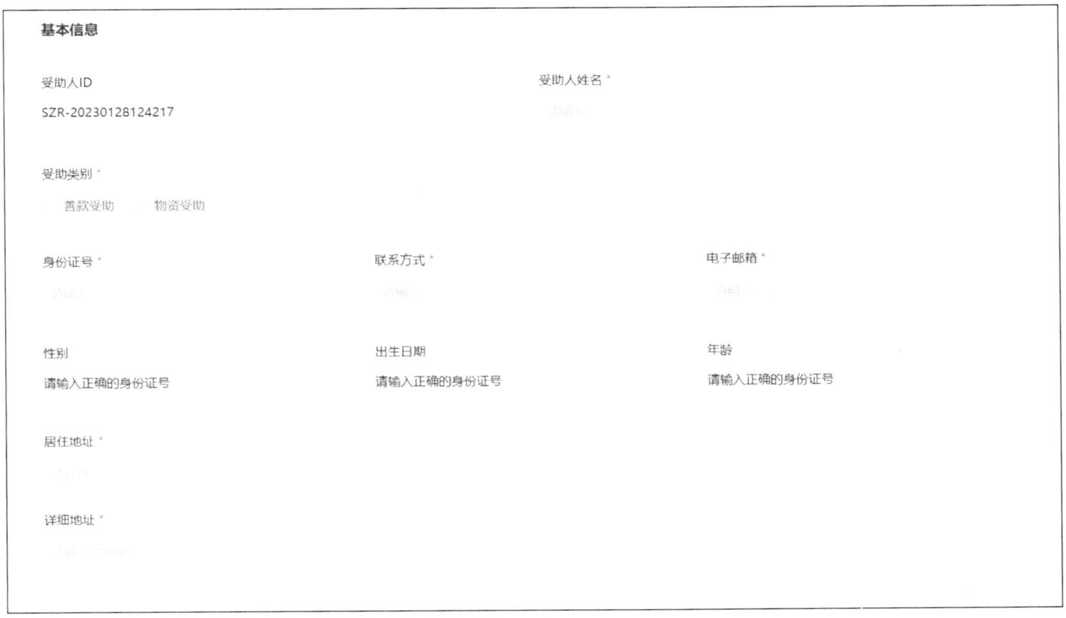

图 5-13　"基本信息"分组效果图

设置"家庭信息"分组和"物资受助信息"分组中组件的属性。

由于需要对身份证号和手机号进行校验，单击"家庭信息"分组中的"身份证号"组件，在右侧"属性"窗格中将"格式"设置为"身份证号码"。同理，设置"联系方式"组件的"格式"为"手机"，设置"物资受助信息"分组中"收货人联系电话"组件的"格式"为"手机"。

单击"家庭信息"分组中"与受助人关系"下拉单选组件,在右侧"属性"窗格中设置选项为"父母""子女""外祖父母""兄弟姐妹",也可通过自定义选项中"批量编辑"功能快捷设置,如图 5-14 所示。同理,设置"有无劳动能力"下拉单选组件的选项为"有""无"。

图 5-14 "与受助人关系"下拉单选组件批量编辑设置效果图

单击"保存"按钮。"家庭信息""善款受助信息""物资受助信息"分组效果如图 5-15 所示。

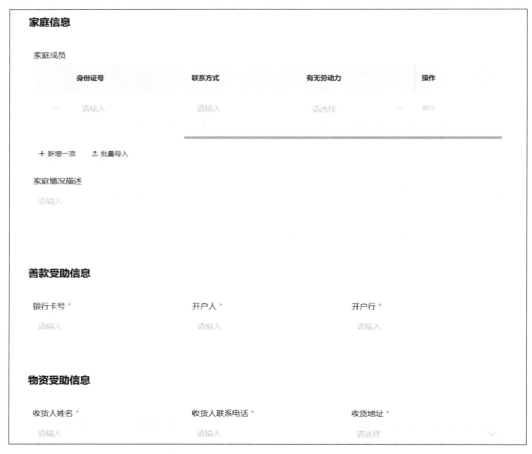

图 5-15 "家庭信息""善款受助信息""物资受助信息"分组效果图

设置"受助情况"分组中组件的属性。

单击"受助情况"单行文本组件,在右侧"属性"窗格中将"默认值"设置为"未受助",设置"状态"为"只读",如图 5-16 所示。同理,在各组件的"属性"窗格中,设置"受助善款总额""受助物资总数""善款受助次数""物资受助次数"4 个数值组件的"默认值"为 0,分别设置"单位"为"元""件""次""次",如图 5-17 所示。

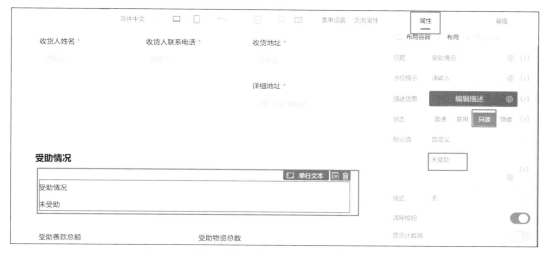

图 5-16　"受助情况"单行文本组件属性设置示意图

图 5-17　"受助善款总额"数值组件属性设置示意图

单击"保存"按钮。受助情况分组效果如图 5-18 所示。

3. 表单设置

捐赠过程中需要收集受助人的银行卡信息,银行卡号位数通常为 16 或 19 位,因此当提交表单时需要通过公式校验,对银行卡号的位数进行校验。OR 函数中任意一个值满足条件就会阻断提交表单,再通过 NOT 函数对值求反,便能实现当银行卡号不为 16 位或 19 位时阻断的功能。单击"表单设置"按钮,在右侧"属性"窗格中,单击"添加公式"按钮,如图 5-19 所示。在弹出的"提交校验"对话框中,输入公式"NOT(OR(EQ(LEN(银行卡号),16),EQ(LEN(银行卡号),19),EQ(LEN(银行卡号),0)))",勾选"当满足公式时,阻断提交",设置"阻断提交时的提示文字"为"银行卡号有误",单击"确定"按钮,如图 5-20 所示。

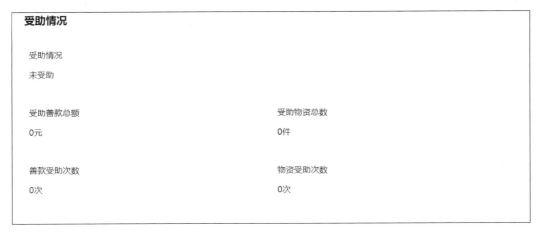

图 5-18　"受助情况"分组效果图

图 5-19　公式校验设置示意图

图 5-20　银行卡号校验编辑公式示意图

由于该表单将公开发布,为确保每人只能提交一次,因此需要对身份证号的唯一性进行校验阻断。EXIST 函数能够判断提交的身份证号是否与历史数据重复。在"属性"窗格中单击"添加公式"按钮,在弹出的"提交校验"对话框中,输入公式"EXIST(身份证号)",勾选"当满足公式时,阻断提交",设置"阻断提交时的提示文字"为"每个身份证号仅可提交一次",单击"确定"按钮,如图 5-21 所示,然后单击右上角的"保存"按钮。

图 5-21　身份证号校验编辑公式示意图

4. 页面发布

在捐赠过程中,需要在"受助人信息登记表"中登记个人信息,因此需要将表单发布给大众来邀请受助人填写,可以使用公开发布功能将页面进行发布。切换到"页面发布"选项卡,选择"公开发布"选项,开启"公开访问"按钮,设置"访问地址",单击"保存"按钮,如图 5-22 所示。该表单可以通过复制链接、下载二维码或海报的形式将表单分享给大众,参考 2.2.2 节中页面发布的内容。

图 5-22　"受助人信息登记表"普通表单公开发布设置示意图

设置好后,单击右上角的"保存"按钮。参考 2.2.2 节移动表单的步骤将该表单移动至"受助人管理"分组,如图 5-23 所示。

图 5-23 "受助人信息登记表"移动分组示意图

5.2.2 "受助人信息管理"数据管理页

在创建完"受助人信息登记"普通表单后,可以通过该表的数据管理页对信息进行新增、修改、删除、导入、导出、搜索、筛选等操作,便于管理员对表单信息进行管理。因此,对"受助人信息登记"普通表单生成数据管理页。返回"页面管理"页面,单击"生成数据管理页"按钮,如图 5-24 所示,在弹出的"新建数据管理页面"对话框中,将该数据管理页命名为"受助人信息管理",选择分组为"慈善捐赠管理系统"的"受助人管理",如图 5-25 所示。"受助人信息管理"数据管理页效果如图 5-26 所示。

图 5-24 生成数据管理页示意图

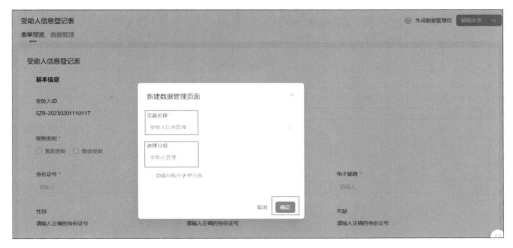

图 5-25　数据管理页名称及分组设置示意图

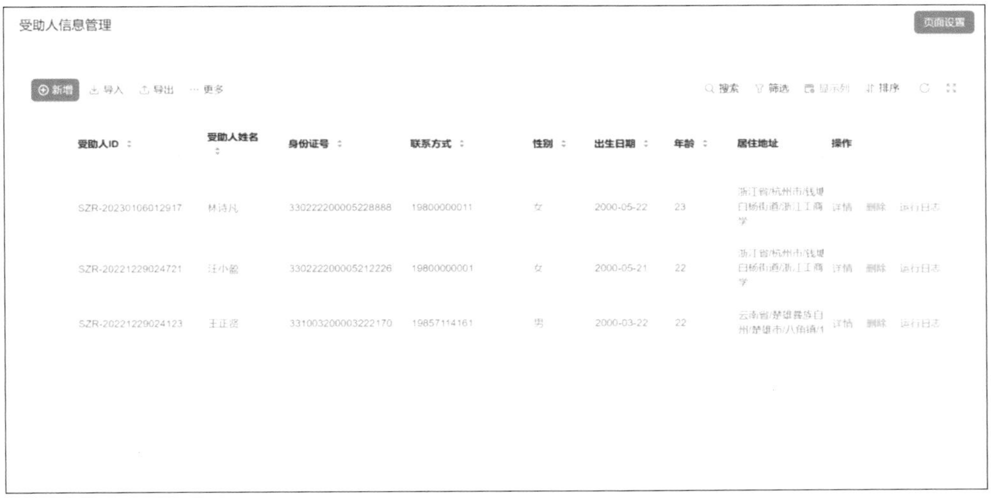

图 5-26　"受助人信息管理"数据管理页效果图

5.2.3　"受助人展示"报表

"受助人展示"报表可以直观地展示出受助人的信息和受助情况,报表效果如图 5-27 所示。

参考 2.4.2 节创建表单的步骤,创建一个"受助人展示"报表。

在画布中,添加 1 个"受助人信息"基础表格,用于展示受助人的信息。在右侧窗格中,选择"数据集"为"受助人信息登记表",将"字段"中的"受助人姓名""身份证号(隐藏)""性别""年龄""受助类别_值""受助善款总额""受助物资总数""善款受助次数""物资受助次数"和受助情况拖入"表格列"中,并将"身份证号(隐藏)"的别名设置为"身份证号",将"受助类别_值"的别名设置为"受助类别",如图 5-28 所示。

在画布中,添加 1 个"受助情况饼图",用于展示各受助情况所占比例。在右侧窗格中,选择"数据集"为"受助人信息登记表",将"字段"中的"受助情况"拖入"分类字段"中,将"受助人 ID"拖入"数值字段"中。单击"受助情况"右侧的设置按钮,弹出"数据设置面板"对话框,设置"钻取"为"通用下钻",选择"受助类别_值"选项,如图 5-29 所示。"受助情况饼图"设计如图 5-30 所示。

图 5-27 "受助人展示"报表效果图

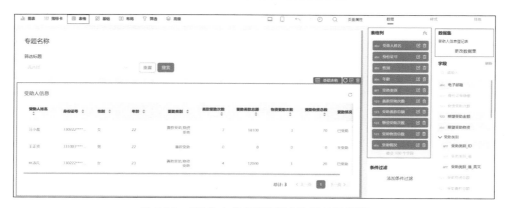

图 5-28 "受助人信息"基础表格设计示意图

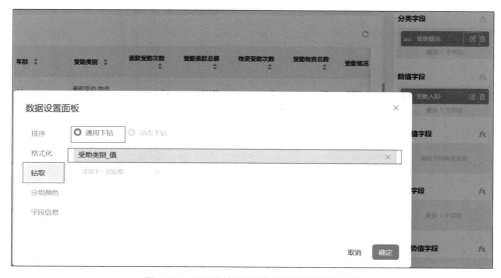

图 5-29 "受助情况饼图"钻取设计示意图

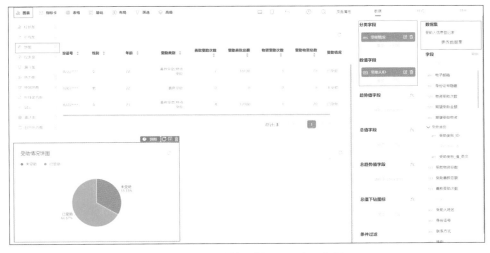

图 5-30　"受助情况饼图"设计示意图

在画布中，添加 1 个"受助人分布"中国地图，用于查看受助人所在城市分布图。在右侧窗格中选择"数据集"为"受助人信息登记表"，将"字段"中的"居住地址_省"拖入"区域划分"中，将"居住地址_市"拖入"主指标"中。

设置好后，单击右上角的"保存"按钮。参考 2.2.1 节移动表单的步骤将该表单移动至"受助人管理"分组，参考图 5-23。

5.3　"捐赠人管理"功能设计

在慈善捐赠的过程中，需要对捐赠人的信息进行收集、管理。因此可在"捐赠人管理"功能模块中创建"捐赠人信息登记表"普通表单。为方便公益组织管理人员对表单进行维护和管理，因此可以生成"捐赠人信息管理"数据管理页，如图 5-31 所示。

教学视频

实验视频

"捐赠人管理"功能〈"捐赠人信息登记表"普通表单
　　　　　　　　　"捐赠人信息管理"数据管理页

图 5-31　"捐赠人管理"功能设计思维导图

首先参考 2.2.1 节的步骤，创建一个"捐赠人管理"分组，如图 5-32 所示。

图 5-32　"捐赠人管理"分组命名示意图

5.3.1 "捐赠人信息登记表"普通表单

"捐赠人信息登记表"普通表单收集捐赠人的信息,便于对捐赠人的基本情况进行存档。该表单中组件名称和类型如图 5-33 所示。"基本信息"分组主要用于收集捐赠人的基本信息情况,在填写表单时自动生成一个"捐赠人ID",一个身份证号对应一个捐赠人 ID;"捐赠情况"分组主要用于收集捐赠人捐赠的善款金额、次数和物资数量、次数。

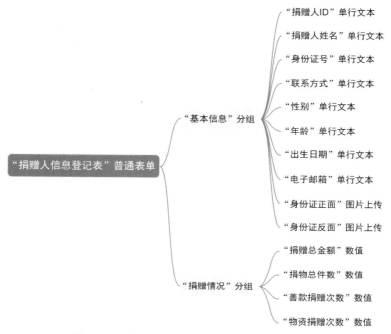

图 5-33 "捐赠人信息登记"普通表单思维导图

参考 2.2.2 节步骤,按创建表单的步骤创建一个普通表单,将表单命名为"捐赠人信息登记表",如图 5-34 所示。

图 5-34 "捐赠人信息登记表"命名示意图

1．表单设计

在画布中，添加图 5-33 所示分组及组件。从组件库中拖拽图 5-33 所示组件至指定位置，并命名为对应的名称。为使页面美观，因此可以在"表单设置"的"列数"中选择"2 列"。

2．属性设置

设置"基本信息"分组中组件的属性。

需要通过公式编辑生成唯一值作为捐赠人 ID，因此单击"捐赠人 ID"组件，在右侧"属性"窗格中，将"默认值"选择为"公式编辑"，如图 5-35 所示。由于 CONCATENATE 拼接函数可以将多个字符串按照指定样式拼接成一个文本字符串，TODAY 函数可返回当日的日期，TEXT 函数可以将数字格式化成指定格式文本，因此输入公式"CONCATENATE("JZR-"，TEXT(TODAY()，"yyyyMMddhhmmss"))"。

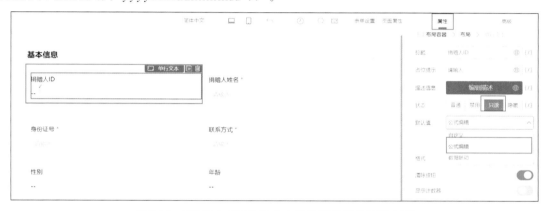

图 5-35　"捐赠人 ID"单行文本组件默认值设置示意图

参考 3.3.1 节中属性设置内容，分别设置"性别"组件、"出生日期"组件、"年龄"组件的默认值为"公式编辑"，编辑公式参考表 5-2。

表 5-2　"捐赠人信息登记表"组件公式编辑汇总

组件名称	编 辑 公 式	作　　用
捐赠人 ID	CONCATENATE("JZR-"，TEXT(TODAY()，"yyyyMMddhhmmss"))	获取当下时间自动生成捐赠人 ID
性别	IF(EQ(LEN(身份证号)，18)，IF(EQ(MOD(VALUE(MID(身份证号，17，1))，2)，0)，"女"，"男")，"请输入正确的身份证号")	获取身份证号第 17 位，并进行性别的判断
出生日期	IF(EQ(LEN(身份证号)，18)，CONCATENATE(MID(身份证号，7，4)，"—"，MID(身份证号，11，2)，"—"，MID(身份证号，13，2))，"请输入正确的身份证号")	获取身份证号中的出生年月日，并进行格式化组合
年龄	IF(EQ(LEN(身份证号)，18)，YEAR(TODAY())-VALUE(MID(身份证号，7，4))，"请输入正确的身份证号")	获取身份证号中的出生年份，自动计算出年龄

单击"身份证号"组件，在右侧"属性"窗格中，设置"格式"为"身份证号码"，如图 5-36 所示。同理，设置"联系方式"组件的"格式"为"手机"，设置"电子邮箱"组件的"格式"为"邮箱"。

设置"捐赠情况"分组中组件的属性。

在各组件的"属性"窗格中，设置"捐赠总金额""捐物总件数""善款捐赠次数""物资捐赠次数"组件的"单位"分别为"元""件""次""次"，设置"默认值"为"0"。"捐赠总金额"数值组件属性设置如图 5-37 所示。

单击"保存"按钮。"捐赠人信息登记表"效果如图 5-38 所示。

图 5-36 "身份证号"单行文本组件属性设置示意图

图 5-37 "捐赠总金额"数值组件属性设置示意图

图 5-38 "捐赠人信息登记表"效果图

由于该表单将公开发布，为确保每人只能提交一次，因此需要对身份证号的唯一性进行校验阻断。EXIST 函数能够判断提交的身份者号是否与历史数据重复。单击"属性"窗格中的"添加公式"按钮，如图 5-39 所示。在弹出的"提交校验"对话框中，输入公式"EXIST（身份证号）"，勾选"当满足公式时，阻断提交"，设置"阻断提交时的提示文字"为"每个身份证号仅可提交一次"，单击"确定"按钮，如图 5-40 所示。设置好后，单击右上角的"保存"按钮即可。

图 5-39　公式校验设置示意图

图 5-40　身份证号校验编辑公式示意图

3. 页面发布

在捐赠过程中，"捐赠人信息登记表"普通表单由捐赠人进行填写，需要在"受助人档案登记表"中登记个人信息，因此需要将表单发布给大众来邀请受助人填写，可以使用公开发布功能将页面进行发布。在"页面发布"页面中，选择"公开发布"选项卡，开启"公开访问"按钮，设置"访问地址"，单击"保存"按钮，如图 5-41 所示。该表单通过复制链接、下载二维码或海报的形式将表单分享给大众，可参考 2.2.2 节中页面发布的内容。

图 5-41 "捐赠人信息登记表"普通表单公开发布设置示意图

设置完成后,单击右上角的"保存"按钮。参考 2.2.2 节的操作步骤,将该表单移动至"捐赠人管理"分组,如图 5-42 所示。

图 5-42 "捐赠人信息登记表"移动设置示意图

5.3.2 "捐赠人信息管理"数据管理页

在创建完"捐赠人信息登记表"普通表单后,可以通过该表的数据管理页对信息进行新增、修改、删除、导入、导出、搜索、筛选等操作,便于管理员对表单信息进行管理。因此,参考 2.3.2 节的操作步骤,对"捐赠人信息登记表"普通表单生成数据管理页,并将该数据管理页命名为"捐赠人信息管理",选择分组为"慈善捐赠管理系统"的"捐赠人管理",参考图 5-25。"捐赠人信息管理"数据管理页效果如图 5-43 所示。

图 5-43　"捐赠人信息管理"数据管理页效果图

5.4 "善款管理"功能设计

在慈善捐赠的过程中,对慈善组织来说,需要对善款捐赠信息、流程进行管理,实现善款发放的功能;对于捐赠人来说,需要实现善款捐赠的功能。此外,慈善组织的善款资金池会因为善款的收入和发放而变动,需要一个"打款池"底表来实时维护善款资金账目的金额。因此可在"善款管理"功能模块中创建"打款池"普通表单、"善款捐赠登记"流程表单、"善款发放"流程表单、"善款捐赠"报表。为方便公益组织管理人员对表单进行维护和管理,因此可以生成"善款发放管理"数据管理页。该功能思维导图如图 5-44 所示。

图 5-44　"善款管理"功能设计思维导图

参考 2.2.1 节的操作步骤,创建一个"善款管理"分组,如图 5-45 所示。

图 5-45　"善款管理"分组信息填写示意图

教学视频

实验视频

5.4.1 "打款池"普通表单

"打款池"普通表单作为捐赠善款时慈善组织资金池相关信息的底表,便于对打款基本情况进行存档。该表单中组件名称和类型如图 5-46 所示。

图 5-46 "打款池"普通表单思维导图

1. 表单设计

参考 2.2.2 节的操作步骤,创建一个普通表单,并将其命名为"打款池",从组件库中拖拽图 5-46 所示组件至指定位置,并将其命名为对应名称,如图 5-47 所示。

图 5-47 "打款池"命名示意图

2. 属性设置

单击"捐赠类型"单行文本组件,在右侧"属性"窗格中,设置"默认值"为"善款捐赠"。同理,单击"账目余额"数值组件,设置"状态"为"只读"。"打款池"普通表单效果如图 5-48 所示。

图 5-48 "打款池"普通表单效果图

3. 表单设置

由于"打款池"普通表单并不需要被操作或展示,因此需要对该表单进行隐藏设置。单击

"打款池"普通表单的"设置"按钮,在下拉菜单中选择"隐藏 PC 端"和"隐藏移动端"选项,如图 5-49 所示。

图 5-49　"打款池"普通表单隐藏设置示意图

设置完毕后,单击右上角的"保存"按钮。参考 2.2.2 节移动表单的步骤将该表单移动至"善款管理"分组,如图 5-50 所示。

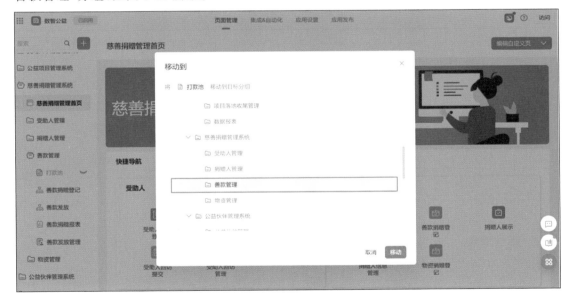

图 5-50　"打款池"移动设置示意图

5.4.2　"善款捐赠登记"流程表单

"善款捐赠登记"流程表单用于登记捐款人的信息和金额等,审批通过后,捐赠金额自动加至打款池中,并对捐赠人的捐赠信息进行更新。"善款捐赠登记"流程表单思维导图如图 5-51 所示。

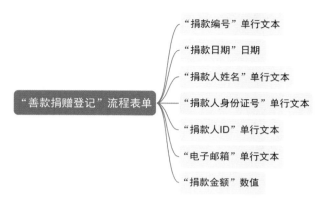

图 5-51 "善款捐赠登记"流程表单思维导图

1. 表单设计

参考 2.3.1 节创建表单的步骤创建一个流程表单,将表单命名为"善款捐赠登记"。从组件库中拖拽图 5-51 所示组件至指定位置,并命名为对应的名称。为使页面美观,可以单击"表单设置"按钮,在右侧窗格中设置"列数"为"2 列",如图 5-52 所示。

图 5-52 "善款捐赠登记"命名效果图

2. 属性设置

表单设计完毕后,设置表单中组件的属性。

单击"捐款编号"组件,该组件可通过获取当下时间自动生成捐款编号,在右侧"属性"窗格的"默认值"中选择"公式编辑"选项,在弹出的"公式编辑"对话框中,输入公式"CONCATENATE ("JK-",TEXT(TODAY(),"yyyyMMddhhmmss"))"。设置"捐款日期"日期组件,使其能够自动获取当前日期,同理,设置"默认值"为"公式编辑",并输入公式为"TIMESTAMP(NOW())"。

设置"捐款人姓名"组件,使其可选择"捐赠人信息登记表"中"捐赠人姓名"字段信息,因此在"属性"窗格中,设置"选项类型"为"关联其他表单数据","关联其他表单数据"选择"捐赠人信息登记表"和"捐赠人姓名"字段,如图 5-53 所示。

对于"捐款人身份证号"组件,当所选捐赠人姓名与"捐赠人信息登记表"中相同时,显示该

图 5-53　"捐款人姓名"组件关联其他表单设置示意图

捐赠人的身份证号。在"属性"窗格中设置"默认值"为"数据联动"，设置"数据关联表"为"捐赠人信息登记表"，设置"条件规则"为"捐款人姓名等于捐款人姓名，捐款人身份证号联动显示为身份证号的对应值"。

对于"捐款人 ID"组件，当所选"捐款人身份证号"与"捐赠人信息登记表"中相同时，显示该捐赠人的捐款人 ID。在"属性"窗格中设置"捐款人 ID"组件的"默认值"为"数据联动"，选择"数据关联表"为"捐赠人信息登记表"，"条件规则"设置为"捐赠人身份证号等于身份证号，捐款人 ID 联动显示为捐赠人 ID 的对应值"，如图 5-54 所示。

图 5-54　"捐款人 ID"组件数据关联设置示意图

对于"电子邮箱"组件，当所选捐款人 ID 与捐赠人信息登记表中相同时，显示该捐赠人的电子邮箱。在属性中设置"捐款人 ID"组件的默认值为数据联动，选择数据关联表为"捐赠人信息登记表"，条件规则设置为"捐款人 ID 等于捐赠人 ID，电子邮箱联动显示为电子邮箱的对应值"。

同理,在右侧窗格中,设置"电子邮箱"组件的"格式"为"邮箱",设置"捐款金额"数值组件的"单位"为"元"。

单击"保存"按钮。"善款捐赠登记"流程表单效果如图 5-55 所示。

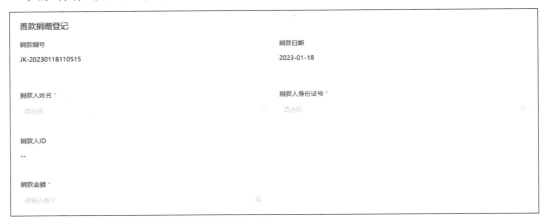

图 5-55 "善款捐赠登记"流程表单效果图

3. 流程设计

在"善款捐赠登记"表单提交后,需要有公益主管进行审核,并对捐赠人发送电子邮件进行通知,因此需要对流程进行设计。进入"流程设计"页面,单击"创建新流程"按钮,如图 5-56 所示。

图 5-56 创建新流程示意图

参考 2.3.1 节的操作步骤,在"发起"后,添加 1 个"审批人"节点,"审批人"选择为"指定角色","选择角色"为架构中已经设置好的角色——"捐赠主管","多人审批方式"选择"或签(一名审批人同意即可)",如图 5-57 所示。切换到"审批按钮"选项卡,启用"同意"和"拒绝"。切换到"设置字段权限"选项卡,全选"只读",即审批人只能查看数据,不能修改数据。

在"审批人"节点后添加 1 个"发送邮件"节点,设置发送人邮箱账号,"收件人"选择"当前表单提交后的数据.电子邮箱",如图 5-59 所示,单击"下一步"按钮设置邮件内容,设置"主题"为"捐赠消息通知",设置"内容"为需要发送的内容,如图 5-58 和图 5-59 所示。

图 5-57 "审批人"节点设置示意图

图 5-58 邮箱地址设置示意图

由于"善款捐赠登记"流程表单提交后,需要更新打款池的账目金额和捐赠人信息登记表中的捐赠情况,因此要在"全局设置"中,设置节点提交规则,如图 5-60 所示。

当审批人审批同意后,需要更新打款池表单中的账目金额组件,因此需要配置一个节点提交规则。单击"全局设置"中的"添加规则",在弹出的对话框中,设置"规则名称"为"更新打款池",选择"节点类型"为"审批节点",选择"条件和节点"为"审批人(捐赠主管)",设置"触发方式"为"节点完成执行","节点状态"为"同意",如图 5-61 所示。

在这里,由于该流程表单第一次提交时需要对打款池插入数据,后续的提交需要对打款池

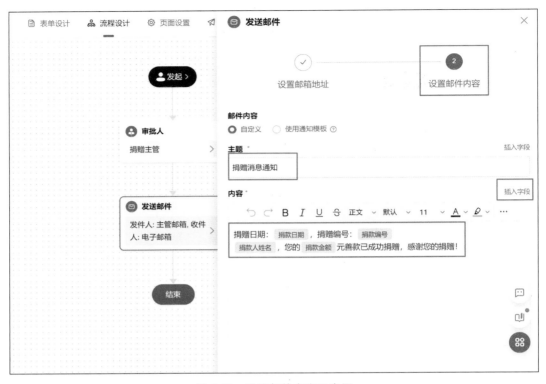

图 5-59　设置邮件内容示意图

图 5-60　"全局设置"示意图

更新数据,因此使用 UPSERT 公式,UPSERT 公式的用法为 UPSERT(目标表,主条件,子条件,目标列 1,目标值 1,目标列 2,目标值 2…),用于向目标表单中插入或者更新数据。设置公式如图 5-62 所示。

图 5-61 "更新打款池"节点提交规则设置示意图

图 5-62 "更新打款池"节点提交规则公式设置示意图

当审批人审批同意后,需要更新"捐赠人信息登记表"中的捐款情况的善款捐赠次数、捐赠总金额,因此需要配置一个节点提交规则,命名为"更新捐款情况",选择"节点类型"为"审批节点",选择"条件和节点"为"审批人(捐赠主管)",设置"触发方式"为"节点完成执行","节点状态"为"同意",如图 5-63 所示。

在这里,只需要对相应组件进行更新,因此使用 UPDATE 公式,UPDATE 公式的用法为UPDATE(目标表,主条件,子条件,目标列 1,目标值 1,目标列 2,目标值 2…),只更新符合条件的目标表单数据。设置公式如图 5-64 所示。

流程设计完毕后依次单击"保存"和"发布流程"按钮。

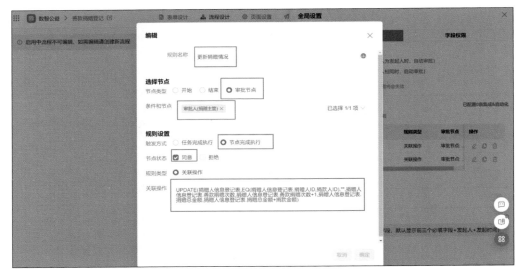

图 5-63 "更新捐赠情况"节点提交规则设置示意图

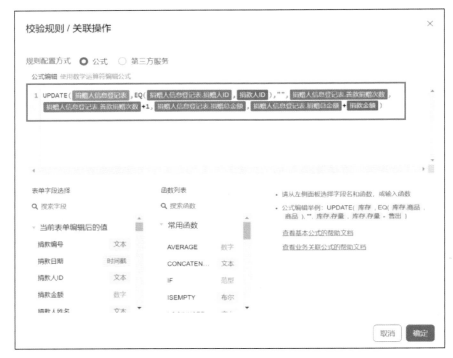

图 5-64 "更新捐赠情况"节点提交规则公式设置示意图

4. 页面发布

在捐赠过程中,"善款捐赠登记"流程表单需要由捐赠人进行填写,他们不在组织内但要访问该表单,因此需要设置组织外的成员无须登录即可填写表单及公开发布。在"页面发布"页面中,选择"公开发布"选项卡,开启"公开访问"按钮,设置"访问地址",单击"保存"按钮,如图 5-65 所示。

设置好后,单击右上角的"保存"按钮。参考 2.2.2 节移动表单的步骤将该表单移动至"善款管理"分组,参考图 5-50。

图 5-65 "善款捐赠登记"流程表单公开发布设置示意图

5.4.3 "善款发放"流程表单

"善款发放"流程表单用于公益组织将善款发放给受助人,审批通过后,打款池中的账目金额将自动扣减发放金额,并对受助人的受助信息进行更新。"善款发放"流程表单思维导图如图 5-66 所示。

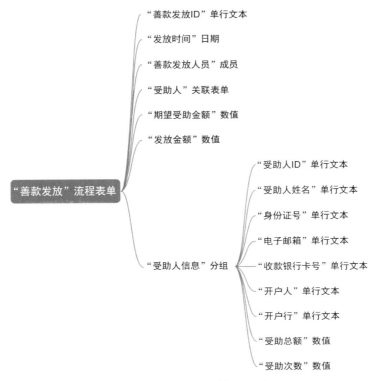

图 5-66 "善款发放"流程表单思维导图

1. 表单设计

参考 2.3.1 节创建表单的步骤,创建一个流程表单,将表单命名为"善款发放",如图 5-67 所示。设置好后,单击右上角的"保存"按钮。

图 5-67 "善款发放"命名示意图

考虑到页面的美观性,因此需要设置布局,可参考 2.2.2 节进行布局设置,将布局容器的"列属性"设置为 6∶6 或 4∶4∶4,从组件库中拖拽图 5-66 所示组件至指定位置中,并将其命名为对应的名称。

2. 属性设置

设置"善款发放 ID"单行文本组件,使其自动获取当时时间生成善款发放 ID。在右侧"属性"窗格中,设置"默认值"为"公式编辑",在弹出的"公式编辑"对话框中,输入公式"CONCATENATE("SKFF-",TEXT(TODAY(),"yyyyMMddhhmmssSSS"))"。设置"发放时间"日期组件,使其自动获取当前日期。同理,设置"默认值"为"公式编辑",在弹出的"公式编辑"对话框中,输入公式为"TIMESTAMP(NOW())"。设置"善款发放人员"成员组件,使其自动获取当前登录人。设置"默认值"为"公式编辑",在弹出的"公式编辑"对话框中,输入公式为"USER()"。

关联表单组件可以获取到其他表单中的数据。由于受助人的信息已经在"受助人信息登记表"中收集过,因此可以使用关联表单组件,获取"受助人档案登记表",并根据"受助人姓名"匹配并获取受助人的个人信息并填充至当前表单组件内。单击"受助人"关联表单组件,在右侧"属性"窗格中设置"关联表单"为"受助人信息登记表","显示设置"为"受助人姓名",开启"数据筛选",设置"筛选条件"为"受助类别包含值善款受助";开启"数据填充",属性设置如图 5-68 所示。设置数据填充条件如图 5-69 所示。单击"电子邮箱"组件,在右侧"属性"窗格中设置"状态"为"隐藏",如图 5-70 所示,切换到"高级窗格"设置"数据提交"为"始终提交",如图 5-71 所示。其他被填充的组件将"状态"设置为"只读"。

图 5-68　"受助人"组件设置示意图

图 5-69　"受助人"数据填充条件设置示意图

　　分别设置"期望受助金额""发放金额"组件的"单位"为"元"。单击"保存"按钮。"善款发放"流程表单效果如图 5-72 所示。

图 5-70 "电子邮箱"组件状态设置示意图

图 5-71 "电子邮箱"组件数据提交设置示意图

3. 流程设计

在"善款发放"表单提交后,需要由部门接口人进行审核,并对捐赠人发送电子邮件进行通知,同时抄送给部门接口人,因此需要对流程进行设计。进入"流程设计"页面,单击"创建新流程"按钮,参考图 5-56。

参考 2.3.1 节的操作步骤,在"发起"后添加 1 个"审批人"节点,命名为"部门接口人审

图 5-72　"善款发放"流程表单效果图

批"，"审批人"选择为"部门接口人"，选择"选择部门接口人"为"发起人所在部门的接口人公益主管"，"多人审批方式"选择"或签（一名审批人同意即可）"，如图 5-73 所示。切换到"审批按钮"选项卡，启用"同意"和"拒绝"。切换到"设置字段权限"选项卡，全选"只读"，即审批人只能查看数据，不能修改数据。

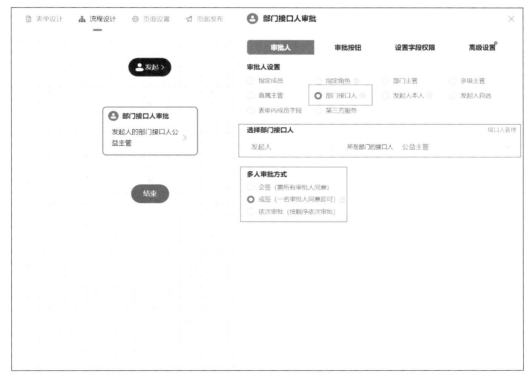

图 5-73　"审批人"节点设置示意图

在"部门接口人审批"节点后添加1个"发送邮件"节点,设置发送人邮箱账号,"收件人"选择"当前表单提交后的数据.电子邮箱",单击"下一步"按钮设置邮件内容,设置"主题"为"善款发放通知",设置"内容"为需要发送的内容,如图5-74所示。

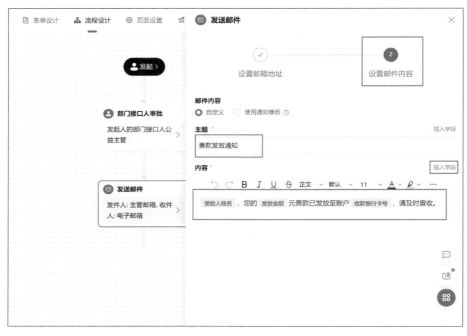

图5-74 "发送邮件"设置邮件内容示意图

在"发送邮件"节点后添加1个"抄送人"节点,设置"抄送人"为"表单内成员字段",选择"善款发放人员",如图5-75所示,切换到"设置字段权限"选项卡,将"字段权限"全选为"只读"。

图5-75 "抄送人"节点设置示意图

由于"善款发放"流程表单在流程中审核通过后,需要对打款池的账目金额和受助人信息登记表中的受助情况进行更新,因此要在"全局设置"中,设置"节点提交规则",单击"添加规则"即可设置,如图 5-76 所示。

图 5-76　全局设置示意图

当审批人审批同意后,需要扣减打款池表单中的账目金额,因此需要配置一个节点提交规则,在弹出的对话框中,设置"规则名称"为"更新打款池",选择"节点类型"为"审批节点",选择"条件和节点"为"部门接口人审批[发起人的部门接口人公益主管]",设置"触发方式"为"节点完成执行","节点状态"为"同意",如图 5-77 所示。

图 5-77　"更新打款池"节点提交规则设置示意图

在这里，只需要对账目金额组件进行更新，因此使用 UPDATE 公式，只更新符合条件的目标表单数据，如图 5-78 所示。

图 5-78 "更新打款池"节点提交规则公式设置示意图

当审批人审批同意后，还需要更新"受助人信息登记表"中的善款受助次数、受助善款总额、受助情况，因此需要配置一个节点提交规则，命名为"更新受助情况"，选择"节点类型"为"审批节点"，选择"条件和节点"为"部门接口人审批［发起人的部门接口人公益主管］"，设置"触发方式"为"节点完成执行"，"节点状态"为"同意"，如图 5-79 所示。

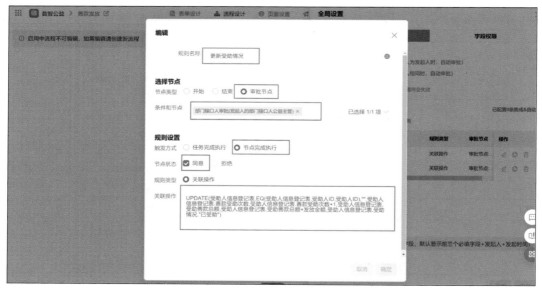

图 5-79 "更新受助情况"节点提交规则设置示意图

在这里，只需要对"受助人信息登记表"中相应组件更新，因此使用 UPDATE 公式，只更新符合条件的目标表单数据，如图 5-80 所示。

图 5-80　"更新受助情况"节点提交规则公式设置示意图

流程设计完毕后依次单击"保存"和"发布流程"按钮。

参考 2.2.2 节移动表单的步骤，将该表单移动至"善款管理"分组，参考图 5-50。

5.4.4　"善款捐赠"报表

"善款捐赠"报表可以直观地展示出善款捐赠和分发的情况，报表效果如图 5-81 所示。

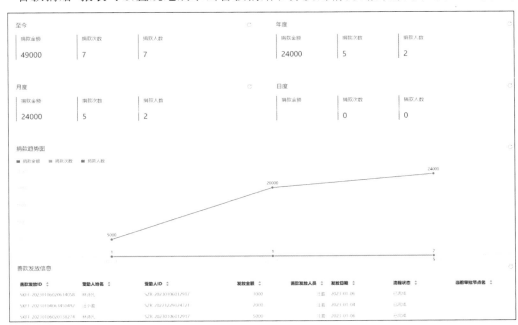

图 5-81　"善款捐赠"报表效果图

参考 2.4.2 节创建表单的步骤，新建 1 个"善款捐赠"报表。

在画布中，添加 4 个"基础指标卡"组件，分别命名为"至今""年度""月度""日度"，用于展示相应时间范围内的善款捐赠数量,"数据集"选择为"善款捐赠登记"。

首先,设置"至今"基础指标卡,将"字段"中的"捐赠金额""实例 ID""捐款人 ID"拖入"指标"中,修改"实例 ID"和"捐款人 ID"的字段信息别名为"捐款次数""捐款人数",并对"捐款人 ID"的聚合方式设置为"计数(去重)",如图 5-82 所示。其他 3 个基础指标重复上述操作,并分别添加过滤条件。单击"添加条件过滤"按钮,在弹出的"条件过滤"对话框中选择"组件内过滤","年度"基础指标卡设置为"年等于变量今年",如图 5-83 所示。同理,将"月度"基础指标卡设置为"月等于变量当月","日度基础指标卡"设置为"日等于变量今天"。

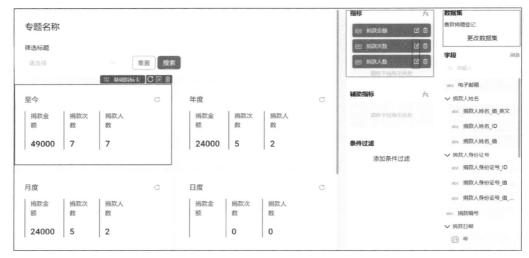

图 5-82　"至今"基础指标卡设计示意图

图 5-83　"年度"基础指标卡条件过滤设计示意图

在画布中,添加 1 个折线图,命名为"捐款趋势图",用于展示每月捐款金额、次数、人数的变化趋势。在右侧窗格中选择"数据集"为"善款捐赠登记",将"字段"中"月"拖入"横轴"中,单击该字段右侧的"设置"按钮,弹出"数据设置面板"对话框,切换到"格式化"选项卡,在"基础"中选择"日期",并设置"日期格式"为"1998-10",如图 5-84 所示。将字段中的"捐赠金额""实例 ID""捐款人 ID"拖入"纵轴"中,修改"实例 ID"和"捐款人 ID"的字段信息别名为"捐款次数""捐款人数",并对"捐款人 ID"的聚合方式设置为"计数(去重)",如图 5-85 所示。

在画布中,添加 1 个基础表格,命名为"善款发放信息",用于展示慈善组织善款发放的信息及流程状态。在右侧窗格中,选择"数据集"为"善款发放",将"字段"中的"善款发放 ID""受

图 5-84　"月"字段格式设计示意图

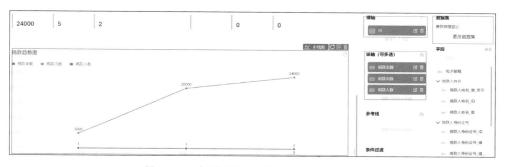

图 5-85　"捐款趋势图"折线图设计示意图

助人姓名""受助人 ID""发放金额""善款发放人员""发放时间_日""流程状态""当前审批节点名"
拖入"表格列"中，设置"发放时间_日"的字段信息别名为"发放日期"，设置"格式化"，在"基础"中
选择"日期"，并设置日期格式为"1998-10-21"。"善款发放信息"基础表格设计如图 5-86 所示。

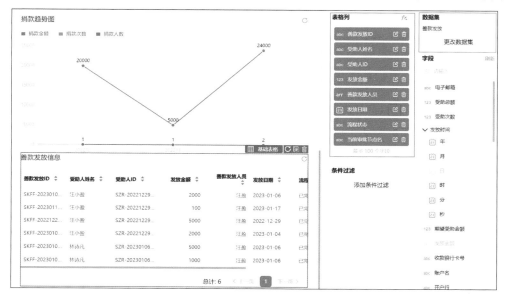

图 5-86　"善款发放信息"基础表格设计示意图

设置完毕后,单击"保存"按钮。参考 2.2.2 节移动表单的步骤将该表单移动至"善款管理"分组,参考图 5-50。

5.4.5 "善款发放管理"数据管理页

在创建完"善款发放"流程表单后,可以通过该表的数据管理页对信息进行新增、修改、删除、导入、导出、搜索、筛选等操作,便于管理员对表单信息进行管理。因此,参考 2.3.2 节的操作步骤,对"善款发放"流程表单生成数据管理页,并将该数据管理页命名为"善款发放管理",选择分组为"慈善捐赠管理系统"的"善款管理",参考图 5-25。"善款发放管理"数据管理页效果如图 5-87 所示。

		善款发放人员	善款发放ID	受助人	受助人ID	受助人姓名	身份证号	发放	操作
	>	汪盈	SKFF-20230117014934677	汪小盈	SZR-20221229024721	汪小盈	330222200005212226	2023	详情 | 删除 | 运行日志
	>	汪盈	SKFF-20230106020614058	林诗凡	SZR-20230106012917	林诗凡	330222200005228888	2023	详情 | 删除 | 运行日志
	>	汪盈	SKFF-20230106020138274	林诗凡	SZR-20230106012917	林诗凡	330222200005228888	2023	详情 | 删除 | 运行日志
	>	汪盈	SKFF-20230106013251089	汪小盈	SZR-20221229024721	汪小盈	330222200005212226	2023	详情 | 删除 | 运行日志
	>	汪盈	SKFF-20230104063450492	汪小盈	SZR-20221229024721	汪小盈	330222200005212226	2023	详情 | 删除 | 运行日志
	>	汪盈	SKFF-20221229030218570	汪小盈	SZR-20221229024721	汪小盈	330222200005212226	2022	详情 | 删除 | 运行日志

图 5-87 "善款发放管理"数据管理页

5.5 "物资管理"功能设计

在慈善捐赠的过程中,对慈善组织来说,需要对物资捐赠信息、流程进行管理,实现物资发放的功能;对于捐赠人来说,需要实现物资捐赠的功能。此外,慈善组织的物资库存会因为物资的出库、入库而变动,需要一个"库存表"底表来实时维护库存信息。因此可在"物资管理"功能模块中创建"库存表"普通表单、"物资捐赠登记"流程表单、"物资发放"流程表单、"物资捐赠"报表。为方便公益组织管理人员对表单进行维护和管理,因此可以生成"物资发放管理"数据管理页。"物资管理"功能设计思维导图如图 5-88 所示。

图 5-88 "物资管理"功能设计思维导图

参考 2.2.1 节的操作步骤,创建一个"物资管理"分组,如图 5-89 所示。

图 5-89 "物资管理"分组信息填写示意图

5.5.1 "库存表"普通表单

"库存表"普通表单作为捐赠物资时慈善组织物资库存相关信息的底表,便于对物资库存基本情况进行存档。"库存表"普通表单如图 5-90 所示。

参考 2.2.2 节创建表单的步骤,创建一个普通表单,将表单命名为"库存表",如图 5-91 所示。

教学视频

实验视频

图 5-90 "库存表"普通表单思维导图

图 5-91 "库存表"命名示意图

从组件库中拖拽图 5-90 所示组件至画布中,并将其命名为对应的名称。单击"库存数量"数值组件,在右侧窗格中设置"默认值"为"0"。

设置好后,单击右上角的"保存"按钮。参考 2.2.2 节移动表单的步骤将该表单移动至"物资管理"分组,如图 5-92 所示。"库存表"普通表单效果如图 5-93 所示。

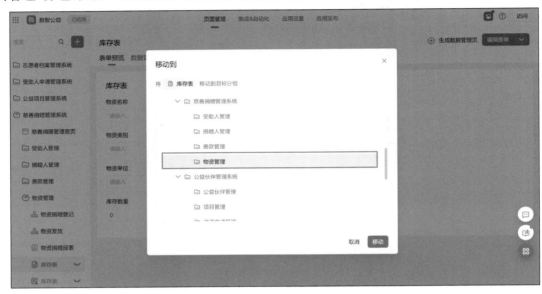

图 5-92 "库存表"移动设置示意图

图 5-93 "库存表"普通表单效果图

5.5.2 "物资捐赠登记"流程表单

"物资捐赠登记"流程表单用于登记捐赠人的信息和物资等,审批通过后,捐赠物资自动录入库存表中,并对捐赠人的捐赠信息进行更新。"物资捐赠登记"流程表单思维导图如图 5-94 所示。

1. 表单设计

参考 2.3.1 节创建表单的步骤创建一个流程表单,将表单命名为"物资捐赠登记"。从组

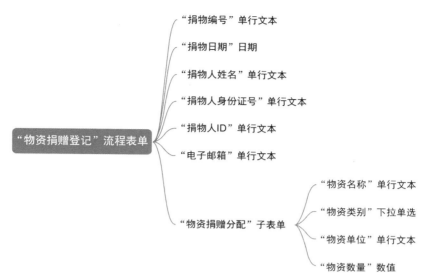

图 5-94　"物资捐赠登记"流程表单思维导图

件库中拖拽图 5-94 所示组件至指定位置,并命名为对应的名称。为使页面美观,可以单击"表单设置"按钮,在右侧窗格中设置"列数"为"2 列",如图 5-95 所示。设置好后,单击右上角的"保存"按钮。

图 5-95　"物资捐赠登记"命名效果图

2. 属性设置

参考 5.4.2 节的操作步骤,分别设置各组件的属性。

设置"捐物编号"组件,该组件可通过获取当下时间自动生成捐物编号,因此设置"默认值"为"公式编辑",输入公式"CONCATENATE("JW-",TEXT(TODAY(),"yyyyMMddhhmmss"))"。设置"捐物日期"日期组件,使其自动获取当前日期,同理,设置"默认值"为"公式编辑",输入公式为"TIMESTAMP(NOW())"。

设置"捐物人姓名"组件,使其可选择"捐赠人信息登记表"中"捐赠人姓名"字段信息。因此,设置"捐物人姓名"组件的"选项类型"为"关联其他表单数据","关联其他表单数据"选择"捐赠人信息登记表"和"捐赠人姓名"字段,参考图5-53。

对于"捐物人身份证号"组件,当所选捐物人姓名与"捐赠人信息登记表"中相同时,显示该捐赠人的身份证号。因此,设置"捐物人身份证号"组件的"默认值"为"数据联动",设置"数据关联表"为"捐赠人信息登记表",设置"条件规则"为"捐物人姓名等于捐赠人姓名,捐物人身份证号联动显示为身份证号的对应值"。

对于"捐物人ID"组件,当所选捐物人姓名与"捐赠人信息登记表"中相同时,显示该捐赠人的ID。因此设置"捐物人ID"组件的"默认值"为"数据联动",选择"数据关联表"为"捐赠人信息登记表","条件规则"设置为"捐物人身份证号等于身份证号,捐物人ID联动显示为捐物人ID的对应值",参考图5-54。

设置"电子邮箱"组件的"格式"为"邮箱"。

设置"物资捐赠分配"子表单中的"物资类别"下拉单选组件,在"属性"窗格中单击"批量编辑"按钮,在弹出的对话框中输入选项为"衣物""书籍""文具""电子产品""生活用品""大家电",一行一项,如图5-96所示。

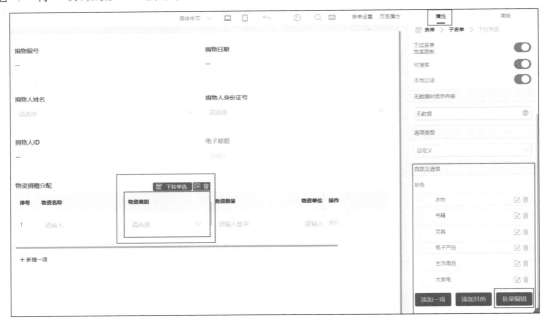

图5-96 "物资类别"选项设置示意图

"物资捐赠登记"流程表单效果如图5-97所示。

3. 流程设计

在"物资捐赠登记"表单提交后,需要由公益主管进行审核,并对捐赠人发送电子邮件进行通知,因此需要对流程进行设计。进入"流程设计"页面,单击"创建新流程"按钮,参考图5-56。

参考2.3.1节的操作步骤,在"发起"后添加1个"审批人"节点,"审批人"选择为"指定角色","选择角色"为架构中已经设置好的角色"捐赠主管","多人审批方式"选择"或签(一名审批人同意即可)",如图5-98所示。切换到"审批按钮"选项卡,启用"同意"和"拒绝"。切换到

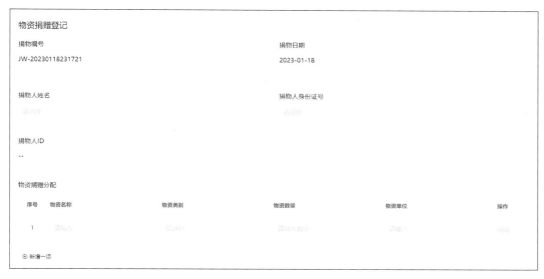

图 5-97　"物资捐赠登记"流程表单效果图

"设置字段权限"选项卡,全选"只读",即审批人只能查看数据,不能修改数据,如图 5-99 所示。

图 5-98　"审批人"节点设置审批人示意图

在"审批人"节点后添加 1 个"发送邮件"节点,设置发送人邮箱账号,"收件人"选择"当前表单提交后的数据.电子邮箱",如图 5-100 所示。单击"下一步"按钮设置邮件内容,设置"主题"为"捐赠消息通知",设置"内容"为需要发送的内容,如图 5-101 所示。

图 5-99 "审批人"节点设置字段权限示意图

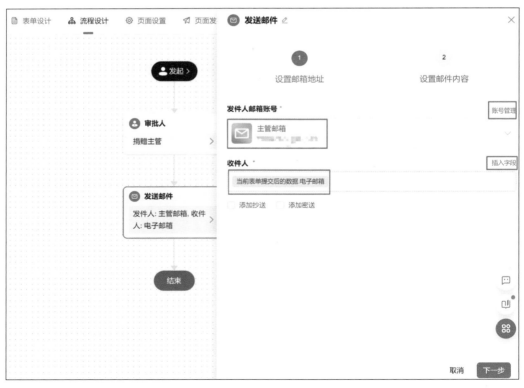

图 5-100 "发送邮件"节点邮箱地址设置示意图

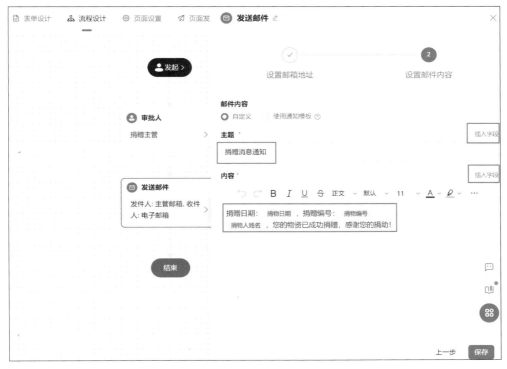

图 5-101　"发送邮件"节点设置邮件内容示意图

由于"物资捐赠登记"流程表单提交后,需要更新库存表的物资库存数量和捐赠人信息登记表中的捐赠情况,因此要在"全局设置"中,设置节点提交规则。单击"流程设置"选项卡中的"添加规则"即可进行设置,如图 5-102 所示。

图 5-102　节点提交规则设置效果图

当审批人审批同意后,需要更新库存表的物资库存数量组件,因此需要配置一个节点提交规则。在弹出的对话框中,设置"规则名称"为"更新库存表",选择"节点类型"为"审批节点",选择"条件和节点"为"审批人(捐赠主管)",设置"触发方式"为"节点完成执行","节点状态"为"同意",如图 5-103 所示。

图 5-103 "更新库存表"节点提交规则设置示意图

由于该流程表单第一次提交时需要对库存表插入数据,后续的提交需要对库存表提交数据,因此使用 UPSERT 公式。设置公式如图 5-104 所示。

图 5-104 "更新库存表"节点提交规则公式设置示意图

当审批人审批同意后,还需要更新"捐赠人信息登记表"中的捐物情况的"捐物总件数"组件和"物资捐赠次数"组件,因此需要配置一个节点提交规则,命名为"更新捐赠情况",选择"节点类型"为"审批节点",选择"条件和节点"为"审批人(捐赠主管)",设置"触发方式"为"节点完成执行","节点状态"为"同意",如图 5-105 所示。

图 5-105　"更新捐赠情况"节点提交规则设置示意图

在这里,只需要对相应组件进行更新,因此使用 UPDATE 公式。设置公式如图 5-106 所示。

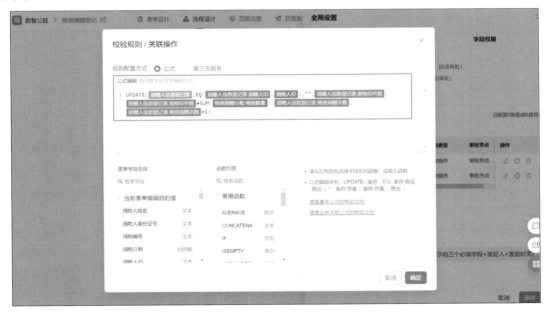

图 5-106　"更新捐赠情况"节点提交规则公式设置示意图

流程设计完毕后依次单击"保存"和"发布流程"按钮。

4. 页面发布

在捐赠过程中,"物资捐赠登记"流程表单由捐赠人进行填写,他们不在组织内但要访问该表单,因此需要设置组织外的成员无须登录即可填写表单及公开发布。在"页面发布"页面中,选择"公开发布"选项卡,开启"公开访问"按钮,设置访问地址,单击"保存"按钮,如图 5-107 所示。

图 5-107 "物资捐赠登记"流程表单公开发布设置示意图

参考 2.2.2 节移动表单的步骤,将该表单移动至"物资管理"分组,参考图 5-92。

教学视频

实验视频

5.5.3 "物资发放"流程表单

"物资发放"流程表单用于公益组织将物资发放给受助人,审批通过后,库存表中的物资库存将自动扣减,并对受助人的受助信息进行更新。"物资发放"流程表单思维导图如图 5-108 所示。

1. 表单设计

参考 2.3.1 节创建表单的步骤,创建一个流程表单,将表单命名为"物资发放",如图 5-109 所示。

从组件库中拖拽图 5-108 所示组件至指定位置,并命名为对应的名称。为使页面美观,可以在"表单设置"的"列数"中选择"2 列"。

2. 属性设置

参考 5.4.3 节的操作步骤,分别设置各组件的属性。

设置"物资发放 ID"单行文本组件,使其自动获取当时时间生成善款发放 ID,因此设置"默认值"为"公式编辑",输入公式"CONCATENATE(" WZFF-", TEXT(TODAY(), "yyyyMMddhhmmssSSS"))"。设置"发放时间"日期组件,使其自动获取当前日期,因此设置"默认值"为"公式编辑",输入公式为"TIMESTAMP(NOW())"。设置"物资发放人员"成员组件,使其自动获取当前登录人,因此设置"默认值"为"公式编辑",输入公式为"USER()"。

在"物资发放清单"子表单中,设置"物资"关联表单组件的"关联表单"为"库存表","显示设置"为"物资名称",勾选"数据填充",参考图 5-68,设置"填充条件"为"物资名称的值填充到物资发放清单.物资名称;物资单位的值填充到物资发放清单.物资单位;库存数量的值填充到

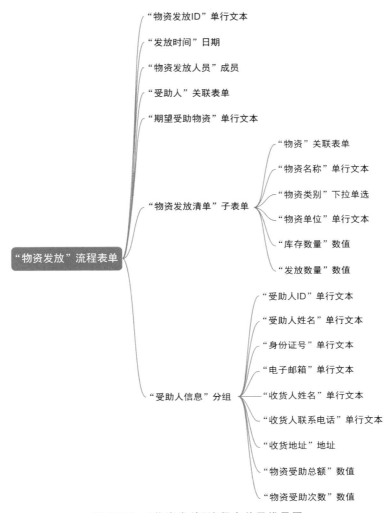

图 5-108　"物资发放"流程表单思维导图

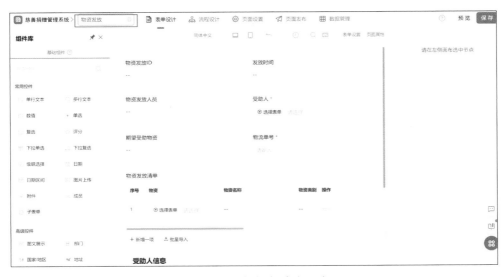

图 5-109　"物资发放"命名示意图

物资发放清单.库存数量;物资类别的值填充到物资发放清单.物资类别"。被填充的组件属性中"状态"设置为"只读"。

关联表单组件可以获取到其他表单中的数据。由于受助人的信息已经在"受助人信息登记表"中收集过,因此可以使用关联表单组件,获取"受助人档案登记表",并根据"受助人姓名"匹配获取受助人的个人信息并填充至当前表单组件内。单击"受助人"关联表单组件,设置"关联表单"为"受助人信息登记表","显示设置"为"受助人姓名",开启"数据筛选",设置"筛选条件"为"受助类别包含值物资受助";开启"数据填充",参考图 5-68,设置填充条件如图 5-110 所示。单击"电子邮箱"组件,在"属性"窗格中设置"状态"为"隐藏",参考图 5-70,在"高级"选项卡中设置"数据提交"为"始终提交",参考图 5-71。其他被填充的组件将"状态"设置"只读"。

图 5-110 "受助人"数据填充条件设置示意图

单击"保存"按钮。"物资发放"流程表单效果如图 5-111 所示。

3. 流程设计

在"物资发放"表单提交后,需要由部门接口人进行审核,审核后对捐赠人发送电子邮件进行通知,并抄送给部门接口人,因此需要对流程进行设计。进入"流程设计"页面,单击"创建新流程"按钮,参考图 5-56。

参考 2.3.1 节的操作步骤,在"发起"后添加 1 个"审批人"节点,命名为"部门接口人审批","审批人设置"选择为"部门接口人","选择部门接口人"为"发起人所在部门的接口人公益主管","多人审批方式"选择"或签(一名审批人同意即可)",如图 5-112 所示,切换到"审批按钮"选项卡,启用"同意"和"拒绝"。切换到"设置字段权限"选项卡,全选"只读",即审批人只能查看数据,不能修改数据。

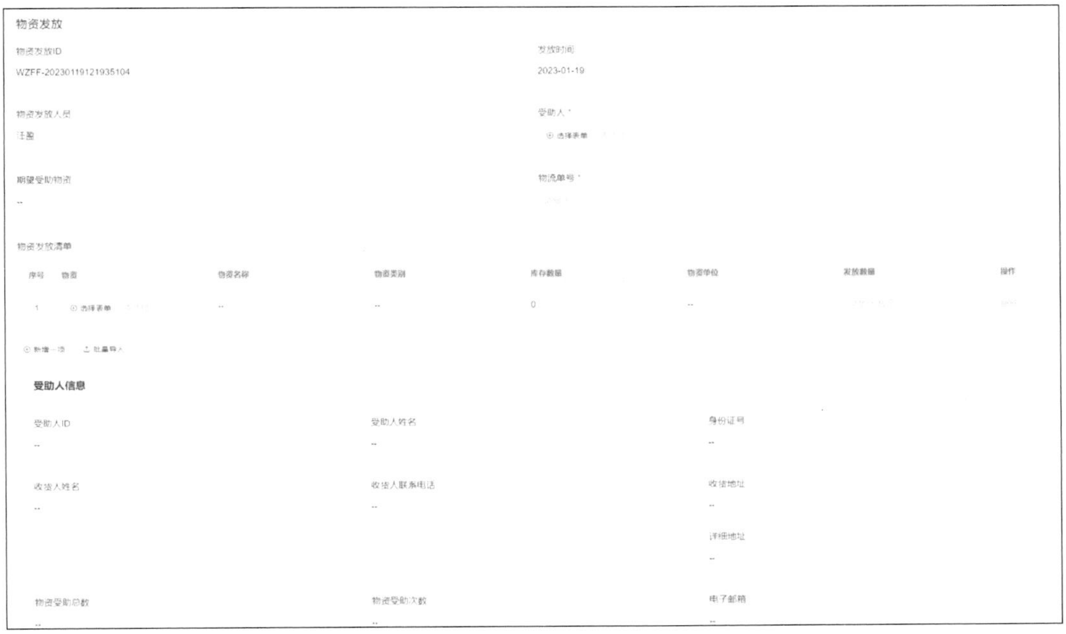

图 5-111 "物资发放"流程表单效果图

图 5-112 "审批人"节点设置示意图

在"部门接口人审批"节点后添加 1 个"发送邮件"节点,设置发送人邮箱账号,"收件人"选择"当前表单提交后的数据.电子邮箱",如图 5-113 所示。单击"下一步"按钮设置邮件内容,设置"主题"为"物资发放通知",设置"内容"为需要通知的内容,单击"保存"按钮,如图 5-114 所示。

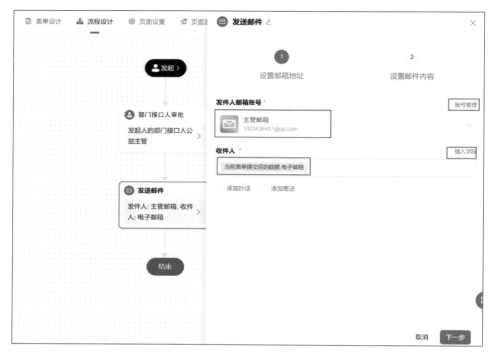

图 5-113 "发送邮件"设置邮件地址示意图

图 5-114 "发送邮件"设置邮件内容示意图

在"发送邮件"节点后添加 1 个"抄送人"节点,"抄送人设置"为"表单内成员字段","选择表单成员字段"为"物资发放人员",如图 5-115 所示。切换到"设置字段权限"选项卡,将"字段权限"的"全选"设置为"只读"。

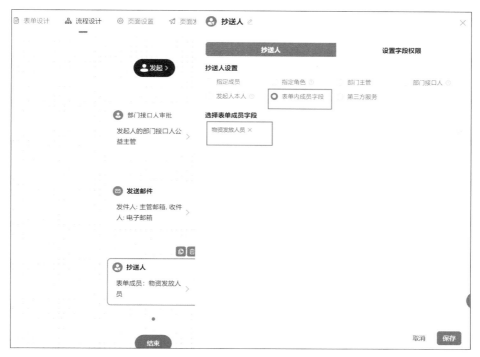

图 5-115　"抄送人"节点设置示意图

　　由于"物资发放"流程表单在流程中审核通过后,需要对"库存表"中的"库存数量"和"受助人信息登记表"中的"受助情况"进行更新,因此要在"全局设置"中设置节点提交规则,单击"添加规则"即可进行设置,参考图 5-76。

　　当审批人审批同意后,需要更新库存表中的库存数量,因此需要配置一个节点提交规则,在弹出的对话框中,设置"规则名称"为"更新库存表",选择"节点类型"为"审批节点",选择"条件和节点"为"审批人(发起人的部门接口人公益主管)",设置"触发方式"为"节点完成执行","节点状态"为"同意",如图 5-116 所示。

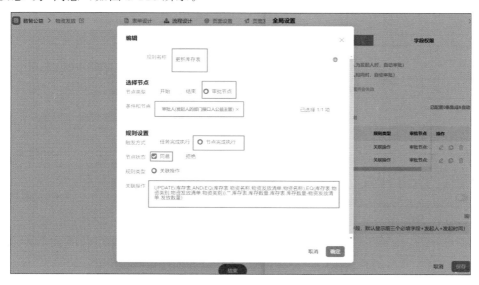

图 5-116　"更新库存表"节点提交规则设置示意图

在这里，需要对"库存数量"组件进行更新，因此使用 UPDATE 公式。设置公式如图 5-117 所示。

图 5-117 "更新库存表"节点提交规则公式设置示意图

当审批人审批同意后，还需要更新"受助人信息登记表"中的受助情况，因此需要配置一个节点提交规则，命名为"更新受助人情况"，选择"节点类型"为"审批节点"选择"条件和节点"为"审批人（发起人的部门接口人公益主管）"，设置"触发方式"为"节点完成执行"，"节点状态"为"同意"，如图 5-118 所示。

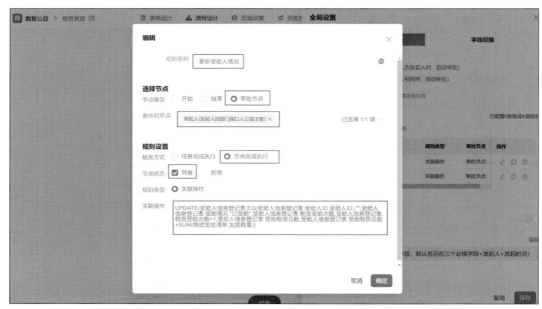

图 5-118 "更新受助人情况"节点提交规则设置示意图

在这里，需要对"受助情况"组件、"物资受助次数"组件和"物资受助总数"组件进行更新，因此使用 UPDATE 公式。设置公式如图 5-119 所示。

图 5-119　"更新受助人情况"节点提交规则公式设置示意图

流程设计完毕后依次单击"保存"和"发布流程"按钮。

设置好后,单击右上角的"保存"按钮。参考 2.2.2 节移动表单的步骤将该表单移动至"物资管理"分组,参考图 5-92。

5.5.4　"物资捐赠"报表

"物资捐赠"报表可以直观地展示出物资捐赠和发放的情况,报表效果如图 5-120 所示。

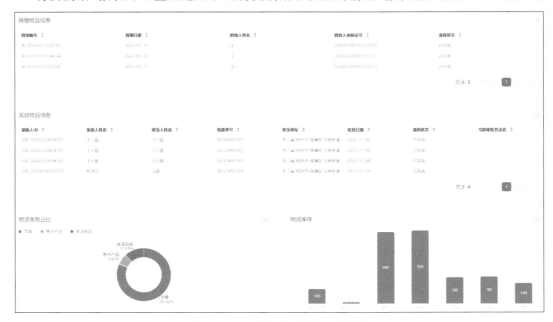

图 5-120　"物资捐赠"报表效果图

参考 2.4.2 节创建报表的步骤,新建 1 个"物资捐赠"报表。

在画布中,添加 1 个"基础表格",命名为"捐赠物品信息",用于展示捐赠物品的信息。选择"数据集"为"物资捐赠登记",将"字段"中的"捐物编号""捐物日期_日""捐物人姓名""捐物人身份证号""流程状态"拖入"表格列"中。单击"捐物日期_日"的"设置"按钮,在弹出的"数据设置面板"对话框中,设置"字段信息"别名为"捐赠日期","格式化"选择"日期",设置"日期格式"为"1998-10-21"。

在画布中,添加 1 个"基础表格",命名为"发放物品信息",用于展示慈善组织发放物品的信息和流程状态。选择"数据集"为"物资发放",将"字段"中的"受助人 ID""受助人姓名""收货人姓名""物流单号""收货地址""发放时间_日""流程状态""当前审批节点名"拖入"表格列"中。同理,设置"发放时间_日"的"字段信息别名"为"发放日期","格式化基础"选择"日期",设置"日期格式"为"1998-10-21"。"发放物品信息"基础表格效果如图 5-121 所示。

图 5-121 "发放物品信息"基础表格效果图

在画布中,添加 1 个饼图,命名为"物资类别占比",用于展示库存表中各物资类别所占比例。选择"数据集"为"库存表",将"字段"中的"物资类别"拖入"分类字段"中,将"库存数量"拖入"数值字段"中,如图 5-122 所示。

图 5-122 "物资类别占比"饼图设计示意图

在画布中,添加 1 个柱状图,命名为"物资库存","数据集"选择为"库存表",将"字段"中的"物资名称"拖入"横轴"中,将"库存数量"拖入"纵轴"中,如图 5-123 所示。

设置完毕后,单击右上角的"保存"按钮。参考 2.2.2 节移动表单的步骤将该表单移动至"物资管理"分组,参考图 5-92。

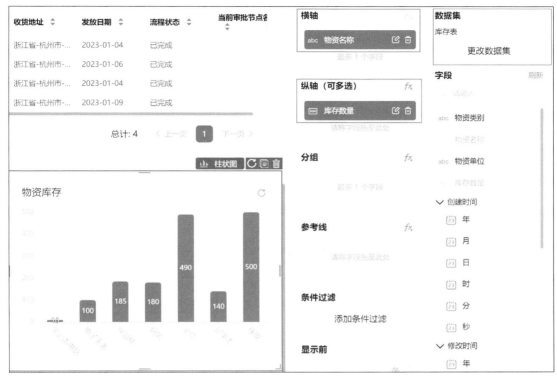

图 5-123 "物资库存"柱状图设计示意图

教学视频

5.5.5 "物资发放管理"数据管理页

在创建完"物资发放"流程表单后,可以通过该表的数据管理页对信息进行新增、修改、删除、导入、导出、搜索、筛选等操作,便于管理员对表单信息进行管理。参考 2.3.2 节的操作步骤,对"物资发放"流程表单生成数据管理页,并将该数据管理页命名为"物资发放管理",选择分组为"慈善捐赠管理系统"的"物资管理",参考图 5-25。"物资发放管理"数据管理页效果如图 5-124 所示。

图 5-124 "物资发放管理"数据管理页

5.6 "慈善捐赠管理系统"自定义页面

为了能让使用者更方便地使用系统,需要部署系统首页,参考 2.5 节的操作步骤,新建一个自定义页面,在"新建自定义页面"中选择"工作台模板-01"选项,如图 5-125 所示。

图 5-125　新建自定义页面

首先,将自定义页面上方图片中的文本组件修改为"慈善捐赠管理系统",如图 5-126所示。

图 5-126　自定义页面文本命名示意图

从组件库中选择 2 个分组,拖入画布中。对下方布局容器进行属性设置,在布局中选择两列(列比例为 6∶6),修改 4 个分组名称分别为"受助人""捐赠人""善款捐赠""物资捐赠"。通过大纲树选择到链接块,修改链接块内的文本、图标和链接,如图 3-101 所示。首页效果如

图 5-127 所示。

图 5-127　系统首页效果图

第 6 章

公益伙伴管理系统

公益机构组织慈善活动时,需要与众多机构进行合作。公益伙伴管理系统有利于帮助公益组织记录、收集合作伙伴的信息,系统地对合作伙伴的信息进行管理,减轻了业务人员线下繁杂操作的负担,本章将搭建一个基于联合筹备项目的合作伙伴管理系统。

本书开发的合作伙伴管理系统基于联合募捐的场景,公益组织发起募捐项目申请,再由各个公益伙伴联合进行募捐。该系统主要分为"公益伙伴管理"功能、"项目管理"功能、"资源申请管理"功能、"数据看板"功能及"公益伙伴管理系统首页"5 个功能模块,本章将按照模块功能顺序逐一实现每个功能模块的搭建,如图 6-1 所示。"公益伙伴管理"功能主要用于维护合

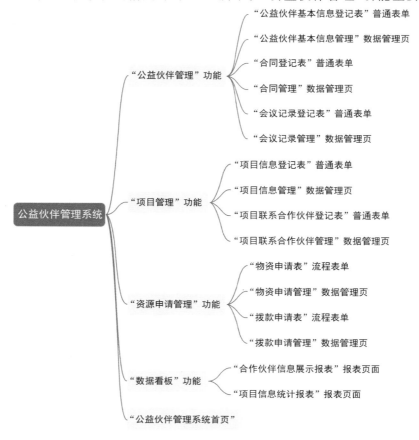

图 6-1 "公益伙伴管理系统"思维导图

作伙伴信息,记录与合作伙伴之间的合作信息、会议纪要;"项目管理"功能主要用于公益组织发起一个联合募捐项目申请,记录参与对应募捐项目的机构的有关信息;"资源申请管理"功能用于公益组织分批次发起物资申请;"数据看板"功能用于展示募捐进度以及各个机构的相关募捐数据。

6.1 创建"公益伙伴管理系统"应用

教学视频

首先,通过网址"https://www.aliwork.com"进入宜搭官网,登录账号进入宜搭工作台。参考 2.1 节的操作步骤,单击"创建应用"按钮,在弹出的"选择创建应用类型"对话框中选择"从空白创建"选项,在弹出的"创建应用"对话框中依次设置"应用名称"、"应用图标"、"应用描述"以及"应用主题色",其中"应用名称"设置为"公益伙伴管理系统",如图 6-2 所示,单击"确定"按钮,一个空白的应用就创建好了。

实验视频

图 6-2 应用信息填写示意图

6.2 "公益伙伴管理"功能设计

"公益伙伴管理"功能用于管理与公益组织合作的机构的信息。机构信息是公益组织查看合作伙伴资质的重要资料,因此在"公益伙伴管理"功能模块中设计了"公益伙伴基本信息登记表"普通表单。

而在与机构合作的过程中,合作伙伴双方会签订合同,因此在"公益伙伴管理"功能模块中新增了"合同登记表"普通表单,便于业务人员对合同进行新增、查找等操作。

同时,"会议记录登记表"普通表单用于登记与合作伙伴之间的会议信息,便于后续对会议相关信息的查看与管理。

"公益伙伴管理"功能模块的思维导图如图 6-3 所示,为了更好地对整个系统进行模块化管理,可以将该模块的内容放入一个分组内,便于后续系统的维护和开发。

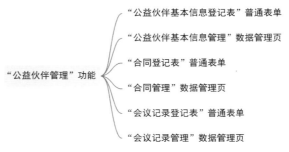

图 6-3 "公益伙伴管理"功能模块思维导图

6.2.1 "公益伙伴基本信息登记表"普通表单

"公益伙伴基本信息登记表"主要用于登记与公益组织合作的机构的信息,便于公益组织对机构信息进行查看。"公益伙伴基本信息登记表"普通表单思维导图如图 6-4 所示。

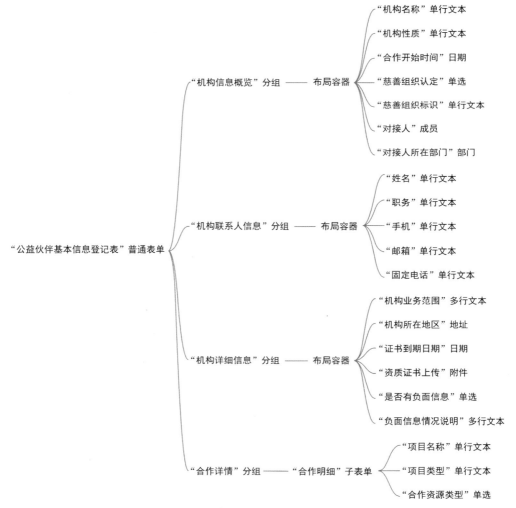

图 6-4 "公益伙伴基本信息登记表"普通表单思维导图

1. 表单设计

在空白应用中选择"新建普通表单"选项,创建一个空的普通表单,创建成功后进入表单设计页面。在"表单设计"页面左上方的文本框中填入表单名称"公益伙伴基本信息登记表",如图 6-5 所示。

图 6-5　"公益伙伴基本信息登记表"表单命名示意图

参考组件思维导图,如图 6-4 所示,将该表单所需的"分组"组件和"布局容器"组件拖入中间的画布区域并修改"分组"组件的标题名称,设置"机构信息概览"分组内布局容器的"列比例"为"12:6:6:6:6:6"、"机构联系人信息"分组内布局容器的"列比例"为"6:6:4:4:4"、"机构详细信息"分组内布局容器的"列比例"为"12:12:4:4:4:12",具体操作参考2.2.2 节,最终效果如图 6-6 和图 6-7 所示。

图 6-6　"公益伙伴基本信息登记表"表单布局设计示意图 1

图 6-7　"公益伙伴基本信息登记表"表单布局设计示意图 2

参考组件思维导图,如图 6-4 所示,在"表单设计"页面左侧的"组件库"中将该表单所需的组件拖入画布中的对应位置并修改标题名称,如图 6-8 和图 6-9 所示。

图 6-8　"公益伙伴基本信息登记表"表单组件设计示意图 1

2. 属性设置

单击"机构名称"单行文本组件,在右侧"属性"窗格中,勾选"校验"栏中的"必填"选项。在该表单中需要检验为必填的组件还有"机构性质"单行文本组件、"合作开始时间"日期组件、

图 6-9　"公益伙伴基本信息登记表"表单组件设计示意图 2

"慈善组织认定"单选组件、"慈善组织标识"单行文本组件、"对接人"成员组件、"对接人所在部门"部门组件、"姓名"单行文本组件、"手机"单行文本组件、"机构所在地区"地址组件、"是否有负面信息"单选组件和"负面信息情况说明"多行文本组件。

单击"慈善组织认定"单选组件，在右侧"属性"窗格中，设置选项值为"是"和"否"，由业务人员来选择该机构是否拥有慈善组织认定。

当"慈善组织认定"单选组件的值为"是"时，即该组织拥有慈善组织认定，"慈善组织标识"单行文本组件的值需要同步显示为"慈善组织"；反之，"慈善组织标识"单行文本组件的值需要同步显示为"非慈善组织"，且不允许业务人员对其进行修改。可以使用公式编辑的方法来实现，设置公式为"IF(EXACT(慈善组织认定,"是"),"慈善组织",IF(EXACT(慈善组织认定,"否"),"非慈善组织","－"))"，并设置该组件的"状态"为"只读"，具体操作参考 2.3.1 节。其中，IF()函数用于判断条件能否满足，如果满足返回一个值；如果不满足则返回另外一个值。EXACT()函数用于比较两个文本是否完全相同，如果完全相同则返回 true，否则返回 false。IF()函数的第一个参数是逻辑表达式，第二个参数是当逻辑表达式结果为 true 时需要返回的值，第三个参数是当逻辑表达式结果为 false 时需要返回的值。

用上述方法设置"是否有负面信息"单选组件的选项值为"是"和"否"。当"是否有负面信息"单选组件的值为"是"时，表示该机构有负面信息。有负面信息的机构还需要额外填写"负面信息情况说明"组件，且该组件只有在"是否有负面信息"单选组件的值为"是"时才显示，可以通过单选组件的"关联选项设置"来实现上述效果，具体操作参考 3.3.1 节。单击"关联选项设置"按钮，在弹出的对话框中，设置"当选项为""是"时，"显示以下组件"为"负面信息情况说明"，如图 6-10 所示。

用上述方法设置"合作明细"子表单中"合作资源类型"单选组件的选项值为"资金"和"物资"，来表示两种合作资源类型，同时可以打开"彩色"功能，使选项获得彩色的背景和文字，更便于识别。

图 6-10 "是否有负面信息"单选组件"关联选项设置"示意图

"合作明细"子表单中的数据是在后续的流程中逐一自动插入的,无须填写,也不能让业务人员去填写。因此子表单中的组件均设置其"状态"为"只读",具体操作方法参考 2.3.1 节。属性设置完后,单击"表单设计"页面右上角的"保存"按钮。最终表单效果如图 6-11 和图 6-12 所示。

图 6-11 "公益伙伴基本信息登记表"表单效果图 1

返回应用的页面管理页,新增分组"公益伙伴管理",移动"公益伙伴基本信息登记表"普通表单到"公益伙伴管理"分组中,具体操作参考 2.2.3 节,移动后页面管理页目录的效果如图 6-13 所示。

图 6-12　"公益伙伴基本信息登记表"表单效果图 2

图 6-13　页面管理页目录效果图

6.2.2　"公益伙伴基本信息管理"数据管理页

实验视频

由于"公益伙伴基本信息登记表"只能提交数据,无法直接查看到已提交数据并进行编辑修改,因此可以生成"公益伙伴基本信息登记表"的数据管理页,参考 2.3.2 节的操作新增管理页,效果如图 6-14 所示。

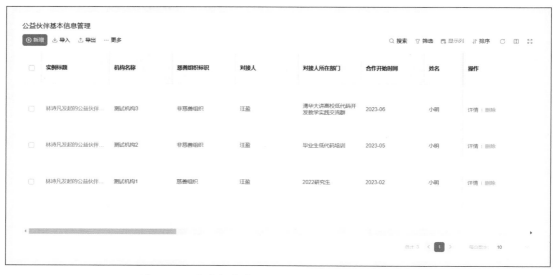

图 6-14　"公益伙伴基本信息管理"数据管理页效果图

教学视频

6.2.3　"合同登记表"普通表单

在与机构合作的过程中,合作伙伴双方会签订合同,"合同登记表"用于登记合同,便于业务人员对合同的新增、查找等操作。"合同登记表"普通表单思维导图如图 6-15 所示。

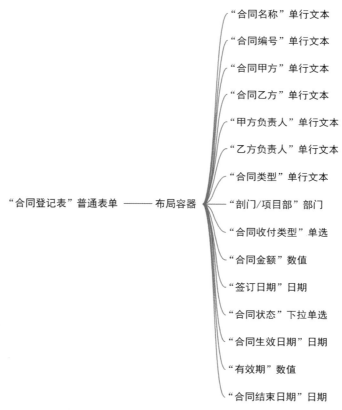

图 6-15　"合同登记表"普通表单思维导图

1. 表单设计

创建一个空的普通表单,具体操作参考 2.2.2 节,创建成功后进入"表单设计"页面,在左上方的文本框中输入表单名称"合同登记表",如图 6-16 所示。

图 6-16 "合同登记表"表单命名示意图

参考组件思维导图,如图 6-15 所示,将该表单所需的"布局容器"组件拖入中间的画布区域,在右侧的"属性"窗格中设置布局容器的"列比例"为"6:6:6:6:6:6:4:4:4:4:4:4:4:4:4",如图 6-17 所示。

图 6-17 "合同登记表"表单布局设计示意图

参考组件思维导图,如图 6-15 所示,在"表单设计"页面左侧的"组件库"中将该表单所需的组件拖入画布中的对应位置并修改它们的标题名称,最终效果如图 6-18 所示。

图 6-18 "合同登记表"表单组件设计效果图

2. 属性设置

单击"合同名称"单行文本组件,在右侧"属性"窗格中,勾选"校验"栏中的"必填"选项。在该表单中需要校验为必填的组件还有"合同甲方"单行文本组件、"合同乙方"单行文本组件、"甲方负责人"单行文本组件、"乙方负责人"单行文本组件、"部门/项目部"部门组件、"合同收付类型"单选组件、"合同金额"数值组件、"签订日期"日期组件、"合同状态"下拉单选组件、"合同生效日期"日期组件和"有效期"数值组件。

"合同编号"单行文本组件使用公式编辑方法使其自动生成,无须业务人员填写,操作步骤参考 3.2.1 节。在"公式编辑"对话框中输入公式"CONCATENATE("C",TIMESTAMP(NOW()))",设置该组件"状态"为"只读",单击"确认"按钮,实现自动生成合同编号的功能。

"合同编号"需要配置为唯一的流水号,"TIMESTAMP(NOW())"函数用来得到当前时间的时间戳,因为每一个时刻的时间戳都是独一无二的,因此可以用"CONCATENATE()"函数将 C 字符串与填表时刻的时间戳进行拼接,从而得到唯一的合同编号。

"合同收付类型"单选组件需要设置其选项值,设置选项值为"收款""付款""无",表示合同收付的三种类型,具体操作步骤参考 4.2.3 节。

"有效期"数值组件需要设置其"单位"为"年";为了使业务人员精确填写"合同金额"组件的数值,需要设置"合同金额"数值组件的"单位"为"元",设置"小数位"为"2"位,具体操作方法参考 3.2.1 节。

"合同状态"下拉单选组件同样需要设置其选项值,选择"选项类型"为"自定义",在"自定义选项"中设置值为"拟稿中""生效""终止""作废",以此来表示合同的四种状态。

"合同结束日期"日期组件的值可以由"合同生效日期"组件和"有效期"组件的值推算而出,在合同的开始时间上加上有效期的天数,就可以得到合同的结束时间,可以使用公式编辑的方法来实现。设置"合同结束日期"日期组件的"默认值"为"公式编辑",单击"编辑公式"按钮,在"公式编辑"对话框中填入公式"DATEDELTA(DATE(合同生效日期),有效期 * 365)"。

其中,DATEDELTA()函数可以将指定日期加(减)天数,第一个参数为指定日期(日期对象格式),第二个参数为需要加减的天数;DATE()函数将时间戳转换为日期对象。

属性设置完后,单击"表单设计"页面右上角的"保存"按钮。最终表单效果如图 6-19 所示。

图 6-19 "合同登记表"表单效果图

返回应用的页面管理页,移动"合同登记表"普通表单到"公益伙伴管理"分组中,具体操作参考 2.2.3 节,移动后页面管理页目录的效果如图 6-20 所示。

图 6-20 页面管理页目录效果图

6.2.4 "合同管理"数据管理页

由于"合同登记表"只能提交数据,无法直接查看已提交的数据并进行编辑修改,因此可以生成"合同管理"数据管理页,参考 2.3.2 节的操作新增管理页,效果如图 6-21 所示。

图 6-21 "合同管理"数据管理页效果图

教学视频

实验视频

6.2.5 "会议记录登记表"普通表单

"会议记录登记表"普通表单用于登记与合作伙伴之间的会议信息,便于后续对会议相关信息的查看与管理。"会议记录登记表"普通表单思维导图如图 6-22 所示。

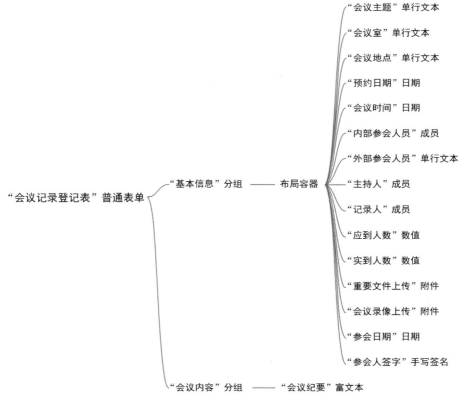

图 6-22 "会议记录登记表"普通表单思维导图

1．表单设计

创建一个空的普通表单，具体操作参考 2.2.2 节，创建成功后进入"表单设计"页面，在左上方的文本框中输入表单名称"会议记录登记表"，如图 6-23 所示。

图 6-23　"会议记录登记表"普通表单命名示意图

参考组件思维导图，如图 6-22 所示，将该表单所需的"布局容器"组件拖入中间的画布区域，在右侧的"属性"窗格中，设置布局容器的"列比例"为"12∶6∶6∶6∶6∶6∶6∶6∶6∶6∶6∶6∶6∶6∶6"，最终效果如图 6-24 所示。

图 6-24　"会议记录登记表"普通表单布局设计效果图

参考组件思维导图,如图 6-22 所示,在"表单设计"页面左侧的"组件库"中将该表单所需的组件拖入画布中的对应位置并修改它们的标题名称,最终效果如图 6-25 和图 6-26 所示。

图 6-25 "会议记录登记表"普通表单组件设计效果图 1

图 6-26 "会议记录登记表"普通表单组件设计效果图 2

2. 属性设置

"会议主题"单行文本组件需要校验该组件为必填,具体操作参考 6.2.3 节。在该表单中需要校验为必填的组件还有"会议室"单行文本组件、"会议地点"单行文本组件、"预约日期"日期组件、"会议时间"日期组件、"内部参会人员"成员组件、"主持人"成员组件、"应到人数"数值组件、"实到人数"数值组件、"参会日期"日期组件和"会议纪要"富文本组件。

由于日期组件的默认格式为"年-月-日",而"会议时间"日期组件所展示的时间更加精准,所以需要将该日期的格式设置为"年-月-日 时：分",具体设置方法参考 4.2.1 节。

参与会议的内部人员数往往不会只有一人,因此需要打开"内部参会人员"成员组件的"多选模式",实现成员的多选,如图 6-27 所示,单击选中"内部参会人员"成员组件,在"属性"窗格中打开"多选模式"。

图 6-27　成员组件"多选模式"打开操作示意图

"会议记录登记表"由会议记录人填写,故"记录人"成员组件的值可以自动显示为当前登录人,即当前表单填写人,可以使用公式编辑来实现,输入公式为"USER()",设置该组件的"状态"为"只读",具体操作参考 2.3.4 节。其中,函数 USER() 用于显示当前登录人。

"应到人数"数值组件和"实到人数"数值组件需要设置其"单位"为"人",具体操作方法参考 3.2.1 节。

属性设置完成后,单击"表单设计"页面右上角的"保存"按钮。最终表单效果如图 6-28 和图 6-29 所示。

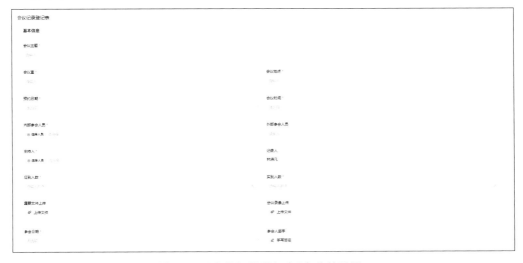

图 6-28　"会议记录登记表"表单效果图 1

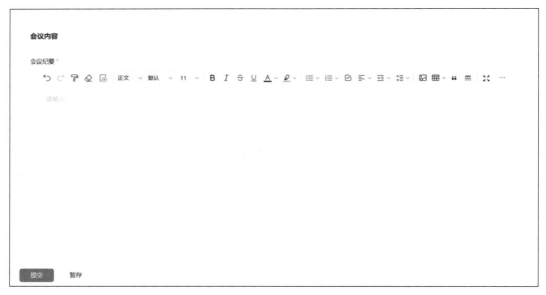

图 6-29 "会议记录登记表"表单效果图 2

返回应用的页面管理页,移动"会议记录登记表"普通表单到"公益伙伴管理"分组中,具体操作参考 2.2.3 节,移动后页面管理页目录的效果如图 6-30 所示。

图 6-30 页面管理页目录效果图

6.2.6 "会议记录管理"数据管理页

由于"会议记录登记表"只能提交数据,无法直接查看已提交的数据并进行编辑修改,因此可以生成"会议记录管理"数据管理页,参考 2.3.2 节的操作新增管理页,效果如图 6-31 所示。

图 6-31 "会议记录管理"数据管理页效果图

6.3 "项目管理"功能设计

在本章的开头提到过本章所搭建的系统是一个基于联合筹备项目的合作伙伴管理系统。因此该系统中的每一个项目都有资源筹备的过程,资源筹备分为两类:一类为资金筹备;另一类为物资筹备。而这些资源的筹备需要由公益组织的多个合作伙伴一起完成,即由各机构联合筹备。以此为例,读者也可以自行进行拓展与修改。

"项目信息登记表"主要用于登记项目信息,同时作为一个数据底表用于数据整合。"项目联系合作伙伴登记表"更加侧重于记录机构(合作伙伴)在参与项目筹备时的筹备情况。

"项目管理"功能模块的思维导图如图 6-32 所示,为了更好地对整个系统进行模块化管理,可以将该模块的内容放入一个分组内,便于后续系统的维护和开发。

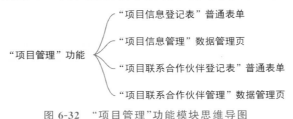

图 6-32 "项目管理"功能模块思维导图

6.3.1 "项目信息登记表"普通表单

"项目信息登记表"用于记录筹备项目的相关信息,主要包括项目基本情况和项目运行过程中资源的筹备情况。同时,该表也是一张以"项目 ID"为唯一标识的数据底表,后续项目流程中发生的物资筹备的变化也会在此表中被更新。"项目信息登记表"普通表单思维导图如图 6-33 所示。

教学视频

实验视频

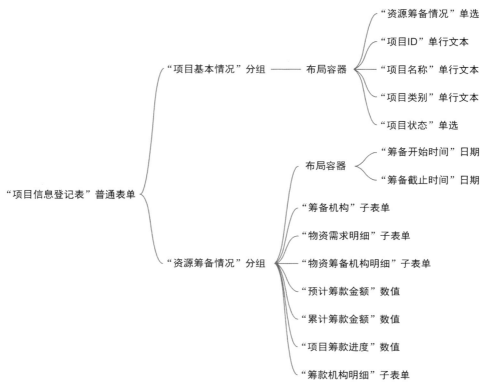

图 6-33 "项目信息登记表"普通表单思维导图

其中,"筹备机构"子表单思维导图如图 6-34 所示。

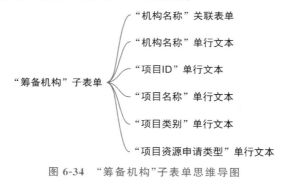

图 6-34 "筹备机构"子表单思维导图

1. 表单设计

创建一个空的普通表单,具体操作参考 2.2.2 节,创建成功后进入"表单设计"页面,在左上方的文本框中输入表单名称"项目信息登记表",如图 6-35 所示。

参考组件思维导图,如图 6-33 所示,将该表单所需的"分组"组件和"布局容器"组件拖入中间的画布区域并修改"分组"组件的标题名称,在各组件的"属性"窗格中,设置"项目基本情况"分组内布局容器的"列比例"为"12∶6∶6∶6∶6"、"资源筹备情况"分组内布局容器的"列比例"为"6∶6",最终效果如图 6-36 所示。

参考组件思维导图,如图 6-33 和图 6-34 所示,在"表单设计"页面左侧的"组件库"中将该表单所需的组件拖入画布中的对应位置并修改标题名称,如图 6-37~图 6-39 所示。

图 6-35　"项目信息登记表"表单命名示意图

图 6-36　"项目信息登记表"表单布局设计示意图

2. 属性设置

"项目资源申请类型"单选组件需要校验该组件为"必填",具体操作参考 6.2.3 节。在该表单中需要设置"检验"为"必填"的组件还有"项目 ID"单行文本组件、"项目名称"单行文本组件、"项目类别"单行文本组件、"项目状态"单选组件、"预计筹款金额"数值组件;"筹备机构"子表单中的"机构名称"关联表单组件;"物资需求明细"子表单中的"物资名称"单行文本组件和"筹备数量"数值组件;"物资筹备机构明细"子表单中的"机构名称"关联表单组件、"筹备物

图 6-37 "项目信息登记表"表单组件设计示意图 1

图 6-38 "项目信息登记表"表单组件设计示意图 2

资"单行文本组件、"筹备数量"数值组件和"项目总筹备数量"数值组件;"物资筹备机构明细"子表单中的"机构名称"关联表单组件和"拨款总额"数值组件。必填校验可以防止提交的字段数据为空,避免后续字段数据在调用时出错。

　　"项目资源申请类型"单选组件需要设置选项值,设置选项值为"物资"和"资金",表示项目资源申请的两种类型。同时也可以打开"彩色"功能,使选项获得彩色的背景和文字,更便于识

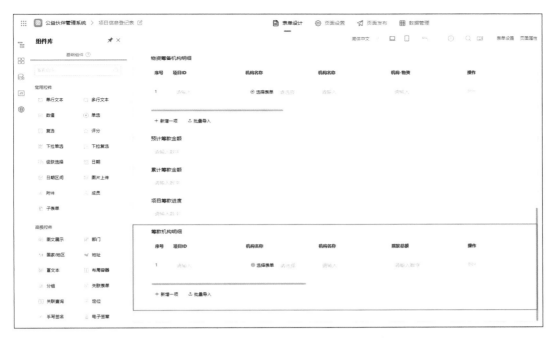

图 6-39　"项目信息登记表"表单组件设计示意图 3

别。由于不同"项目资源申请类型"的项目,需要填写的字段是不同的,可以通过单选组件的"关联选项设置"来实现上述效果,具体操作参考 3.3.1 节。单击"关联选项设置"按钮,弹出设置对话框,配置如图 6-40 所示。

图 6-40　"项目资源申请类型"单选组件"关联选项设置"示意图

"项目状态"单选组件同样需要设置选项值,设置选项值为"执行中"和"已结项",表示项目的两种状态,具体操作参考 4.2.3 节。

"筹备机构"子表单用于记录参与联合筹备的机构的名称,同时该表将作为后续新增"项目联系合作伙伴登记表"的数据源,将在新增"项目联系合作伙伴登记表"的过程中被调用。该子表单中的"机构名称"单行文本组件、"项目 ID"单行文本组件、"项目名称"单行文本组件、"项目类别"单行文本组件和"项目资源申请类型"单行文本组件都是需要被调用的字段。

其中,"项目 ID"单行文本组件、"项目名称"单行文本组件、"项目类别"单行文本组件和"项目资源申请类型"单行文本组件的值与当前主表的对应名称组件的值是一致的,可以使用公式编辑功能来实现这个效果。例如,"筹备机构"子表单中的"项目 ID"单行文本组件的值可以使用公式编辑,输入公式为"项目 ID",其余组件类似。

"筹备机构"子表单中的"机构名称"关联表单组件显示的是机构名称,组件中值的格式为数组。设置"机构名称"关联表单组件的"关联表单"为"公益伙伴基本信息登记表",显示设置的主要信息为"机构名称",次要信息为"对接人"。打开"数据填充"功能,填充字段如图 6-41 所示,上述关联表单的相关操作参考 3.3.1 节。

图 6-41 "机构名称"关联表单组件"数据填充"示意图

"物资需求明细"子表单用于记录该项目需要筹备的物资及其数量。该表中的"项目 ID"单行文本组件、"项目名称"单行文本组件和"项目类别"单行文本组件的值与当前主表的对应名称组件的值是一致的,可以使用公式编辑功能来实现这个效果。例如,"筹备机构"子表单中的"项目 ID"单行文本组件的值可以使用公式编辑,输入公式为"项目 ID",其余组件类似。

单击"物资需求明细"子表单中的"筹备数量"数值组件,在"属性"窗格中设置其"单位"为"个"。

"物资需求明细"子表单中的"未筹备数量"的值在项目初始与"筹备数量"组件的值一致,故使用公式编辑的方法,输入公式为"物资需求明细.筹备数量",并设置其"单位"为"个"。同时,该组件不允许业务人员去修改,因此将其"状态"更改为"只读"。

"物资需求明细"子表单中的"已筹备数量"的值在项目初始时为 0 个,故设置其"默认值"为"0","单位"为"个"。同时,该组件不允许业务人员去修改,因此将其"状态"更改为"只读"。

"物资需求明细"子表单中的"物资筹备进度"可以由"已筹备数量"和"筹备数量"计算得出,使用公式编辑的方法,输入公式为"物资需求明细.已筹备数量/物资需求明细.筹备数量 *100",设置该组件的"单位"为"％","小数位数"为"2"位。同时,该组件不允许业务人员去修改,将其"状态"更改为"只读"。

"物资筹备机构明细"子表单用于记录各个机构的物资筹备情况。该表中的"项目 ID"单行文本组件、"项目名称"单行文本组件和"项目类别"单行文本组件的值与当前主表的对应名称组件的值是一致的,可以使用公式编辑功能来实现这个效果。例如,"物资筹备机构明细"子表单中的"项目 ID"单行文本组件的值可以使用公式编辑,输入公式为"项目 ID",其余组件类似。

"物资筹备机构明细"子表单中的"机构名称"关联表单组件与"筹备机构"子表单中的"机构名称"关联表单组件的配置一致。

"物资筹备机构明细"子表单中"机构-物资"单行文本组件的值需要作为该子表的唯一标识,可以使用公式编辑的方法,使用"CONCATENATE( )"函数将机构名称和筹备物资的名称通过"-"来拼接在一起,具体公式为"CONCATENATE(物资筹备机构明细.机构名称,"-",物资筹备机构明细.筹备物资)"。

同时,"物资筹备机构明细"子表单中的"筹备数量"数值组件和"项目总筹备数量"数值组件需要设置其"单位"为"个"。

"物资筹备机构明细"子表单中的"机构权重"可以由"筹备数量"和"项目总筹备数量"计算得出,使用公式编辑的方法,输入公式为"物资筹备机构明细.筹备数量/物资筹备机构明细.项目总筹备数量 *100",设置该组件的"单位"为"％","小数位数"为"2"位。同时,该组件不允许业务人员去修改,将其"状态"更改为"只读"。

"物资筹备机构明细"子表单中的"已筹备数量"的值在项目初始时为 0 个,故设置其"默认值"为"0","单位"为"个"。同时,该组件不允许业务人员去修改,将其"状态"更改为"只读"。

"物资筹备机构明细"子表单中的"待筹备数量"的值在项目初始与"筹备数量"组件的值一致,故使用公式编辑的方法,输入公式为"物资筹备机构明细.筹备数量",并设置其"单位"为"个"。同时,该组件不允许业务人员去修改,将其"状态"更改为"只读"。

"物资筹备机构明细"子表单中的"机构物资筹备进度"可以由"已筹备数量"和"筹备数量"计算得出,使用公式编辑的方法,输入公式为"物资筹备机构明细.已筹备数量/物资筹备机构明细.筹备数量 *100",设置该组件"单位"为"％","小数位数"为"2"位。同时,该组件不允许业务人员去修改,将其"状态"更改为"只读"。

"预计筹款金额"数值组件需要设置其"单位"为"元","小数位数"为"2"位;"累计筹款金额"数值组件的值在项目初始时为 0 元,故设置其"默认值"为"0","单位"为"元","小数位数"为"2"位,并设置其"状态"为"只读";"项目筹款进度"可以由"累计筹款金额"和"预计筹款金额"计算得出,使用公式编辑的方法,输入公式为"累计筹款金额/预计筹款金额 *100",设置该组件"单位"为"％","小数位数"为"2"位,并设置其"状态"为"只读"。

"筹款机构明细"子表单用于记录各个机构的资金筹备情况。该表中的"项目 ID"单行文本组件、"项目名称"单行文本组件和"项目类别"单行文本组件与当前主表的对应名称组件的值是一致的,可以使用公式编辑功能来实现这个效果。例如,"筹款机构明细"子表单的"项目

ID"单行文本组件的值可以使用公式编辑,输入公式为"项目ID",其余组件类似。

在"筹款机构明细"子表单中,"项目预计总筹款金额"数值组件的初始值与主表中"预计筹款金额"的值一致,使用公式编辑的功能,输入公式为"预计筹款金额"。同时,设置其"单位"为"元","小数位数"为"2"位,并设置其"状态"为"只读"。"待拨款金额"数值组件的初始值与"筹款机构明细"子表中的"拨款总额"的值一致,使用公式编辑的功能,输入公式为"筹款机构明细.拨款总额"。同时,设置其"单位"为"元","小数位数"为"2"位,并设置其"状态"为"只读"。

"筹款机构明细"子表单中的"机构名称"关联表单组件与"筹备机构"子表单中的"机构名称"关联表单组件的配置一致。

在"筹款机构明细"子表单中,"拨款总额"数值组件需要设置其"单位"为"元","小数位数"为"2"位;"已拨款金额"数值组件的值在项目初始时为0元,故设置其"默认值"为"0","单位"为"元","小数位数"为"2"位,并设置其"状态"为"只读";"拨款比例"可以由"拨款总额"和"预计筹款金额"计算得出,使用公式编辑的方法,输入公式为"筹款机构明细.拨款总额/预计筹款金额 * 100",设置该组件"单位"为"％","小数位数"为"2"位,并设置其"状态"为"只读"。

为防止表单数据冗余,可以隐藏功能性组件,如"筹备机构"子表单中的"机构名称"单行文本组件、"项目ID"单行文本组件、"项目名称"单行文本组件、"项目类别"单行文本组件和"项目资源申请类型"单行文本组件;"物资需求明细"子表单中的"项目ID"单行文本组件、"项目名称"单行文本组件和"项目类别"单行文本组件;"物资筹备机构明细"子表单中的"项目ID"单行文本组件、"机构名称"单行文本组件、"机构—物资"单行文本组件、"项目名称"单行文本组件和"项目类别"单行文本组件。

在隐藏完组件后,需要设置这些组件的数据提交为"始终提交",防止提交空数据,具体操作方法参考4.2.5节。

属性设置完后,单击"表单设计"页面右上角的"保存"按钮。最终表单效果如图 6-42 所示。

图 6-42 "项目信息登记表"表单效果图

返回应用的页面管理页,新增"项目管理"分组,移动"项目信息登记表"普通表单到"项目管理"分组中,具体操作参考 2.2.3 节,移动后页面管理页目录的效果如图 6-43 所示。

图 6-43 页面管理页目录效果图

6.3.2 "项目信息管理"数据管理页

由于"项目信息登记表"只能提交数据,无法直接查看已提交数据并进行编辑修改,因此可以生成"项目信息管理"数据管理页,参考 2.3.2 节的操作新增管理页,效果如图 6-44 所示。

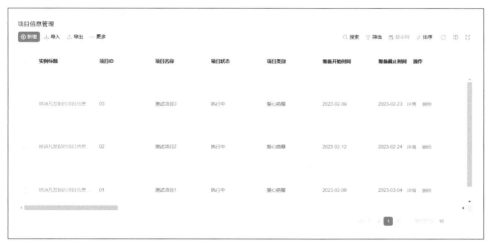

图 6-44 "项目信息管理"数据管理页效果图

6.3.3 "项目联系合作伙伴登记表"普通表单

"项目联系合作伙伴登记表"普通表单主要用于记录机构在对应某一项目下的资源筹备情况,便于业务人员查看以及管理,在对应的"项目信息登记表"生成后该表单会自动生成,无须业务人员填写。"项目联系合作伙伴登记表"普通表单思维导图如图 6-45 所示。

教学视频

实验视频

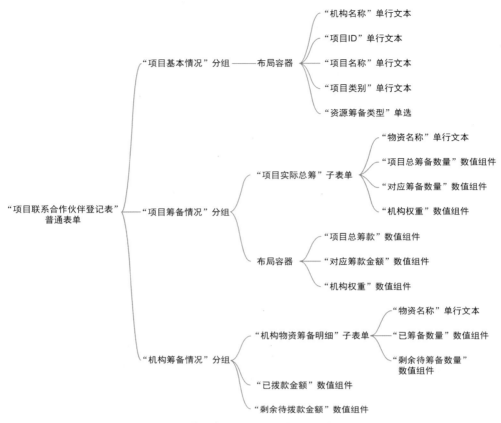

图 6-45 "项目联系合作伙伴登记表"普通表单思维导图

1. 表单设计

创建一个空的普通表单,具体操作参考 2.2.2 节,创建成功后进入"表单设计"页面,在左上方的文本框中输入表单名称"项目联系合作伙伴登记表",如图 6-46 所示。

图 6-46 "项目联系合作伙伴登记表"表单设计示意图

参考如图 6-45 所示的思维导图,将该表单所需的分组组件和布局容器拖入中间的画布区域并修改分组组件的标题名称。设置"项目基本情况"分组内布局容器的"列比例"为"4∶4∶4∶4∶4";"项目筹备情况"分组内布局容器的"列比例"为"6∶6∶6";"机构筹备情况"分组内布局容器的"列比例"为"6∶6",具体操作参考 2.2.2 节,最终效果如图 6-47 所示。

图 6-47　"项目联系合作伙伴登记表"表单布局设计效果图

参考如图 6-45 所示的思维导图,在表单设计页面左侧的组件库中将该表单所需的组件拖入画布中的对应位置并修改它们的标题名称,如图 6-48 和图 6-49 所示。

图 6-48　"项目联系合作伙伴登记表"表单组件设计示意图 1

图 6-49 "项目联系合作伙伴登记表"表单组件设计示意图 2

2. 属性设置

该表单是自动生成的,无须填写,也不能让业务人员去填写。故表单中的组件均设置其"状态"为"只读",设置组件状态为只读的方法参考 2.3.1 节。

"项目资源申请类型"单选组件需要设置其选项值,设置选项值为"物资"和"资金",表示项目资源申请的两种类型。同时也可以打开"彩色"功能,使选项获得彩色的背景和文字,更便于识别。由于不同"项目资源申请类型"的项目,需要显示的字段是不同的,可以通过单选组件的"关联选项设置"来实现上述效果,具体操作参考 4.2.3 节。单击"关联选项设置",弹出设置对话框,配置如图 6-50 所示。

图 6-50 "项目资源申请类型"单选组件"关联选项设置"示意图

"项目实际总筹"子表单中的"项目总筹备数量"数值组件和"对应筹备数量"数值组件需要设置其"单位"为"个"。"项目实际总筹"子表单中的"机构权重"数值组件需要设置该组件的"单位"为"％"，"小数位数"为"2"位。

"项目总筹款"数值组件、"对应筹款金额"数值组件、"已拨款金额"数值组件和"剩余待拨款金额"数值组件需要设置其"单位"为"元"，"小数位数"为"2"位。"机构权重"数值组件需要设置该组件的"单位"为"％"，"小数位数"为"2"位。

"机构物资筹备明细"子表单中的"已筹备数量"数值组件和"剩余待筹备数量"数值组件需要设置其"单位"为"个"。

属性设置完后，单击"表单设计"页面右上角的"保存"按钮。最终表单效果如图 6-51 所示。

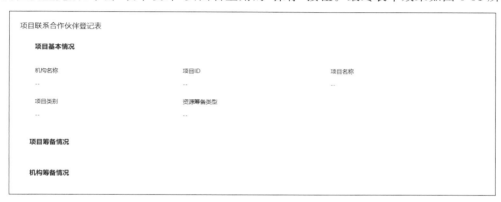

图 6-51　"项目联系合作伙伴登记表"表单效果图

3. 集成 & 自动化

前文中提到过，"项目联系合作伙伴登记表"可以根据"项目信息登记表"中的信息自动生成。在一个项目中，如果有两个机构同时参与该项目的筹备，就会生成对应的两个"项目联系合作登记表"。表单自动生成的功能将会在"集成 & 自动化"中去实现，具体流程如下。

当"项目信息登记表"创建成功时，自动触发以下事件。

在项目信息登记时，会涉及两种不同资源申请类型的项目。此时，自动生成的"项目联系合作伙伴登记表"的数据填充格式也是不同的。所以需要使用条件分支，设置不同的资源申请类型时，数据的填充情况。

"条件 1"分支，即当项目资源申请类型为"物资"时。首先，需要从"项目信息登记表"中获取"筹备机构"子表的多条数据，再由获取到的"筹备机构"子表的多条数据分别新增对应个数的"项目联系合作登记表"并填充里面的部分数据。值得注意的是，这个步骤只能对"项目联系合作登记表"中主表的数据进行填充，而表中的"项目实际总筹"子表与"机构物资筹备明细"子表的数据依旧是空的。这部分的数据将在之后的另一个"集成 & 自动化"中进行填充。

"其他情况"分支，即当项目资源申请类型为"资金"时。操作流程与"条件 1"的流程类似，最主要的区别在于当项目资源申请类型为资金时，对应的"项目联系合作伙伴登记表"中并没有子表需要填充数据。也就是说，使用一个"集成 & 自动化"，即可完成项目资源申请类型为"资金"的对应"项目联系合作伙伴登记表"的新增。

由此可以得知，当项目资源申请类型为"物资"时，对应的"项目联系合作伙伴登记表"并没有完全实现数据填充，因此需要新增一个"集成 & 自动化"，完成剩余子表的数据填充。新增一个"集成 & 自动化"，触发条件为"项目联系合作伙伴登记表"创建成功。

首先,通过条件过滤获取到对应项目的"项目信息登记表",需要填充的数据要从"项目信息登记表"中的子表进行获取。想要使用子表的数据,必须先使用"获取单条数据"节点获取它的主表。

同时,要在这里新增"公益伙伴基本信息登记表"中"合作明细"子表的数据。每当有一个"项目联系合作伙伴登记表"创建成功时,即表示有一个或多个机构参与了某个项目。此时对应的多个"公益伙伴基本信息登记表"的"合作明细"子表中就要插入一条该项目的数据。"合作明细"子表用于显示该机构所参与的项目信息。故想要在"合作明细"子表中插入数据,也需要通过条件过滤获取到对应机构的"公益伙伴基本信息登记表"主表。

新增"合作明细"子表的数据要从"项目信息登记表"的子表"筹备机构"中获取,此前已经获取到对应的"项目信息登记表"主表,故这里使用"获取单条数据"节点就可以获取"筹备机构"子表中对应机构所参与的项目的相关数据。

获取数据后,将要在"合作明细"子表中进行新增,使用"新增数据"节点。

新增完"合作明细"子表的数据后,要完成当项目资源申请类型为"物资"时,对应"项目联系合作伙伴登记表"中相关数据的补全工作。

此时,使用添加分支节点,设置"条件1"为资源筹备类型等于物资。因为只有在资源筹备类型等于物资时,才需要补全"项目联系合作伙伴登记表"子表的数据。

获取"项目信息登记表"中"物资筹备机构明细"子表的多条数据,对"项目联系合作伙伴登记表"中"项目实际总筹"子表和"机构物资筹备明细"子表的数据进行新增。

整个流程的具体操作的配置如下。

进入"集成 & 自动化"页面,选择"从空白新建"选项,在弹出的"新增集成 & 自动化"对话框中设置其"名称"为"生成项目联系机构底表",选择"触发类型"为"表单事件触发",选择"表单"为"项目信息登记表",具体操作参考 2.3.3 节。

单击"确认"按钮进入"集成 & 自动化"配置界面,单击"表单事件触发"节点,设置"触发事件"为"创建成功",单击"保存"按钮,如图 6-52 所示。

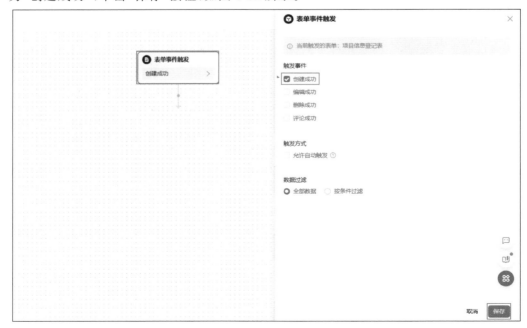

图 6-52 "表单事件触发"设置示意图

在新增表单数据前,要获取对应类型子表中的数据,故需要先新增一个"条件分支"节点,用于判断项目的资源申请类型,"条件 1"节点配置如图 6-53 所示。

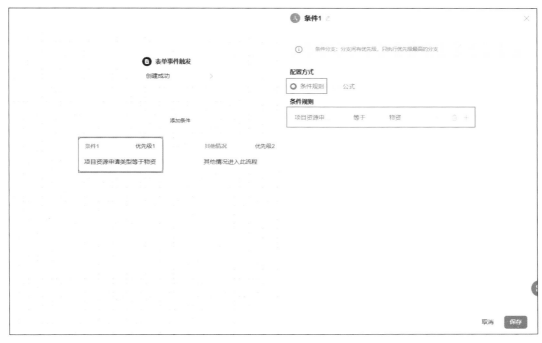

图 6-53　"条件分支"节点条件 1 设置示意图

在"条件 1"分支下,新增"获取多条数据"节点,配置如图 6-54 所示。

图 6-54　"获取多条数据"设置示意图

获取"筹备机构"子表中的对应数据后,就可以对数据进行新增,添加"新增数据"节点,配置如图 6-55 所示。

图 6-55 "更新底表中子表数据"设置示意图

在"其他情况"条件分支下,新增"获取多条数据"节点,配置如图 6-56 所示。

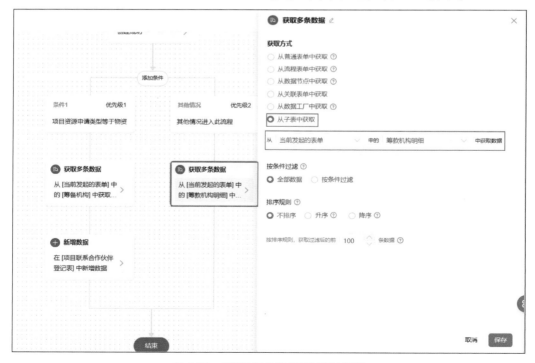

图 6-56 "获取多条数据"设置示意图

获取"筹款机构明细"子表中的数据后,就可以对数据进行新增,添加"新增数据"节点,配置如图 6-57 和图 6-58 所示。

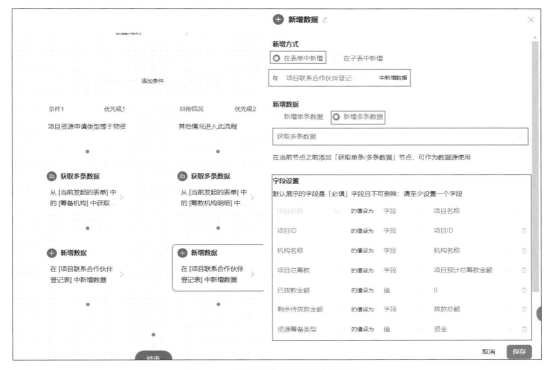

图 6-57　"新增数据"设置示意图 1

图 6-58　"新增数据"设置示意图 2

效果如图 6-59 所示，依次单击"保存"和"发布"按钮，启动集成 & 自动化。

图 6-59 "项目联系合作伙伴登记表"集成 & 自动化设置效果图 1

返回"集成 & 自动化"页面，选择"从空白新建"选项，在弹出的"新建集成 & 自动化"对话框中设置其"名称"为"更新项目联系机构表单"，选择"触发类型"为"表单事件触发"，选择"表单"为"项目联系合作伙伴登记表"。

单击"表单事件触发"节点，设置"触发事件"为"创建成功"，单击"保存"按钮，并在"触发方式"中选中"允许自动触发"，如图 6-60 所示。

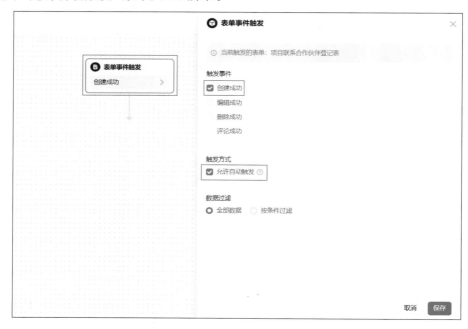

图 6-60 "表单事件触发"设置示意图

新增"获取单条数据"节点,获取对应的"项目信息登记表"主表,配置如图 6-61 所示。

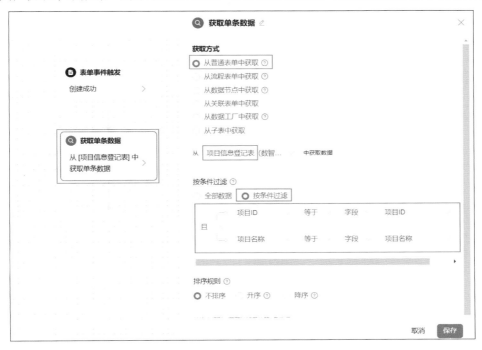

图 6-61 "获取单条数据"设置示意图

使用"获取单条数据"节点获取对应的"公益伙伴基本信息登记表"主表,并将节点名称更换为"获取公益伙伴信息底表",配置如图 6-62 所示。

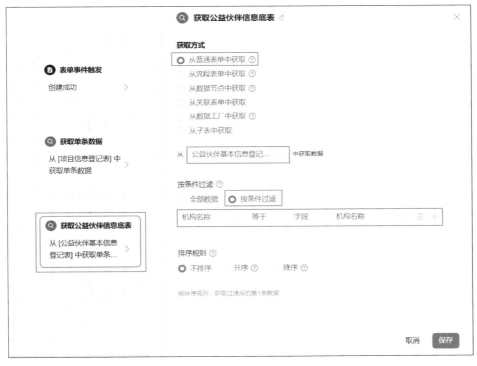

图 6-62 "获取公益伙伴信息底表"设置示意图

使用"获取单条数据"节点获取"筹备机构"中对应机构的子表数据,并将节点名称更换为"获取筹备机构子表",配置如图 6-63 所示。

图 6-63 "获取筹备机构子表"设置示意图

获取"筹备机构"子表中的对应数据后,就可以对"合作明细"子表的数据进行新增,添加"新增数据"节点,配置如图 6-64 所示。

图 6-64 "新增数据"设置示意图

在补全"项目联系合作伙伴登记表"数据前,需要先新增一个"条件分支"节点,用于判断项目的资源申请类型是否为"物资"。只有项目的资源申请类型为"物资"时,才需要对"项目联系合作伙伴登记表"中子表的数据进行补全(新增),"条件 1"节点配置如图 6-65 所示。

图 6-65　"条件分支"节点条件 1 设置示意图

在"条件 1"分支下,新增"获取多条数据"节点并更名为"获取物资筹备明细子表数据",配置如图 6-66 所示。

图 6-66　"获取物资筹备明细子表数据"设置示意图

获取到"物资筹备机构明细"子表中的对应数据后,就可以对"项目实际总筹"子表中的数据进行新增,添加"新增数据"节点,配置如图 6-67 所示。

图 6-67 "新增数据"设置示意图 1

同时,也可以对"机构物资筹备明细"子表中的数据进行新增,添加"新增数据"节点,配置如图 6-68 所示。

图 6-68 "新增数据"设置示意图 2

流程效果如图 6-69 和图 6-70 所示,依次单击"保存"和"发布"按钮,启动集成 & 自动化。

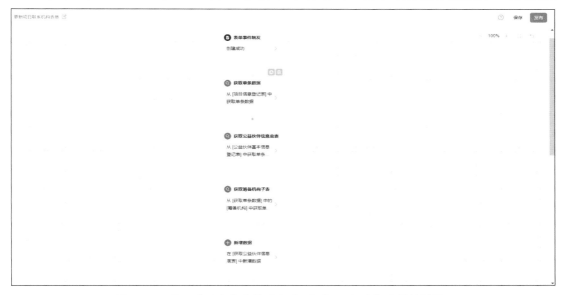

图 6-69　"项目联系合作伙伴登记表"集成 & 自动化设置效果图 1

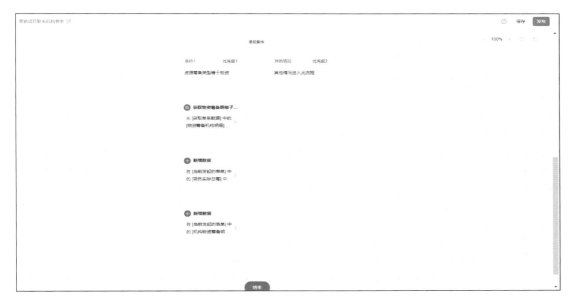

图 6-70　"项目联系合作伙伴登记表"集成 & 自动化设置效果图 2

返回应用的页面管理页,新增"项目管理"分组,移动"项目联系合作伙伴登记表"普通表单到"项目管理"分组中,具体操作参考 2.2.3 节,移动后效果如图 6-71 所示。

6.3.4　"项目联系合作伙伴管理"数据管理页

由于"项目联系合作伙伴登记表"只能提交数据,无法直接查看到已提交的数据并进行编辑、修改,因此可以生成"项目联系合作伙伴管理"数据管理页,参考 2.3.2 节新增管理页的步骤,效果如图 6-72 所示。

图 6-71 页面管理页目录效果图

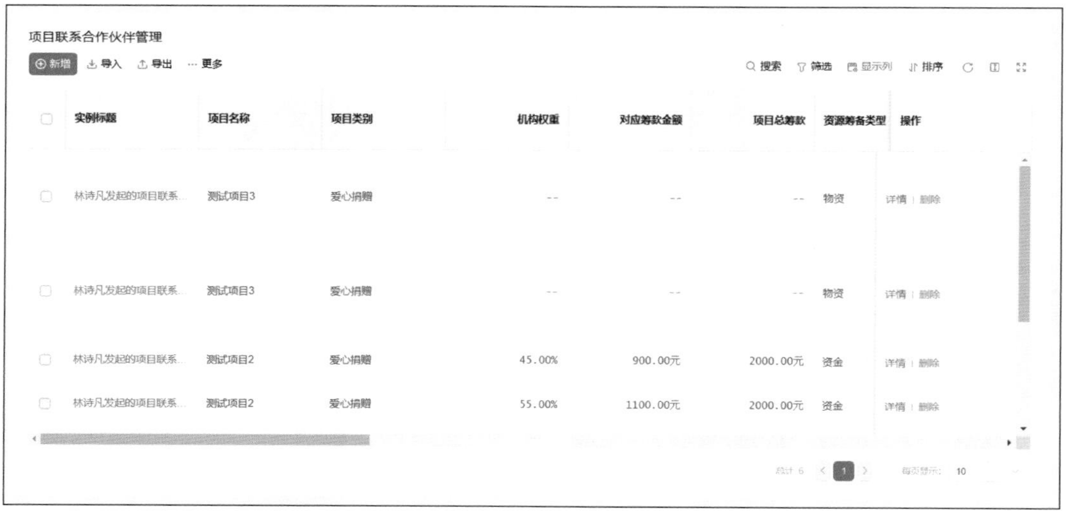

图 6-72 "项目联系合作伙伴管理"数据管理页效果图

6.4 "资源申请管理"功能设计

公益伙伴管理系统基于一个联合筹备的场景,故在系统中,资源申请必不可少。资源申请可以分为两类:物资申请和拨款申请。"物资申请表"和"拨款申请表"分别针对这两类资源申请进行设计,便于业务人员在不同的场景下发起不同类型的资源申请。

"资源申请管理"功能设计思维导图如图 6-73 所示,为了更好地对整个系统进行模块化的管理,可以将该模块的内容放入一个分组内,便于后续系统的维护和开发。

图 6-73 "资源申请管理"功能设计思维导图

6.4.1 "物资申请表"流程表单

教学视频

"物资申请表"流程表单主要用于公益组织对机构发起物资申请。"物资申请表"流程表单思维导图如图 6-74 所示。

实验视频

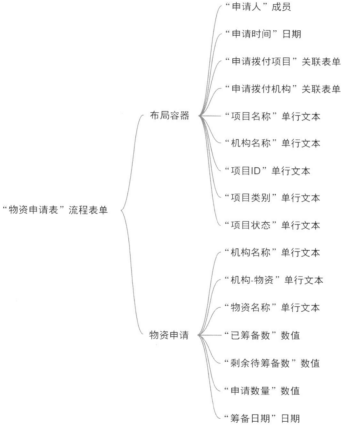

图 6-74 "物资申请表"流程表单思维导图

1. 表单设计

创建一个空的流程表单,具体操作参考 2.2.2 节,创建成功后进入表单设计页面。在表单设计页面的左上角输入表单名称"物资申请表",如图 6-75 所示。

参考如图 6-74 所示的思维导图,将该表单所需的布局容器拖入中间的画布区域,设置布局容器的"列比例"为"6∶6∶6∶6∶6∶6∶6∶6∶6",具体操作参考 2.2.2 节,最终效果如图 6-76 所示。

参考如图 6-74 所示的思维导图,在表单设计页面左侧的"组件库"中将该表单所需的组件

图 6-75 "物资申请表"表单设计示意图

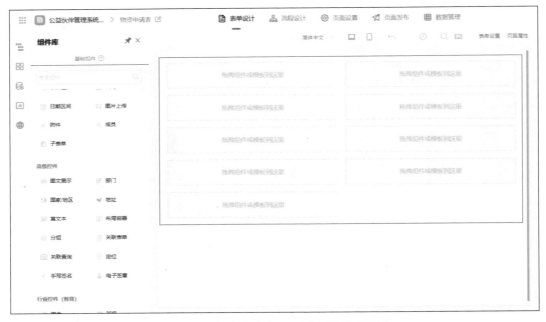

图 6-76 "物资申请表"表单布局设计示意图

拖入画布中的对应位置并修改它们的标题名称,如图 6-77 所示。

2. 属性设置

"申请人"组件需要显示为物资申请人,也就是填表人,可以使用公式编辑功能自动生成,输入公式为"USER()"。

"申请时间"组件需要显示为当前填表时间,可以使用公式编辑功能自动生成,输入公式为"TIMESTAMP(NOW())"。

图 6-77　"物资申请表"表单组件设计示意图

　　"申请拨付项目"关联表单组件显示的是项目名称，只有项目资源申请类型为"物资"的项目才能进行物资申请。设置"申请拨付项目"关联表单组件的关联表单为"项目信息登记表"，"显示设置"的"主要信息"为"项目名称"，"次要信息"为"项目 ID"。打开"数据筛选"功能，设置筛选条件如图 6-78 所示，上述关联表单的相关操作参考 3.3.1 节。

图 6-78　申请拨付项目关联表单组件"数据筛选"示意图

打开"数据填充"对话框,填充字段如图 6-79 所示。

图 6-79 申请拨付项目关联表单组件"数据填充"示意图

"申请拨付机构"关联表单组件显示的是项目名称,只有参与该项目的机构才能申请物资。设置"申请拨付项目"关联表单组件的关联表单为"项目联系合作伙伴登记表","显示设置"的"主要信息"为"机构名称","次要信息"为"项目名称"。打开"数据筛选"功能,设置筛选条件如图 6-80 所示,上述关联表单的相关操作参考 3.3.1 节。

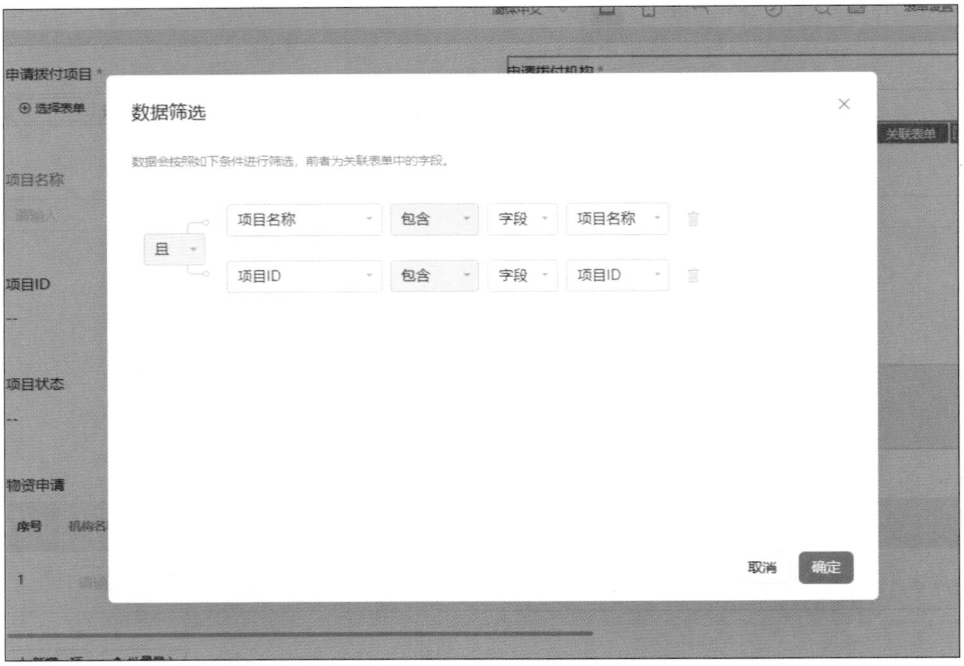

图 6-80 申请拨付机构关联表单组件"数据筛选"示意图

打开"数据填充"对话框,填充字段如图 6-81 所示。

图 6-81　申请拨付机构关联表单组件"数据填充"示意图

"申请人"成员组件、"申请时间"日期组件、"项目 ID"单行文本组件、"项目类别"单行文本组件、"项目状态"单行文本组件、"物资申请"子表单中的"物资名称"单行文本组件、"已筹备数"数值组件和"剩余待筹备数"数值组件的值无须业务人员填写,将它们的"状态"设置为"只读"。

"申请拨付项目"关联表单组件需要设置"校验"为"必填",具体操作参考 6.2.3 节。在该表单中需要校验为必填的组件还有"申请拨付机构"关联表单组件、"物资申请"子表单中的"申请数量"数值组件和"筹备日期"日期组件。必填校验可以防止提交的字段数据为空,避免后续字段数据调用时出错。

"物资申请"子表单中的"机构名称"单行文本组件与当前主表的对应名称组件的值是一致的,可以使用公式编辑功能来实现,输入公式为"机构名称",其余组件类似。

"物资申请"子表单中"机构-物资"单行文本组件的值需要作为该子表的唯一标识,可以使用公式编辑的方法,使用"CONCATENATE()"函数将机构名称和筹备物资的名称通过"-"拼接在一起,具体公式为"CONCATENATE(物资申请.机构名称,"-",物资申请.筹备物资)"。

为防止表单数据冗余,可以隐藏功能性组件,如"项目名称"单行文本组件、"机构名称"单行文本组件;"物资申请"子表单中的"机构名称"单行文本组件和"机构-物资"单行文本组件。在隐藏完组件后,需要设置这些组件的"数据提交"为"始终提交",防止提交空数据,具体操作方法参考 2.3.4 节。

"物资申请"子表单中的"已筹备数量"数值组件、"剩余待筹备数量"数值组件和"申请数量"数值组件需要设置其"单位"为"个"。

属性设置完后,单击表单设计页面右上角的"保存"按钮。最终表单效果如图 6-82 所示。

图 6-82 "项目联系合作伙伴登记表"表单效果图

3．流程设计

在"表单设计"页中单击"流程设计"进入流程编辑页面,单击"创建新流程"按钮,进入流程设计。

"物资申请表"提交后,需要相关部分负责人进行审核。本流程的一级审批人设置为"资源申请审核员",如图 6-83 所示。

图 6-83 "物资申请表"审批人设置示意图

"物资申请表"审核通过后,表示物资申请成功,此时,需要更新对应的"项目信息登记表"和"项目联系合作伙伴登记表"中的部分数据,可以使用关联规则功能。单击"全局设置"按钮,如图 6-84 所示,弹出"全局设置"窗格,单击"添加规则",如图 6-85 所示,弹出"节点提交规则"对话框,如图 6-86 所示,本流程表单有三条节点提交规则,具体配置如表 6-1 所示,单击"保存"按钮进行保存。

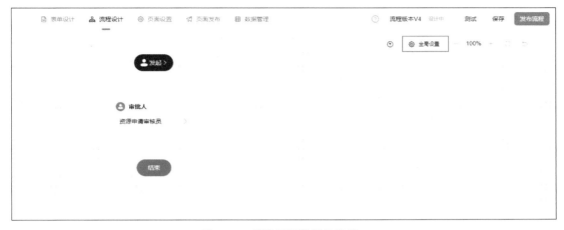

图 6-84 关联规则配置示意图 1

图 6-85 关联规则配置示意图 2

图 6-86 关联规则配置示意图 3

表 6-1 "物资申请表"关联规则配置

规 则 名 称	选择节点	规 则 配 置	校验规则/关联操作
更新项目信息登记表.物资需求明细	结束	节点动作：同意 规则类型：关联操作	UPDATE(项目信息登记表,EQ(项目信息登记表.项目 ID,项目 ID),EQ(项目信息登记表.物资需求明细.物资名称,物资申请.物资名称),项目信息登记表.物资需求明细.未筹备数量,项目信息登记表.物资需求明细.未筹备数量-物资申请.申请数量,项目信息登记表.物资需求明细.已筹备数量,项目信息登记表.物资需求明细.已筹备数量＋物资申请.申请数量,项目信息登记表.物资需求明细.物资筹备进度,(项目信息登记表.物资需求明细.已筹备数量＋物资申请.申请数量)/项目信息登记表.物资需求明细.筹备数量)
更新项目筹备管理.机构物资筹备明细	结束	节点动作：同意 规则类型：关联操作	UPDATE(项目联系合作伙伴登记表,AND(EQ(项目联系合作伙伴登记表.项目名称,项目名称),EQ(项目联系合作伙伴登记表.机构名称,机构名称)),EQ(项目联系合作伙伴登记表.机构物资筹备明细.物资名称,物资申请.物资名称),项目联系合作伙伴登记表.机构物资筹备明细.已筹备数量,项目联系合作伙伴登记表.机构物资筹备明细.已筹备数量＋物资申请.申请数量,项目联系合作伙伴登记表.机构物资筹备明细.剩余待筹备数量,项目联系合作伙伴登记表.机构物资筹备明细.剩余待筹备数量－物资申请.申请数量)

续表

规 则 名 称	选 择 节 点	规 则 配 置	校验规则/关联操作
更新项目信息登记表.物资筹备机构明细	结束	节点动作:同意 规则类型:关联操作	UPDATE(项目信息登记表,EQ(项目信息登记表.项目名称,项目名称),EQ(项目信息登记表.物资筹备机构明细.机构-物资,物资申请.机构-物资)),项目信息登记表.物资筹备机构明细.已筹备数量,项目信息登记表.物资筹备机构明细.已筹备数量+物资申请.申请数量,项目信息登记表.物资筹备机构明细.待筹备数量,项目信息登记表.物资筹备机构明细.待筹备数量-物资申请.申请数量,项目信息登记表.物资筹备机构明细.机构物资筹备进度,(项目信息登记表.物资筹备机构明细.已筹备数量+物资申请.申请数量)/项目信息登记表.物资筹备机构明细.筹备数量 * 100)

返回应用的页面管理页,新增分组"资源申请管理",移动"物资申请表"流程表单到"资源申请管理"分组中,具体操作参考 2.2.3 节,移动后效果如图 6-87 所示。

图 6-87　页面管理页目录效果图

6.4.2　"物资申请管理"数据管理页

由于"物资申请表"只能提交数据,无法直接查看已提交的数据并进行编辑、修改,因此可以生成"物资申请管理"数据管理页,参考 2.3.2 节进行管理页的新增,效果如图 6-88 所示。

6.4.3　"拨款申请表"流程表单

"拨款申请表"流程表单主要用于公益组织对机构发起拨款申请,"拨款申请表"流程表单思维导图如图 6-89 所示。

教学视频

实验视频

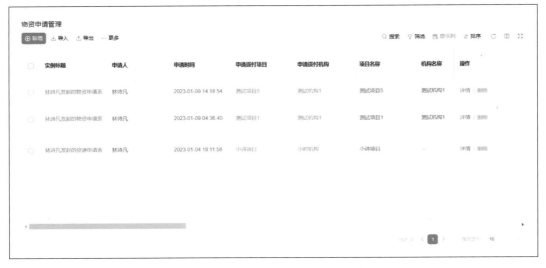

图 6-88 "物资申请管理"数据管理页效果图

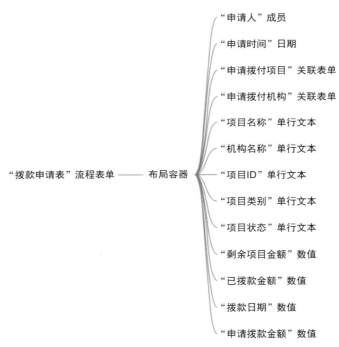

图 6-89 "拨款申请表"流程表单思维导图

1. 表单设计

创建一个空的流程表单,具体操作参考 2.2.2 节,创建成功后进入表单设计页面。在表单设计页面的左上角输入表单名称"拨款申请表",如图 6-90 所示。

参考如图 6-89 所示的思维导图,将该表单所需的布局容器拖入中间的画布区域,设置布局容器"列比例"为"6∶6∶6∶6∶6∶6∶6∶6∶6∶6∶6∶6∶6",具体操作参考 2.2.2 节,最终效果如图 6-91 所示。

参考如图 6-89 所示的思维导图,在表单设计页面左侧的"组件库"中将该表单所需的组件拖入画布中的对应位置并修改它们的标题名称,如图 6-92 所示。

图 6-90 "拨款申请表"表单设计示意图

图 6-91 "拨款申请表"表单布局设计示意图

2．属性设置

"申请人"组件需要显示为物资申请人，也就是填表人，可以使用公式编辑功能自动生成，输入公式为"USER()"。

"申请时间"组件需要显示为当前填表时间，可以使用公式编辑功能自动生成，输入公式为"TIMESTAMP(NOW())"。

"申请拨付项目"关联表单组件显示的是项目名称，只有项目资源申请类型为"资金"的项

图 6-92 "拨款申请表"表单组件设计示意图

目时才能进行物资申请。设置"申请拨付项目"关联表单组件的关联表单为"项目信息登记表","显示设置"的"主要信息"为"项目名称","次要信息"为"项目 ID"。打开"数据筛选"功能,设置筛选条件如图 6-93 所示,上述关联表单的相关操作参考 3.3.1 节。

图 6-93 "申请拨付项目"关联表单组件"数据筛选"示意图

打开"数据填充"对话框,填充字段如图 6-94 所示。

"申请拨付机构"关联表单组件显示的是项目名称,只有参与该项目的机构才能申请物资。设置"申请拨付项目"关联表单组件的关联表单为"项目联系合作伙伴登记表","显示设置"的

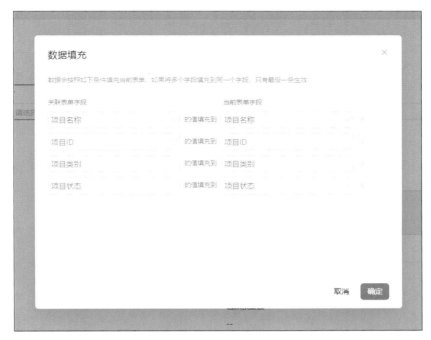

图 6-94　"申请拨付项目"关联表单组件"数据填充"示意图

"主要信息"为"机构名称","次要信息"为"对接人"。打开"数据筛选"功能,设置筛选条件如图 6-95 所示,上述关联表单的相关操作参考 3.3.1 节。

图 6-95　申请拨付机构关联表单组件"数据筛选"示意图

打开"数据填充"对话框,填充字段如图 6-96 所示。

"申请人"成员组件、"申请时间"日期组件、"项目 ID"单行文本组件、"项目类别"单行文本

图 6-96 申请拨付机构关联表单组件"数据填充"示意图

组件和"项目状态"单行文本组件的值无须业务人员填写,将它们的"状态"设置为"只读"。

"申请拨付项目"关联表单组件需要设置"校验"为"必填",具体操作参考 2.2.2 节。在该表单中需要检验为必填的组件还有"申请拨付机构"关联表单组件、"拨款日期"日期组件和"申请拨款金额"数值组件。必填校验可以防止提交的字段数据为空,避免后续字段数据调用时出错。

为防止表单数据冗余,可以隐藏功能性组件,如"项目名称"单行文本组件、"机构名称"单行文本组件。在隐藏完组件后,需要设置这些组件的"数据提交"为"始终提交",防止提交空数据,具体操作方法参考 2.3.4 节。

"剩余项目金额"数值组件、"已拨款金额"数值组件和"申请拨款金额"数值组件需要设置其"单位"为"元","小数位数"为"2"位。

属性设置完后,单击表单设计页面右上角的"保存"按钮。最终表单效果如图 6-97 所示。

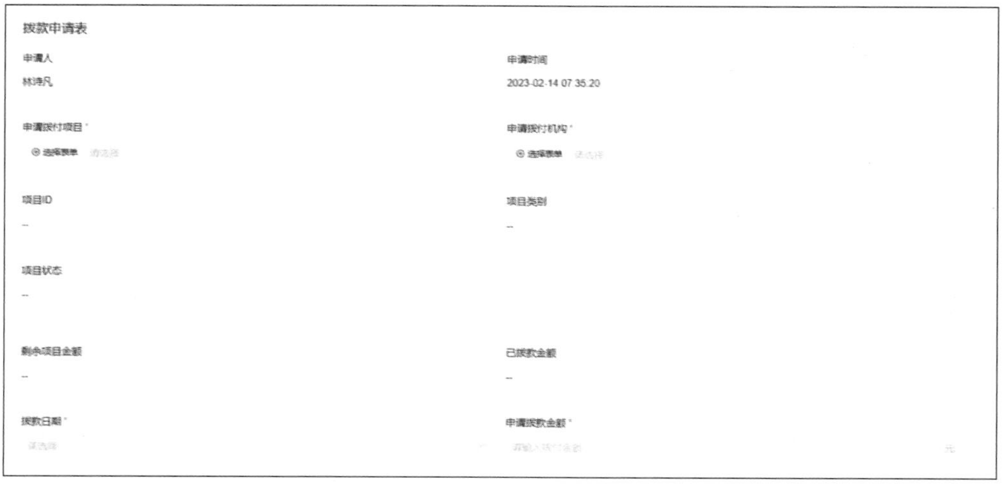

图 6-97 "拨款申请表"表单效果图

3．流程设计

在"表单设计"页中单击"流程设计"进入流程编辑页面，单击"创建新流程"按钮，进入流程设计。

"拨款申请表"提交后，需要相关部分负责人进行审核。本流程的一级审批人设置为"资源申请审核员"，如图 6-98 所示。

图 6-98　"物资申请表"审批人设置示意图

"拨款申请表"审核通过后，表示拨款申请成功。此时，需要更新对应的"项目信息登记表"和"项目联系合作伙伴登记表"中的部分数据，可以使用关联规则功能，具体操作参考 6.4.1 节，本流程表单有三条节点提交规则，具体如表 6-2 所示，单击"保存"按钮进行保存。

表 6-2　"物资申请表"关联规则设置

规 则 名 称	选择节点	规 则 设 置	校验规则/关联操作
更新项目信息登记表	结束	节点动作：同意 规则类型：关联操作	UPDATE(项目信息登记表,EQ(项目信息登记表.项目 ID,项目 ID))," "，项目信息登记表.累计筹款金额,项目信息登记表.累计筹款金额＋申请拨款金额,项目信息登记表.项目筹款进度,(项目信息登记表.累计筹款金额＋申请拨款金额)/项目信息登记表.预计筹款金额 * 100)
更新项目信息登记表子表数据	结束	节点动作：同意 规则类型：关联操作	UPDATE(项目信息登记表,EQ(项目信息登记表.项目 ID,项目 ID),EQ(项目信息登记表.筹款机构明细.机构名称,机构名称),项目信息登记表.筹款机构明细.待拨款金额,项目信息登记表.筹款机构明细.待拨款金额－申请拨款金额,项目信息登记表.筹款机构明细.已拨款金额,项目信息登记表.筹款机构明细.已拨款金额＋申请拨款金额,项目信息登记表.筹款机构明细.机构筹款进度,(项目信息登记表.筹款机构明细.已拨款金额＋申请拨款金额)/项目信息登记表.筹款机构明细.拨款总额 * 100)

续表

规 则 名 称	选 择 节 点	规 则 设 置	校验规则/关联操作
更新项目联系合作伙伴表单数据	结束	节点动作：同意 规则类型：关联操作	UPDATE(项目联系合作伙伴登记表,AND(EQ(项目联系合作伙伴登记表.机构名称,机构名称),EQ(项目联系合作伙伴登记表.项目ID,项目ID))," ",项目联系合作伙伴登记表.已拨款金额,项目联系合作伙伴登记表.已拨款金额＋申请拨款金额,项目联系合作伙伴登记表.剩余待拨款金额,项目联系合作伙伴登记表.剩余待拨款金额－申请拨款金额)

　　返回应用的页面管理页,移动"拨款申请表"流程表单到"资源申请管理"分组中,具体操作参考2.2.3节,移动后效果如图6-99所示。

图 6-99　页面管理页目录效果图

6.4.4　"拨款申请管理"数据管理页

　　由于"拨款申请表"只能提交数据,无法直接查看已提交的数据并进行编辑、修改,因此可以生成"拨款申请管理"数据管理页,参考2.3.2节进行管理页的新增,效果如图6-100所示。

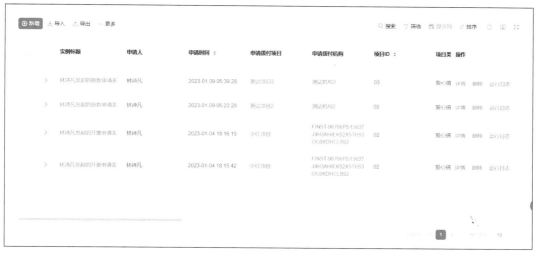

图 6-100　"拨款申请管理"数据管理页效果图

6.5　"数据看板"功能设计

"数据看板"功能可以将公益伙伴管理系统内的信息可视化,便于管理人员查看、收集、筛选需要的数据。

"数据看板"功能设计思维导图如图 6-101 所示,为了更好地对整个系统进行模块化的管理,可以将该模块的内容放入一个分组内,便于后续系统的维护和开发。

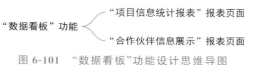

图 6-101　"数据看板"功能设计思维导图

6.5.1　"项目信息统计报表"报表页面

"项目信息统计报表"主要用于项目的信息可视化,便于管理人员对项目筹备进度的查看。

1．页面设计

"项目信息统计报表"报表页面思维导图如图 6-102 所示。

图 6-102　"项目信息统计报表"报表页面思维导图

新建一个空的报表,在页面的左上角输入报表名称"项目信息统计报表",并根据图 6-102,将该报表所需的组件全部拖入中间的画布区域并修改它们的标题名称,如图 6-103 所示。

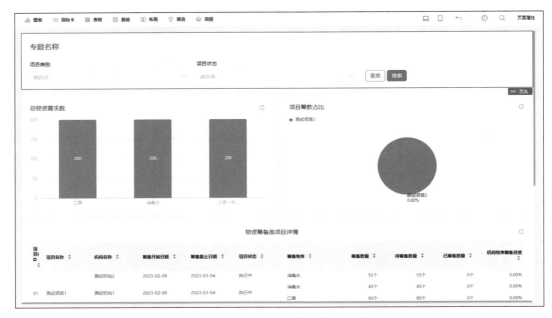

图 6-103 "项目信息报表"设计示意图

2. 属性设置

设置"项目类别"下拉筛选的"数据集"为"项目信息","查询字段"为"项目类别",如图 6-104 所示。同理,设置"项目状态"下拉筛选的"数据集"为"项目信息","查询字段"为"项目状态"。

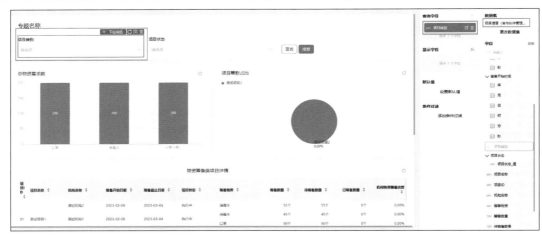

图 6-104 "下拉筛选"配置示意图

设置"总物资需求数"条形图的"数据集"为"项目信息","横轴"为"筹备物资","纵轴"为"筹备数量",如图 6-105 所示。

设置"项目筹款占比"饼图的"数据集"为"项目信息-筹款","分类字段"为"项目名称","数值字段"为"累计筹款金额",如图 6-106 所示。

其中,"物资筹备类项目详情"基础表格主要字段如图 6-107 所示。

设置"物资筹备类项目详情"基础表格的"数据集"为"项目信息",如图 6-108 所示,根据图 6-107,将所需的字段全部拖入"表格列"中。

其中,"筹款类项目详情"基础表格思维导图如图 6-109 所示。

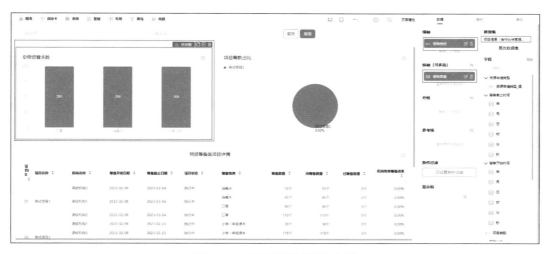

图 6-105 "条形图"配置示意图

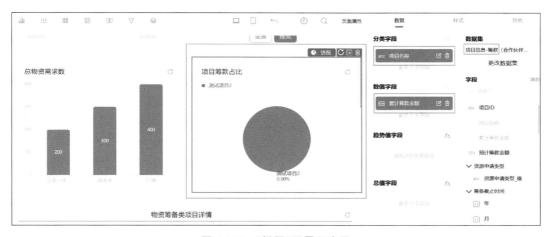

图 6-106 "饼图"配置示意图

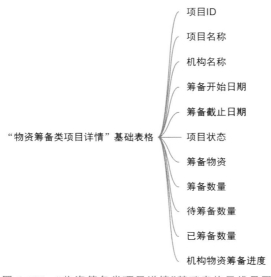

图 6-107 "物资筹备类项目详情"基础表格思维导图

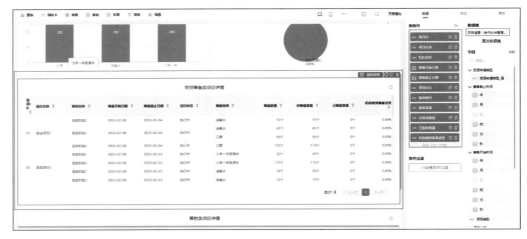

图 6-108 基础表格设计示意图

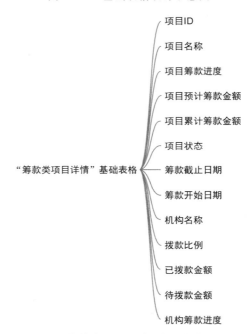

图 6-109 "筹款类项目详情"基础表格思维导图

设置"筹款类项目详情"基础表格的"数据集"为"项目信息-筹款",如图 6-110 所示,根据图 6-109,将所需的字段全部拖入"表格列"中。

6.5.2 "合作伙伴信息展示"报表页面

"合作伙伴信息展示"报表页面主要用于合作伙伴信息的可视化,便于管理人员对机构信息的查看,以及查看机构参与项目情况。

1. 页面设计

"合作伙伴信息展示"报表页面思维导图如图 6-111 所示。

新建一个空的报表,在页面的左上角输入报表名称"合作伙伴信息展示",并根据图 6-111,将该报表所需的组件全部拖入中间的画布区域并修改它们的标题名称,如图 6-112 所示。

图 6-110　"筹款类项目详情"基础表格设计示意图

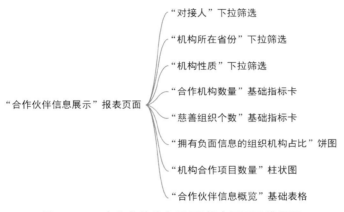

图 6-111　"合作伙伴信息展示"报表页面思维导图

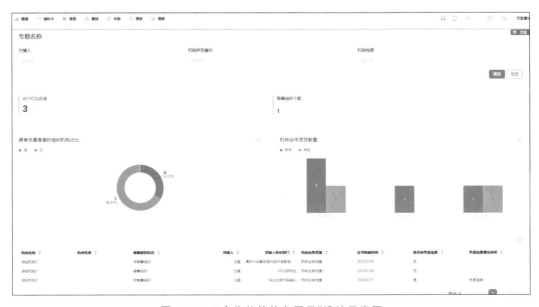

图 6-112　"合作伙伴信息展示"设计示意图

2. 属性设置

设置"对接人"下拉筛选的"数据集"为"公益伙伴基本信息登记表","查询字段"为"对接人",如图 6-113 所示。同理,设置"机构所在省份"下拉筛选的"数据集"为"公益伙伴基本信息登记表","查询字段"为"机构所在地区_省";设置"机构性质"下拉筛选的"数据集"为"公益伙伴基本信息登记表","查询字段"为"机构性质"。

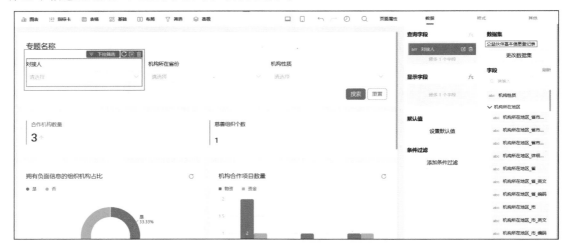

图 6-113 "下拉筛选"配置示意图

如图 6-114 所示,设置第一个基础指标卡的"数据集"为"公益伙伴基本信息登记表","指标"为"实例 ID",单击"实例 ID"字段中的"编辑"图标,如图 6-115 所示,弹出"数据设置面板"对话框,单击对话框左侧列表中的"字段信息",更改"别名"为"合作机构数量"。

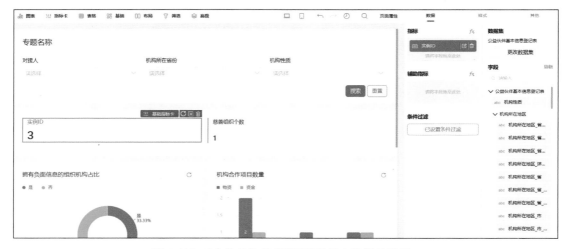

图 6-114 "合作机构数量"基础指标卡配置示意图 1

如图 6-116 所示,单击第二个基础指标卡,设置其"数据集"为"公益伙伴基本信息登记表"。单击指标右侧的图标,弹出"设置计算公式"对话框,输入公式"COUNT(慈善组织认定_值,慈善组织认定_值="是",姓名)",如图 6-117 所示,其中 COUNT()函数用于计数,并更改别名为"慈善组织个数"。此时,指标卡会提示系统异常,设置辅助指标为"慈善组织认定_值"。同时,在指标卡的"其他"栏的"标题设置"中关闭显示标题功能。

图 6-115　"合作机构数量"基础指标卡配置示意图 2

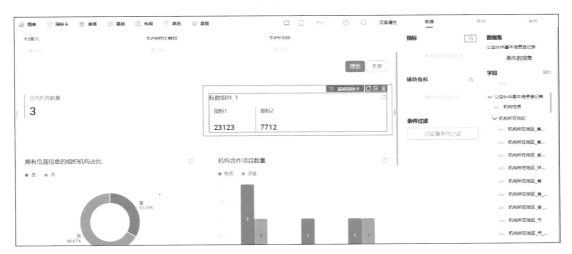

图 6-116　"慈善组织个数"基础指标卡配置示意图 1

最终效果如图 6-118 所示。

设置"拥有负面信息的组织机构占比"饼图的"数据集"为"公益伙伴基本信息登记表","分类字段"为"是否有负面信息_值","数值字段"为"实例 ID",如图 6-119 所示。

设置"机构合作项目数量"条形图的"数据集"为"公益伙伴基本信息登记表","横轴"为"机构名称","纵轴"为"实例 ID","分组"为"资源筹备类型_值",如图 6-120 所示。

其中,"合作伙伴信息概览"基础表格思维导图如图 6-121 所示。

设置"合作伙伴信息概览"基础表格的"数据集"为"公益伙伴基本信息登记表",根据图 6-121,将所需的字段全部拖入"表格列"中,如图 6-122 所示。

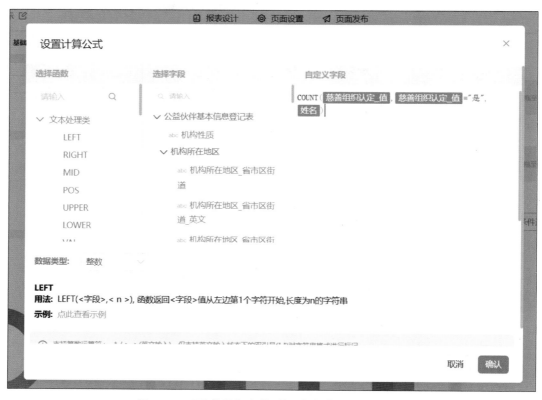

图 6-117 "慈善组织个数"基础指标卡配置示意图 2

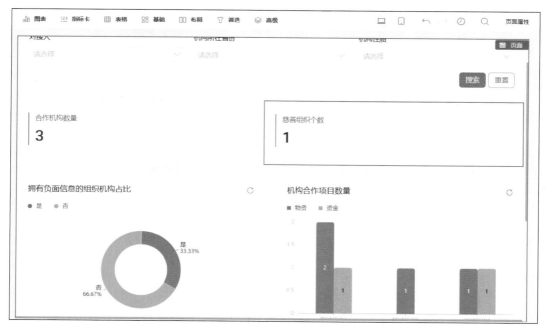

图 6-118 "慈善组织个数"基础指标卡效果图

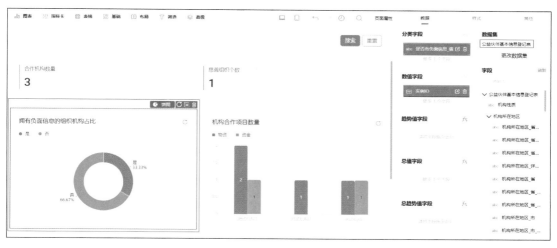

图 6-119 "饼图"配置示意图

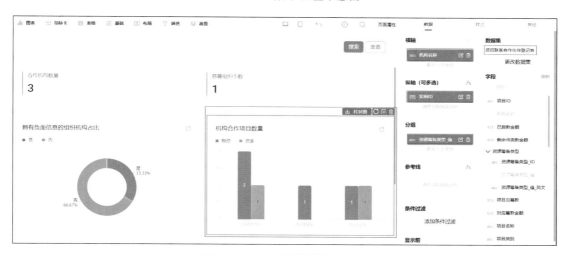

图 6-120 "条形图"配置示意图

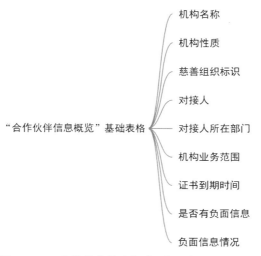

图 6-121 "合作伙伴信息概览"基础表格思维导图

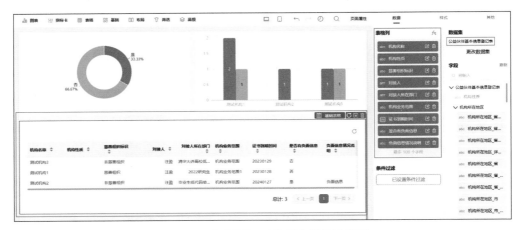

图 6-122 "项目管理"选项卡设计示意图

6.6 "公益伙伴管理系统首页"自定义界面

为了使管理人员能够更好地使用本系统,更加清晰地找到对应表单的管理页,本系统添加了"公益伙伴管理系统首页"。

单击"页面管理"页左上方的加号按钮,在弹出的下拉菜单中选择"新建自定义页面"命令,如图 6-123 所示,接着在弹出的"新建自定义页面"对话框中选择"首页工作台"选项,选择"工作台模本-01",如图 6-124 所示,完成自定义页面的创建。

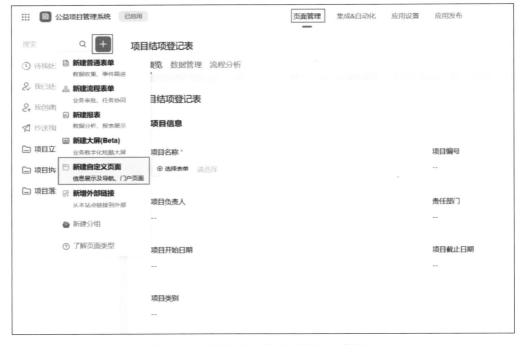

图 6-123 "新建自定义页面"操作示意图 1

进入编辑页面后,将页面上的标题改为系统名称"公益伙伴管理系统"。在布局方面,将"公益伙伴管理系统"分为四大分组,分别为"公益伙伴管理""项目管理""资源申请管理""数据看板"。设置了 8 个链接块容器,如图 6-125 所示。

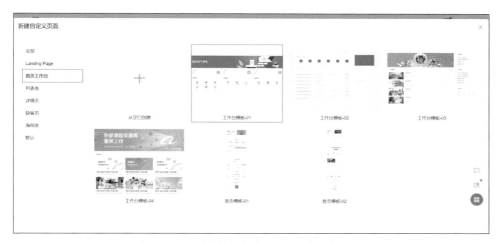

图 6-124　"新建自定义页面"操作示意图 2

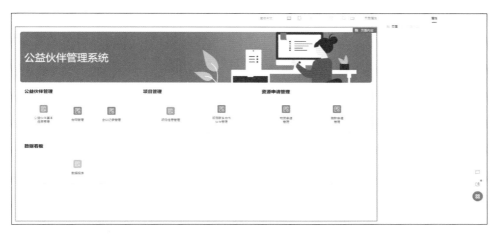

图 6-125　"公益伙伴管理系统"自定义页面设计示意图

　　单击链接块可以实现链接的跳转，单击"公益伙伴基本信息管理"链接块组件，选择"链接类型"为"内部页面"，选择"页面"为对应的"公益伙伴管理基本信息管理"，如图 6-126 所示，其他链接块的设置同理。"公益伙伴管理系统"自定义页面效果如图 6-127 所示。

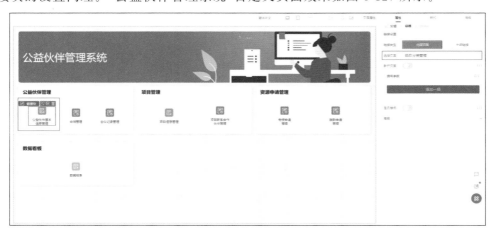

图 6-126　"链接块"组件设置示意图

图 6-127 "公益伙伴管理系统"效果图

第 7 章

公益财务管理系统

近年来,我国公益慈善组织发展迅速。与此同时,公益慈善组织的一些内部管理问题,尤其是财务管理问题开始暴露。由于财务信息在慈善组织信息披露中占很大比重,所以慈善组织的很多信息都是以年度工作报告和财务会计报告的形式对外披露。财务管理水平不仅会影响慈善组织的内部管理效率,还会影响其专业化发展水平和信息披露水平,最终影响慈善组织的透明度。

当前,很多公益慈善组织存在会计核算专业性不足、财务管理意识薄弱以及财务管理人才匮乏等问题,出现了因资金管理不到位而经营不善的情况。《中国社会组织报告(2019)》蓝皮书报告指出,政府在 2018 年开始对社会组织采取更加严格的监管态度和更加严厉的登记审核[①],专业能力不足的社会组织和工作站点难以满足突然严格的监管标准和要求,这些组织的生存面临着巨大的挑战。因此,为公益慈善组织搭建财务管理系统能够使组织以可持续的方式管理资金,实现对组织财务以及日常项目开展的良好管理。

本章将带大家学习如何搭建公益财务管理系统。该系统主要分为"基础信息维护"功能、"预算管理"功能、"报销管理"功能、"数据看板"功能以及"公益财务管理首页"五个功能模块,如图 7-1 所示,本章将按照模块功能顺序逐一实现。"基础信息维护"功能主要用于规范和维护预算和报销申请时需要填写的费用名称和费用类型,防止员工填写时格式不规范统一;"预算管理"功能用于各部门的预算申请及调整申请,统一进行管理;"报销管理"功能适用于对报销进行统一管理,其中包含业务报销和差旅报销;"数据看板"功能用于将预算和报销财务进行数据分析以及展示。

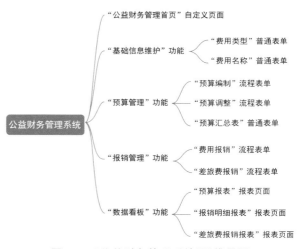

图 7-1　"公益财务管理系统"思维导图

---

① 　中国社会科学网:《中国社会组织报告(2019):严格监管与高质量转型发展之路》。

7.1 创建"公益财务管理系统"应用

创建"公益财务管理系统"的具体步骤可参考 2.1 节,在网页端登录宜搭官网,进入"开始"页,单击右上角的"创建应用"按钮,如图 7-2 所示。在弹出的"选择创建应用类型"对话框中,选择"从空白创建"选项,如图 7-3 所示。在弹出的"创建应用"对话框中将"应用名称"命名为"公益财务管理系统",并依次设置"应用图标""应用描述""应用主题色",如图 7-4 所示。设置完信息后单击"确定"按钮跳转至应用编辑页面,如图 7-5 所示。

图 7-2　"开始"页创建应用入口示意图

图 7-3　选择创建应用类型示意图

图 7-4　应用信息填写示意图

图 7-5　应用编辑页面示意图

7.2　"基础信息维护"功能设计

教学视频

在预算申报和报销申报过程中涉及的名词主要有费用类型和费用名称,需要对其进行规范管理及维护,因此可在"基础信息维护"功能模块中创建"费用类型"普通表单和"费用名称"普通表单。公益组织成员可以通过该功能对费用类型和费用名称进行实时更新以及规范管理,机构内成员进行报销或预算申请时可直接选择该表单数据进行填写,无须手动输入,同时当发现费用类型或名称缺失时,也可直接进行新增,便于成员填写及维护。"基础信息维护"功能设计思维导图如图 7-6 所示。

图 7-6　"基础信息维护"功能设计思维导图

参考 2.2.1 节的操作步骤创建一个分组,将其命名为"基础信息维护",分组创建效果如图 7-7 所示。

图 7-7　"基础信息维护"分组创建效果图

7.2.1 "费用类型"普通表单

预算申请和报销功能都需要选择费用类型,该表单主要用于保存费用类型的数据,便于成员在申报预算和报销时进行选择,"费用类型"普通表单思维导图如图7-8所示。

图7-8 "费用类型"普通表单思维导图

参考2.2.2节的操作步骤创建一张普通表单,并将其命名为"费用类型",如图7-9所示。创建完成后,在左侧"组件库"中拖拽图7-8所示的组件到画布中,并将它们命名为对应的名称,如图7-10所示。表单设置完成后单击"保存"按钮,表单效果如图7-11所示。

图7-9 "费用类型"命名示意图

图7-10 "费用类型"组件设置示意图

图 7-11　"费用类型"普通表单效果图

将表单保存好后,参考 2.2.2 节的操作步骤,将表单移入"基础信息维护"分组内,表单移动效果如图 7-12 所示。

图 7-12　表单移动效果图

7.2.2　"费用名称"普通表单

预算申请和报销功能都需要选择费用名称,该表单主要用于保存费用名称的数据,便于成员在申报预算和报销时进行选择,"费用名称"普通表单思维导图如图 7-13 所示。

图 7-13　"费用名称"普通表单思维导图

参考 2.2.2 节的操作步骤创建一张普通表单,并将其命名为"费用名称",如图 7-14 所示。创建完成后,在左侧"组件库"中拖拽图 7-13 所示的组件到画布中,并将它们命名为对应的名称,如图 7-15 所示。表单设置完成后单击"保存"按钮,表单效果如图 7-16 所示。

将表单保存好后,参考 2.2.2 节的操作步骤将表单移入"基础信息维护"分组内,表单移动效果如图 7-17 所示。

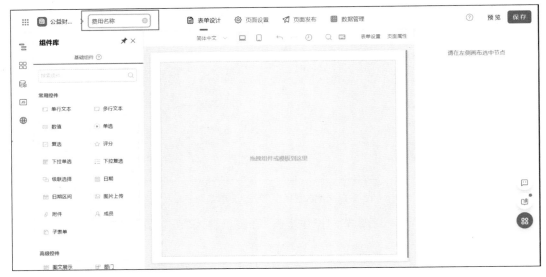

图 7-14 "费用名称"命名示意图

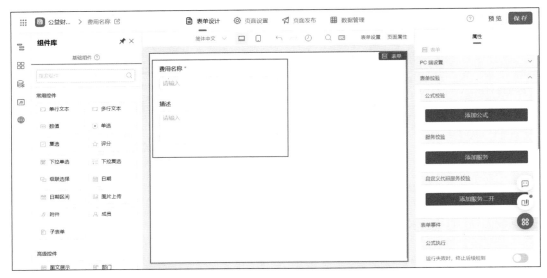

图 7-15 "费用名称"组件设置示意图

费用名称

费用名称 *

请输入

描述

请输入

图 7-16 "费用名称"普通表单效果图

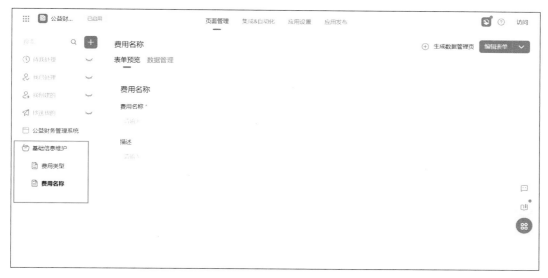

图 7-17　表单移动效果图

7.3　"预算管理"功能设计

"预算管理"功能主要用于对预算进行管理,在年度申报以及当需要调整预算时提报预算修改申请,且预算相关财务数据需要进行数据分析和数据展示,但该部分由编制和调整两部分组成,所以该功能需要有一张汇总表整合部门年度专项费用设定和调整的总数据。预算编制和调整都要由专门的人员审核,都需要流程表单完成。所以该功能包括"预算编制"流程表单、"预算调整"流程表单和"预算汇总表"普通表单,如图 7-18 所示。

图 7-18　"预算管理"思维导图

参考 2.2.1 节的操作步骤创建一个分组,将其命名为"预算管理",分组创建效果如图 7-19 所示。

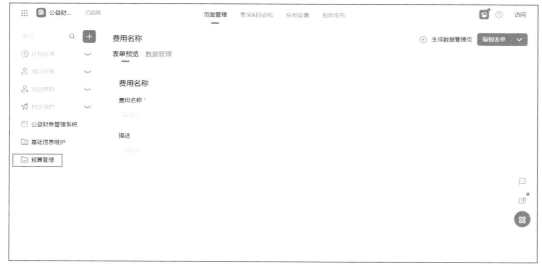

图 7-19　"预算管理"分组创建效果图

教学视频

实验视频

7.3.1 "预算编制"流程表单

"预算编制"流程表单主要用于机构内成员对本部门年度预算费用进行申请。"预算编制"流程表单思维导图如图 7-20 所示。

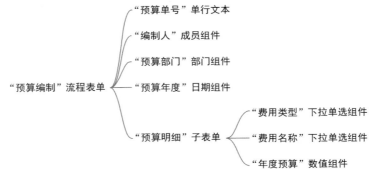

图 7-20 "预算编制"流程表单思维导图

1. 表单设计

"预算编制"流程表单主要通过填写预算部门、预算年度、费用类型和费用名称等组件来完善申请信息。表单在提交后会由机构任命的相关财务人员进行审批。

参考 2.2.2 节的操作步骤创建一张流程表单,并将其命名为"预算编制",如图 7-21 所示。创建完成后,在左侧"组件库"中拖拽图 7-20 所示的组件到画布中,并将它们命名为对应的名称,如图 7-22 所示。

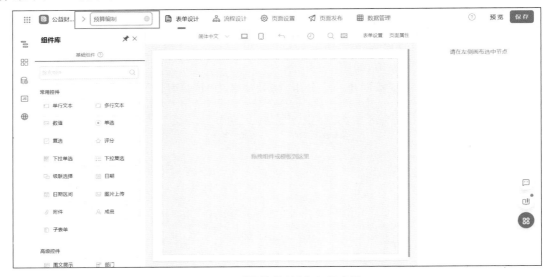

图 7-21 "预算编制"命名示意图

2. 属性设置

单击"预算单号"单行文本组件,在右侧的"属性"窗格中,设置其"状态"为"只读","默认值"选择为"公式编辑",如图 7-23 所示。

单击"编辑公式"按钮,在弹出的"公式编辑"对话框中,输入公式"CONCATENATE("YS-00",TEXT(SYSTIME(),"yyyyMMddHHmmss"))",如图 7-24 所示,从而可以使申请者获

图 7-22　"预算编制"组件设置示意图

图 7-23　"预算单号"单行文本属性设置示意图

取格式为"YS-00 时分秒"的唯一流水号。其中，"CONCATENATE()"函数可以将多个文本字符串合并成一个文本字符串，"TEXT(date,pattern)"函数可以将页面中的日期组件的时间格式化后再展示。通过

图 7-24　"预算单号"单行文本公式编辑示意图

"SYSTIME()"函数获取实时时间，但是当前格式为时间戳，因此需要通过 TEXT(date, pattern)函数将格式转变为文本字符串，然后通过"CONCATENATE()"函数将"YS-00"和实时时间串联起来。

　　同理，"编制人"成员组件也要设置其"状态"为"只读"，可以使成员免于自己填写，设置"默认值"为"公式编辑"并输入公式"USER()"，如图 7-25 所示。其中，"USER()"函数用于显示当前登录人。

同理,"预算年度"日期组件设置其"默认值"为"公式编辑"并输入公式"YEAR(TIMESTAMP(TODAY()))",如图 7-26 所示。其中,"YEAR()"函数可获取某日期的年份,"TIMESRAMP()"函数用于将时间戳格式转换为文本格式,"TODAY()"函数用于获取当前日期。

图 7-25 "编制人"成员组件公式编辑示意图　　　图 7-26 "预算年度"日期组件公式编辑示意图

在"预算明细"子表单中,设置"费用类型"组件和"费用名称"组件的"选项类型"都为"关联其他表单数据"。在 7.2 节"基础信息维护"模块中对"费用类型"和"费用名称"进行了收集,因此可以将"费用类型"表单的"费用类型"字段数据获取到本表单的"费用类型"下拉单选组件中作为选项,如图 7-27 所示。

图 7-27 "费用类型"下拉单选组件选项设置示意图

将 7.2 节中"费用名称"表单的"费用名称"字段数据获取到本表单的"费用名称"下拉单选组件作为选项,如图 7-28 所示。

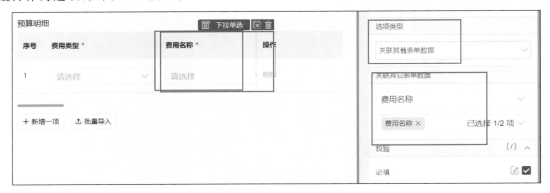

图 7-28 "费用名称"下拉单选组件选项设置示意图

由于此表单的"预算年度"日期组件、"费用类型"下拉单选组件、"费用名称"下拉单选组件以及"年度预算"数值组件是必填的,因此在右侧"属性"窗格中,将"校验"勾选为"必填"。表单设置完成后,单击右上角的"保存"按钮,表单效果如图 7-29 所示。

3. 流程设置

将表单属性设置保存后切换到菜单栏的"流程设置"选项卡,进入"流程设置"页面,单击"创建新流程"按钮,如图 7-30 所示。根据每个部门的审批流程设置审批人,当前为方便系统

图 7-29　"预算编制"流程表单效果图

介绍和调试,将审批人设置为本人。单击"审批人"节点,在右侧弹出的窗格中,将"审批人"设置为"发起人本人",如图 7-31 所示。另外,可设置审批人为某位指定成员或指定角色等。

图 7-30　"预算编制"流程创建示意图

图 7-31　"预算编制"流程设置示意图

流程设计完成后单击右上角的"发布流程"按钮,将流程进行保存,如图7-32所示。随后返回应用编辑页面,参考2.2.2节的操作步骤将本表单移入"预算管理"分组,移动后分组目录如图7-33所示。

图7-32 "预算编制"流程发布示意图

图7-33 表单移动效果图

教学视频

实验视频

7.3.2 "预算调整"流程表单

"预算调整"流程表单主要用于机构内成员对于本部门申请后的年度费用的调整申请。该表单思维导图如图7-34所示。

1. 表单设计

本表单通过数据联动获取"预算编制"表单中生成的"预算单号",同时将相关数据通过数据填充至该表单。表单提交后会由机构任命的相关财务人员进行审批。

参考2.2.2节的操作步骤创建一张流程表单,并将其命名为"预算调整",如图7-35所示。

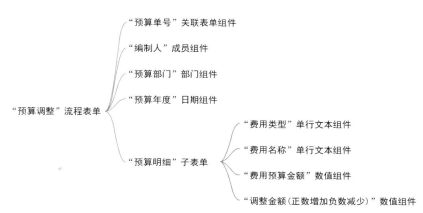

图 7-34　"预算调整"流程表单思维导图

创建完成后,在左侧"组件库"中拖拽图 7-34 所示的组件到画布中,并将它命名为对应的名称,如图 7-36 所示。

图 7-35　"预算调整"命名示意图

图 7-36　"预算调整"组件设置示意图

2．属性设置

该表单中的组件都通过"预算单号"关联表单组件使用"数据填充"功能便于机构填写。

单击"预算单号"关联表单组件，在右侧"属性"窗格中，设置"关联属性"中关联表单为"预算编制"表单，设置"显示设置"为"预算单号"组件，如图 7-37 所示。

图 7-37 "预算单号"关联表单组件关联属性设置示意图

在各组件的"属性"窗格中，"预算部门""编制人""预算年度""预算明细.年度预算""预算明细.费用名称""预算明细.费用类型"的"状态"为"只读"。打开"预算单号"关联表单组件的"数据填充"开关按钮，单击"设置条件"按钮，在弹出的"数据填充"对话框中，将以"预算单号"为条件的所有相关数据都自动生成至该表单，具体的填充条件如图 7-38 所示。

数据填充 ✕

数据会按照如下条件填充当前表单，如果将多个字段填充到同一个字段，只有最后一条生效

关联表单字段		当前表单字段
预算明细.费用类型 ﹀	的值填充到	预算明细.费用类型 ﹀	⊞
预算明细.费用名称 ﹀	的值填充到	预算明细.费用名称 ﹀	⊞
预算明细.年度预算 ﹀	的值填充到	预算明细.费用预算金额 ﹀	⊞
预算年度 ﹀	的值填充到	预算年度 ﹀	⊞
编制人 ﹀	的值填充到	编制人 ﹀	⊞
预算部门 ﹀	的值填充到	预算部门 ﹀	⊞ ⊕

取消 确定

图 7-38 "预算单号"关联表单组件数据填充条件示意图

单击"调整金额（正数增加负数减少）"数值组件的"校验"属性勾选为"必填"选项和"最大长度"选项，并且设置"最大长度"为"25"，如图 7-39 所示。

单击右上角的"保存"按钮，该表单效果如图 7-40 所示。

3．流程设置

将表单设置保存后切换到菜单栏的"流程设置"选项卡，跳转至"流程设置"页面，单击"创建新流程"按钮，如图 7-41 所示。根据每个部门的审批流程设置审批人，当前为方便系统介绍和调试，将审批人设置为本人。单击"审批人"节点，在右侧弹出的窗格中，将"审批人"设置为"发起人本人"，如图 7-42 所示。另外，可设置审批人为某位指定成员或指定角色等。

图 7-39 "调整金额"数值组件校验属性设置示意图

图 7-40 "预算调整"流程表单效果图

图 7-41 "预算调整"流程创建示意图

图 7-42　"预算调整"流程设置示意图

流程设计完成后单击右上角的"发布流程"按钮,将流程进行保存,如图 7-43 所示。随后返回应用编辑页面,参考 2.2.2 节的操作步骤将本表单移入"预算管理"分组,移动后分组目录如图 7-44 所示。

图 7-43　"预算调整"流程发布示意图

图 7-44　表单移动效果图

7.3.3　"预算汇总表"普通表单

将"预算编制"流程表单和"预算调整"流程表单经审批通过后的数据填充更新至"预算汇总表"普通表单。同时,将"预算汇总表"的数据作为"预算报表"的数据集进行图表数据展示。"预算汇总表"普通表单思维导图如图 7-45 所示。

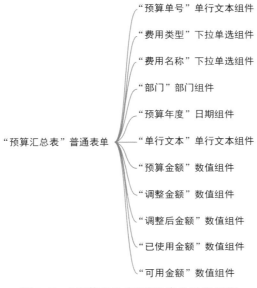

图 7-45　"预算汇总表"普通表单思维导图

1. 表单设计

参考 2.2.2 节的操作步骤创建一张普通表单,并将其命名为"预算汇总表",如图 7-46 所示。创建完成后,在左侧"组件库"中将图 7-45 所示的组件拖拽到画布中,并将它们命名为对应的名称,如图 7-47 所示。"预算汇总表"普通表单效果如图 7-48 所示。

图 7-46　"预算汇总表"命名示意图

公益财务管理系统 > 预算汇总表
表单设计
页面设置
页面发布
数据管理
预览
保存
组件库
基础组件
常用控件
单行文本
多行文本
数值
单选
复选
评分
下拉单选
下拉复选
级联选择
日期
日期区间
图片上传
附件
成员
子表单
高级控件
图文展示
部门
国家/地区
地址
表单
预算单号
请输入
费用类型
请选择
费用名称
请选择
部门
选择部门
请输入关键字进行搜索
预算年度
请选择
单行文本
预算金额
请输入数字
调整金额
请输入数字
调整后金额
请输入数字
已使用金额
请输入数字
可用金额
请输入数字
属性
PC 端设置
列数
1 列
2 列
表单校验
公式校验
添加公式
服务校验
添加服务
自定义代码服务校验
添加服务二开
表单事件
公式执行
运行失败时，终止后续规则

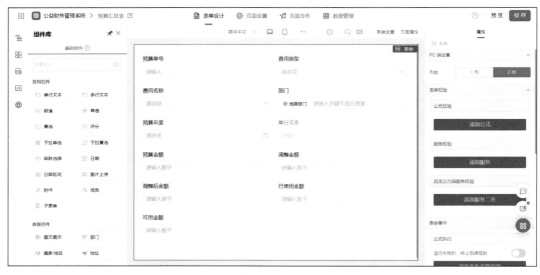

图 7-47 “预算汇总表”组件设置示意图

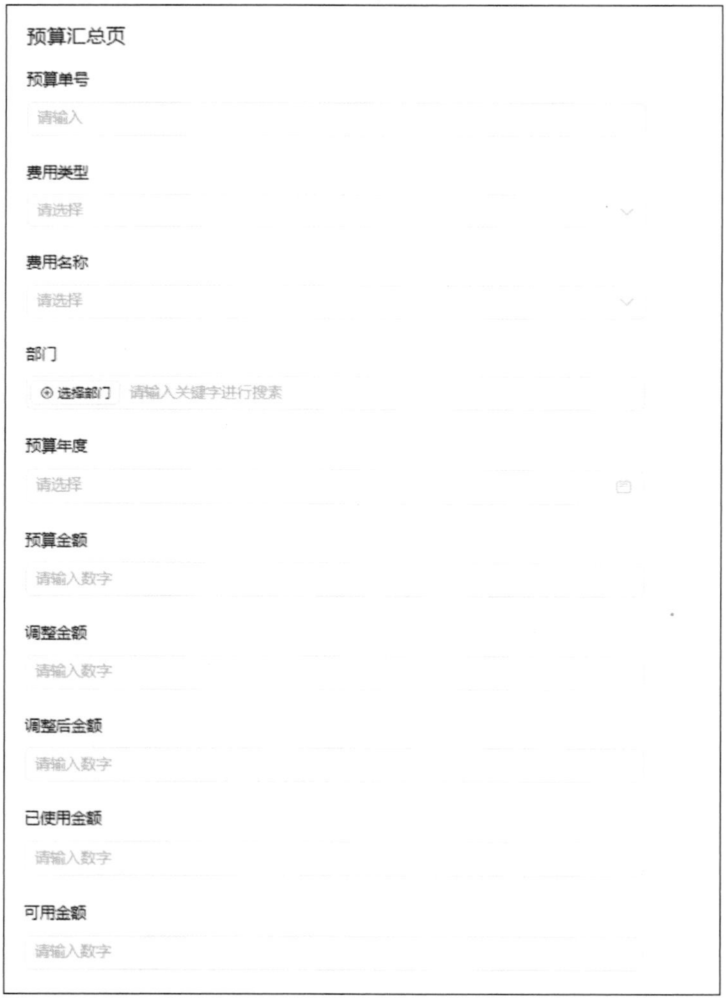

预算汇总页
预算单号
请输入
费用类型
请选择
费用名称
请选择
部门
选择部门
请输入关键字进行搜索
预算年度
请选择
预算金额
请输入数字
调整金额
请输入数字
调整后金额
请输入数字
已使用金额
请输入数字
可用金额
请输入数字

图 7-48 “预算汇总表”普通表单效果图

2．数据更新

在"预算编制"流程表单和"预算调整"流程表单的流程中设置规则，将相关信息更新同步到该表单，进行汇总。

首先，在"预算编制"流程表单的"流程设计"页面中，单击"全局设置"按钮。在弹出的"全局设置"窗格中，单击"添加规则"，在弹出的"节点提交规则"对话框中，设置"规则名称"为"插入预算汇总"，设置"选择节点"为"结束"，同时设置"节点动作"为"同意"，设置"规则类型"为"关联操作"，如图 7-49 所示。单击"关联操作"文本框，在弹出的"校验规则/关联操作"对话框中输入公式"INSERT(预算汇总页,预算汇总页.部门,预算部门,预算汇总页.费用类型,预算明细.费用类型,预算汇总页.费用名称,预算明细.费用名称,预算汇总页.预算年度,预算年度,预算汇总页.预算金额,预算明细.年度预算,预算汇总页.调整后金额,预算明细.年度预算,预算汇总页.可用金额,预算明细.年度预算,预算汇总页.预算单号,预算单号,预算汇总页.单行文本,TEXT(DATE(预算年度),"yyyy"))"，如图 7-50 所示。其中，INSERT(目标表,目标列 1,目标值 1,目标列 2,目标值 2,…)函数主要用于把当前录入表的数据插入目标表中。

图 7-49　"预算编制"全局变量规则示意图

图 7-50　"预算编制"全局变量示意图

按照同样的方法,设置"规则名称"为"插入预算汇总",设置"选择节点"为"结束",同时设置"节点动作"为"同意",设置"规则类型"为"关联操作",如图 7-51 所示。单击"关联操作"文本框,在弹出的"校验规则/关联操作"对话框中输入公式"UPSERT(预算汇总页,AND(EQ(预算汇总页.部门,预算部门),EQ(预算汇总页.预算年度,预算年度),EQ(预算汇总页.费用类型,预算明细.费用类型),EQ(预算汇总页.费用名称,预算明细.费用名称)),预算汇总页.调整金额,预算汇总页.调整金额+预算明细.调整金额(正数增加负数减少),预算汇总页.调整后金额,预算汇总页.调整后金额+预算明细.调整金额(正数增加负数减少),预算汇总页.可用金额,预算汇总页.可用金额+预算明细.调整金额(正数增加负数减少))",如图 7-52 所示。其中,UPSERT()公式用于往目标表单中插入或者更新数据。

图 7-51 "预算调整"全局变量规则示意图

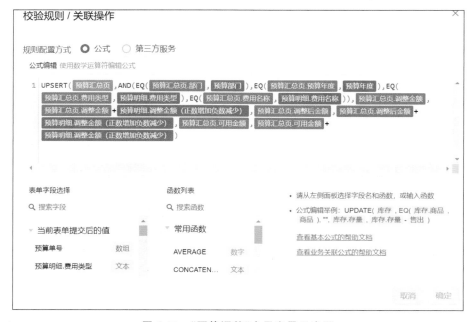

图 7-52 "预算调整"全局变量示意图

数据更新设置完成后返回至应用编辑页面,参考 2.2.2 节的操作步骤将本表单移入"预算管理"分组,表单移动效果如图 7-53 所示。

图 7-53 表单移动效果图

7.4 "报销管理"功能设计

"报销管理"功能主要用于对报销的管理,包括专项报销申请以及差旅费报销申请等。费用报销和费用报销中特殊的差旅费报销都要由专门的人员审核,所以此功能都需要流程表单来实现。该功能包括"费用报销"流程表单、"差旅费报销"流程表单,如图 7-54 所示。

参考 2.2.1 节的操作步骤创建一个分组,将其命名为"报销管理",分组创建效果如图 7-55 所示。

图 7-54 "报销管理"思维导图

图 7-55 "报销管理"分组效果图

教学视频

实验视频

7.4.1 "费用报销"流程表单

"费用报销"流程表单主要用于机构部门内成员对专项活动进行报销申请。该流程表单思维导图如图 7-56 所示。

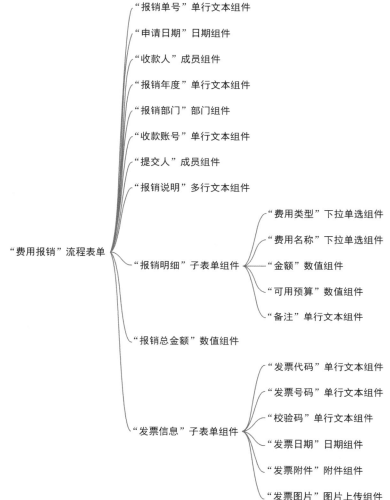

图 7-56 "费用报销"流程表单思维导图

1. 表单设计

"费用报销"流程表单主要通过填写报销部门、收款人、报销年度、收款账号、报销说明、报销明细以及发票信息等来完善申请信息。

参考 2.2.2 节的操作步骤创建一张流程表单,并将其命名为"费用报销",如图 7-57 所示。创建完成后,在左侧"组件库"中拖拽图 7-56 所示的组件到画布中,并将它们命名为对应的名称,如图 7-58 所示。

2. 属性设置

单击"报销单号"单行文本组件,在右侧的"属性"窗格中,设置其"状态"为"只读","默认值"选择为"公式编辑",单击"编辑公式"按钮,在弹出的"公式编辑"对话框中,输入

图 7-57 "费用报销"命名示意图

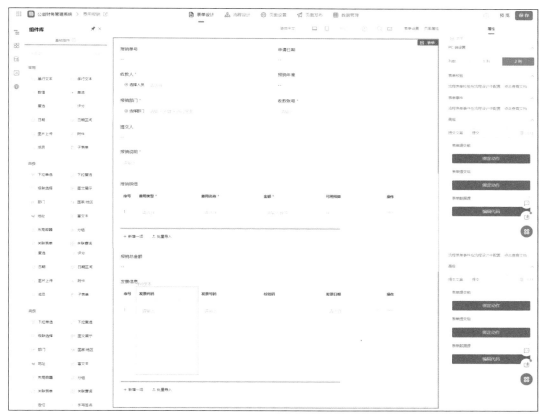

图 7-58 "费用报销"组件设置示意图

"CONCATENATE("BX-00",TEXT(SYSTIME(),"yyyyMMddHHmmss"))"如图 7-59 所示。其中,"CONCATENATE()"函数可以将多个文本字符串合并成一个文本字符串,"TEXT(date,pattern)"函数可以将页面中的日期组件的时间格式化后再展示。通过

"SYSTIME()"函数获取到实时时间,但是当前格式为时间戳,因此需要通过 TEXT(date, pattern)函数将格式转换为文本字符串,然后通过"CONCATENATE()"函数将"BX-00"和实时时间串联起来。

同理,"提交人"成员组件也要设置其"状态"为"只读",可以使成员免于自己填写,设置"默认值"为"公式编辑"并输入公式"USER()",如图 7-60 所示。其中,"USER()"函数用于显示当前登录人。

图 7-59 "报销单号"单行文本公式编辑示意图   图 7-60 "提交人"成员组件公式编辑示意图

同理,"报销年度"单行文本组件设置其"默认值"为"公式编辑"并输入公式"TEXT(DATE(申请日期),"yyyy")",如图 7-61 所示。其中,"TEXT(,"yyyy")"函数可获取某日期的年份,"DATE()"函数用于将时间戳格式转换为文本格式。

同理,"申请日期"日期组件设置其"默认值"为"公式编辑"并输入公式"TIMESTAMP(TODAY())",如图 7-62 所示。其中,"TIMESRAMP()"函数用于将时间戳格式转换为文本格式,"TODAY()"函数用于获取当前日期。

图 7-61 "报销年度"单行文本组件公式编辑示意图   图 7-62 "申请日期"日期组件公式编辑示意图

在"报销明细"子表单中,设置"费用类型"组件和"费用名称"组件的"选项类型"都为"关联其他表单数据",将"费用类型"组件关联至"费用类型"表单中的"费用类型",如图 7-63 所示。

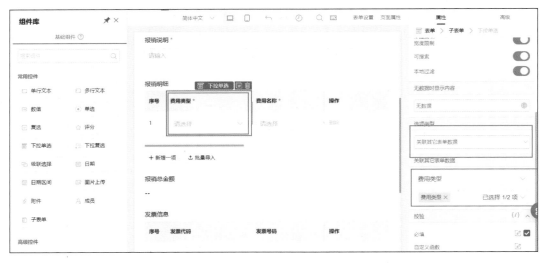

图 7-63 "费用类型"下拉单选组件选项设置示意图

将 7.2 节中"费用名称"组件关联至"费用名称"表单中的"费用名称",如图 7-64 所示。

设置"可用预算"数值组件的"状态"为"只读","默认值"为"数据联动",设置"数据关联表"

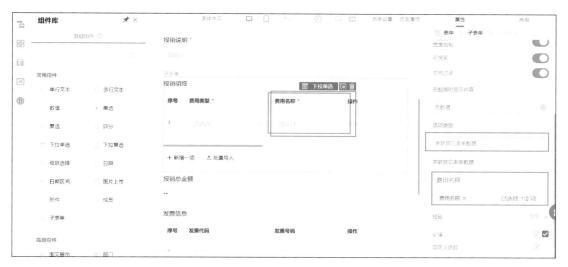

图 7-64　"费用名称"下拉单选组件选项设置示意图

为"预算汇总表",条件规则为"报销部门"等于"部门"且"报销明细.费用类型"等于"费用类型"且"报销明细.费用名称"等于"费用名称"且"报销年度"等于"单行文本",设置该条件后可匹配到同年同类型同名称同部门的金额。设置好后,使该组件显示为"预算汇总表"的"可用金额"组件,设置如图 7-65 所示。

图 7-65　"可用预算"数值组件设置示意图

设置"报销总金额"组件的"状态"为"只读",设置"默认值"为"公式编辑",在"公式编辑"对话框中输入公式"SUM(报销明细.金额)",如图 7-66 所示。

图 7-66　"报销总金额"数值组件设置示意图

此表单的"收款人"成员组件、"报销部门"部门组件、"收款账号"单行文本组件、"报销说明"多行文本组件、"费用类型"下拉单选组件、"费用名称"下拉单选组件、"金额"数值组件是必填的,因此需要选择这些组件的"校验"为"必填"。该表单效果图如图 7-67 所示。

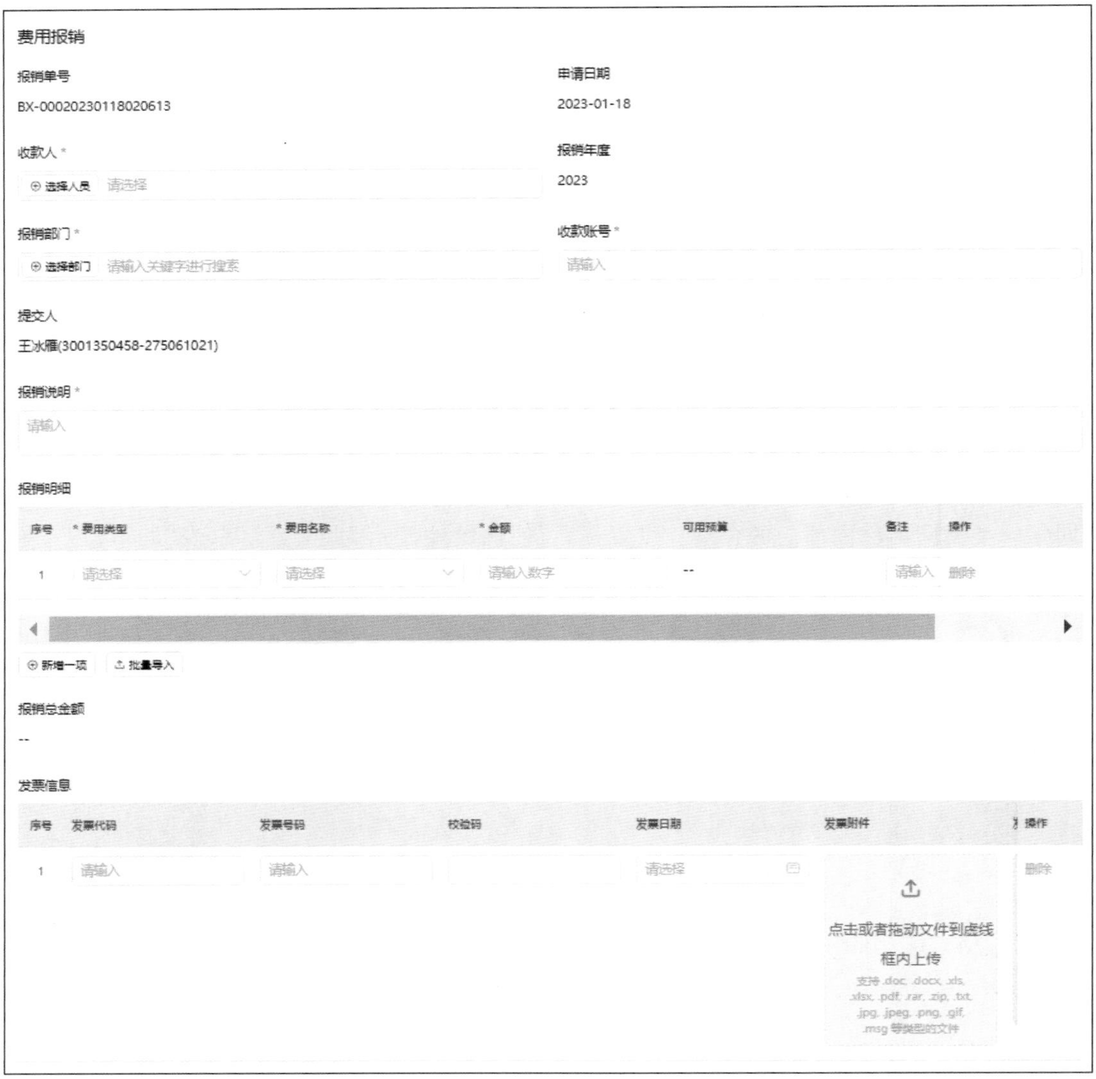

图 7-67 "费用报销"流程表单效果图

3. 流程设置

将表单设置保存后切换到"流程设置"选项卡,单击"流程设置"页面右上角的"创建新流程"按钮,如图 7-68 所示。根据每个部门的审批流程设置审批人,当前为方便系统介绍和调试,将审批人设置为本人。单击"审批人"节点,在右侧弹出的窗格中,将"审批人"设置为"发起人本人",如图 7-69 所示。另外可设置审批人为某位指定成员或指定角色等。

流程设计完成后单击右上角的"发布流程"按钮,将流程进行保存,如图 7-70 所示。随后返回应用编辑页面,参考 2.2.2 节的操作步骤将本表单移入"报销管理"分组,移动后分组目录如图 7-71 所示。

图 7-68 "费用报销"流程创建示意图

图 7-69 "费用报销"流程设置示意图

图 7-70 "费用报销"流程发布示意图

图 7-71　表单移动效果图

教学视频

实验视频

7.4.2　"差旅费报销"流程表单

"差旅费报销"流程表单主要用于机构部门内成员对出差项目进行报销申请。该流程表单思维导图如图 7-72 所示。

1. 表单设计

"差旅费报销"流程表单主要通过填写报销部门、收款人、报销年度、收款账号、报销说明、报销明细以及发票信息来完善申请信息。

参考 2.2.2 节的操作步骤创建一张流程表单,并将其命名为"差旅费报销",如图 7-73 所示。创建完成后,在左侧"组件库"中拖拽图 7-72 所示的组件到画布中,并将它们命名为对应的名称,如图 7-74 所示。

2. 属性设置

单击"报销单号"单行文本组件,在右侧"属性"窗格中,设置其"状态"为"只读","默认值"选择为"公式编辑",单击"编辑公式"按钮,在弹出的"公式编辑"对话框中输入"CONCATENATE("CLF-00",TEXT(SYSTIME(),"yyyyMMddHHmmss"))"如图 7-75 所示。其中,"CONCATENATE()"函数可以将多个文本字符串合并成一个文本字符串,"TEXT(date,pattern)"函数可以将页面中的日期组件的时间格式化后再展示。通过"SYSTIME()"函数可以获取到实时时间,但是当前格式为时间戳,因此需要通过 TEXT(date,pattern)函数将格式转变为文本字符串,然后通过"CONCATENATE()"函数将"CLF-00"和实时时间拼接起来。

同理,"提交人"成员组件也要设置其"状态"为"只读",可以使成员免于自己填写,设置"默认值"为"公式编辑"并输入公式"USER()",如图 7-76 所示。其中,"USER()"函数用于显示当前登录人。

同理,"报销年度"单行文本组件设置其"默认值"为"公式编辑"并输入公式"TEXT(DATE(申请日期),"yyyy")",如图 7-77 所示。其中,"TEXT(,"yyyy")"函数可获取某日期的年份,"DATE()"函数用于将时间戳格式转换为文本格式。

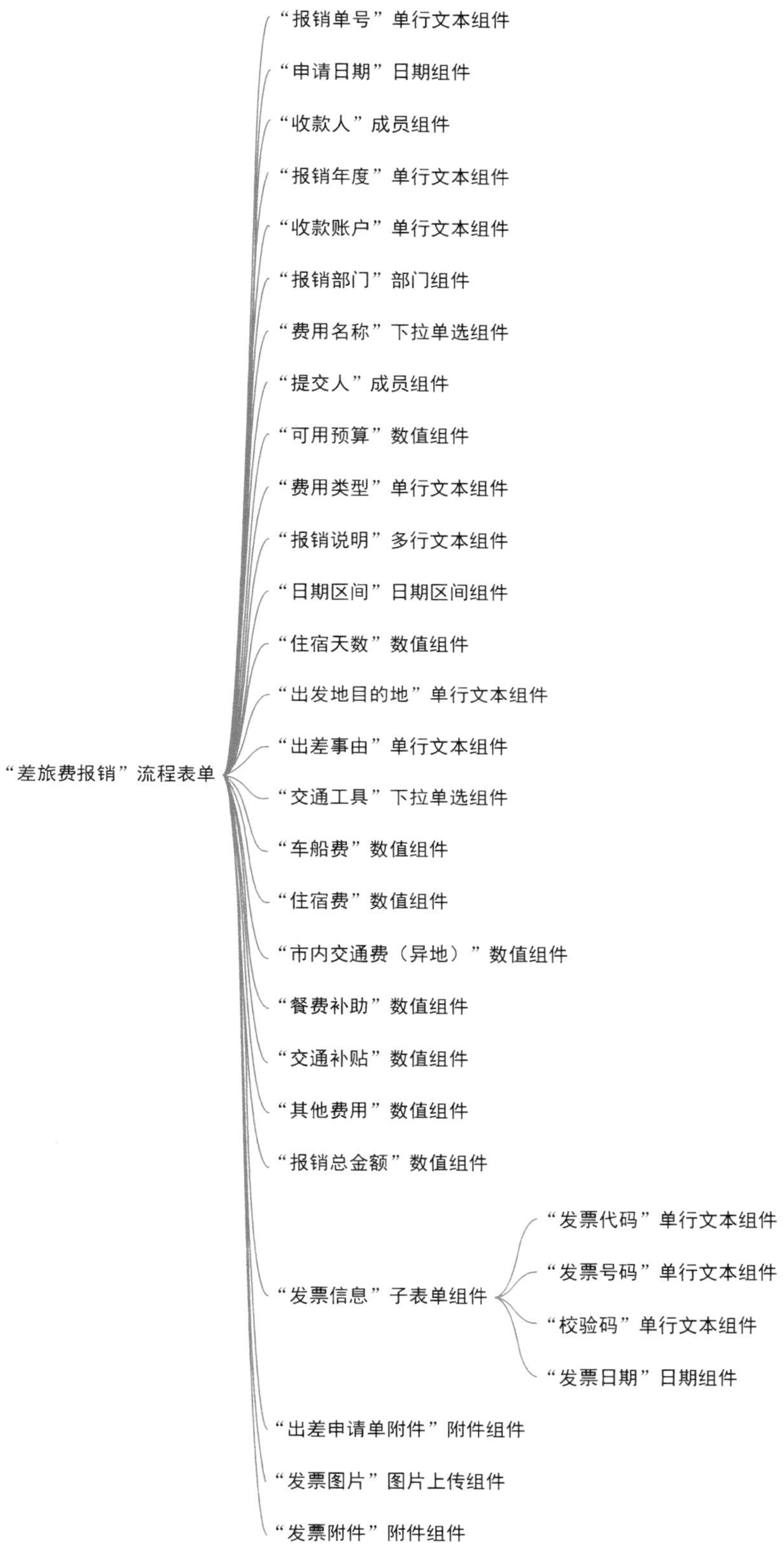

```
                                    "报销单号"单行文本组件

                                    "申请日期"日期组件

                                    "收款人"成员组件

                                    "报销年度"单行文本组件

                                    "收款账户"单行文本组件

                                    "报销部门"部门组件

                                    "费用名称"下拉单选组件

                                    "提交人"成员组件

                                    "可用预算"数值组件

                                    "费用类型"单行文本组件

                                    "报销说明"多行文本组件

                                    "日期区间"日期区间组件

                                    "住宿天数"数值组件

                                    "出发地目的地"单行文本组件

"差旅费报销"流程表单          "出差事由"单行文本组件

                                    "交通工具"下拉单选组件

                                    "车船费"数值组件

                                    "住宿费"数值组件

                                    "市内交通费（异地）"数值组件

                                    "餐费补助"数值组件

                                    "交通补贴"数值组件

                                    "其他费用"数值组件

                                    "报销总金额"数值组件

                                                              "发票代码"单行文本组件

                                                              "发票号码"单行文本组件
                                    "发票信息"子表单组件
                                                              "校验码"单行文本组件

                                                              "发票日期"日期组件

                                    "出差申请单附件"附件组件

                                    "发票图片"图片上传组件

                                    "发票附件"附件组件
```

图 7-72　"费用报销"流程表单思维导图

图 7-73 "差旅费报销"命名示意图

图 7-74 "差旅费报销"组件设置示意图

图 7-75　"报销单号"单行文本公式编辑示意图　　图 7-76　"提交人"成员组件公式编辑示意图

同理,"申请日期"日期组件设置其"默认值"为"公式编辑"并输入公式"TIMESTAMP(TODAY())",如图 7-78 所示。其中,"TIMESRAMP()"函数用于将时间戳格式转换为文本格式,"TODAY()"函数用于获取当前日期。

图 7-77　"报销年度"单行文本组件公式编辑示意图　　图 7-78　"申请日期"日期组件公式编辑示意图

"费用类型"单行文本组件设置其"默认值"为"差旅交通",设置"费用名称"组件的"选项类型"为"关联其他表单数据",将"费用名称"组件关联至"费用名称"表单中的"费用名称",如图 7-79 所示。

图 7-79　"费用名称"下拉单选组件选项设置示意图

设置"可用预算"数值组件的"状态"为"只读","默认值"为"数据联动",设置"数据关联表"为"预算汇总表",条件规则为"报销部门"等于"部门"且"报销明细.费用类型"等于"费用类型"且"报销明细.费用名称"等于"费用名称"且"报销年度"等于"单行文本",设置该条件后可匹配到同年同类型同名称同部门的金额。设置好后,使该组件显示为"预算汇总表"的"可用金额"组件,设置如图 7-80 所示。

设置"住宿天数"数值组件的"状态"为"只读","默认值"为"公式编辑",并输入公式"IF(GT(CASCADEDATEINTERVAL(日期区间)-1,0),CASCADEDATEINTERVAL(日期区间)-1,0)"。其中,"IF(A(),B())"函数是判断函数,当 A()判断后为 true 时执行 B();"GT(,)"函数用于判断大小,当前者大于后者时结果为 true;"CASCADEDATEINTERVAL()"函数用于计算日期区间选择框组开始和结束日期的相隔天数,如图 7-81 所示。

图 7-80 "可用预算"数值组件设置示意图

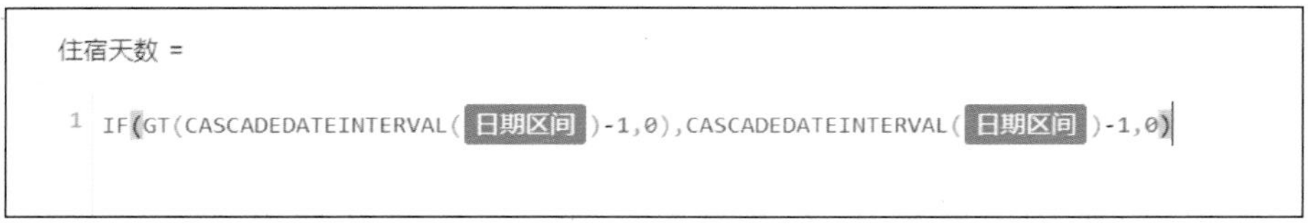

住宿天数 =
1 IF(GT(CASCADEDATEINTERVAL(日期区间)-1,0),CASCADEDATEINTERVAL(日期区间)-1,0)

图 7-81 "住宿天数"数值组件设置示意图

设置"报销总金额"组件的"状态"为"只读",设置"默认值"为"公式编辑",并输入公式"SUM(报销明细.金额)"。其中,SUM()函数表示所有金额的总和,如图 7-82 所示。

图 7-82 "报销总金额"数值组件设置示意图

此表单的"收款人"成员组件、"报销部门"部门组件、"报销说明"多行文本组件、"费用名称"下拉单选组件、"日期区间"日期区间组件和"出发地目的地"单行文本组件是必填的,因此需要选择这些组件的"校验"为"必填"。单击右上角的"保存"按钮,该表单的效果图如图 7-83所示。

3. 流程设置

切换到"流程设置"选项卡,单击"创建新流程"按钮,如图 7-84 所示。根据每个部门的审批流程设置审批人,当前为方便系统介绍和调试,将审批人设置为本人。单击"审批人"节点,在右侧弹出的窗格中,将"审批人"设置为"发起人本人",如图 7-85 所示。另外可设置审批人为某位指定成员或指定角色等。

流程设计完成后单击右上角的"发布流程"按钮,将流程进行保存,如图 7-86 所示。随后返回应用编辑页面,参考 2.2.2 节的操作步骤将本表单移入"报销管理"分组,移动后分组目录如图 7-87 所示。

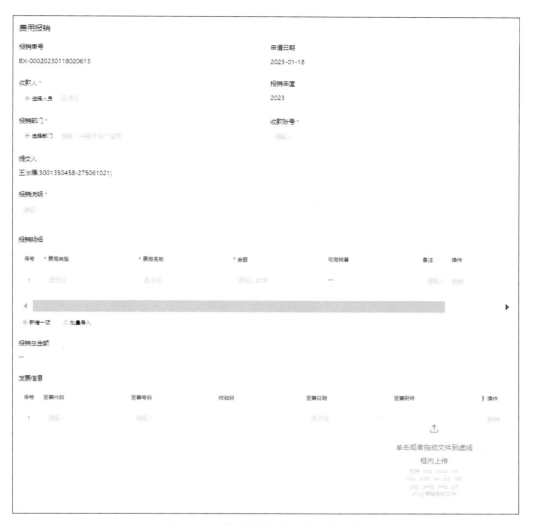

图 7-83 "费用报销"流程表单效果图

图 7-84 "差旅费报销"流程创建示意图

图 7-85 "差旅费报销"流程设置示意图

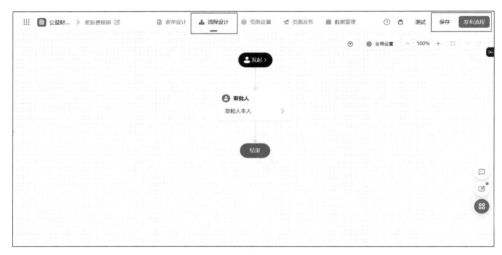

图 7-86 "费用报销"流程发布示意图

图 7-87 表单移动效果图

7.5　"数据看板"功能设计

教学视频

"数据看板"功能主要用于将预算和报销财务进行数据分析以及展示。所以该功能有"预算报表"报表页面、"费用明细报表"报表页面和"差旅费报销报表"报表页面,如图 7-88 所示。

实验视频

图 7-88　"数据看板"功能设计思维导图

参考 2.2.1 节的操作步骤创建一个分组,将其命名为"数据看板",分组创建效果如图 7-89 所示。

图 7-89　"数据看板"分组创建效果图

7.5.1　"预算报表"报表页面

"预算报表"将"预算汇总表"普通表单作为数据源,通过图形和表格组件更加立体地展示机构年度报销申请数据展示。该报表页面的思维导图如图 7-90 所示。

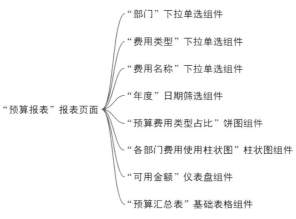

图 7-90　"预算报表"报表页面思维导图

参考 2.4.2 节的操作步骤创建一张报表,并将其命名为"预算报表",在画布上方的菜单栏中拖拽如图 7-90 所示组件到画布中,并将其命名为对应名称,报表效果如图 7-91 所示。

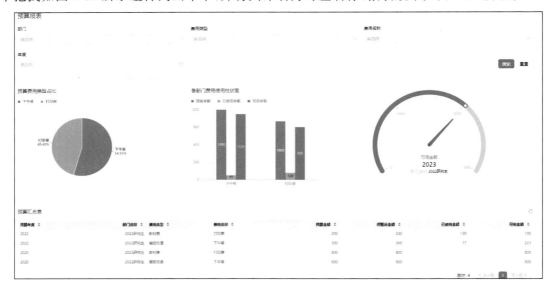

图 7-91 "预算报表"效果图

单击"预算费用类型占比"饼图组件,在右侧窗格中,设置"分类字段"为"费用名称","数值字段"为"预算金额",如图 7-92 所示。

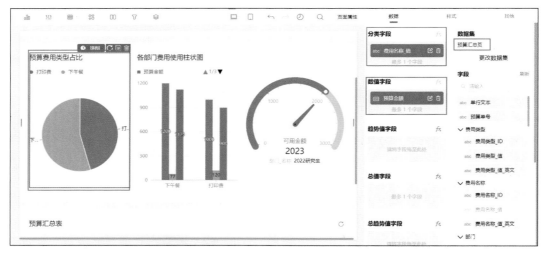

图 7-92 "预算费用类型占比"字段设置示意图

单击"各部门费用使用柱状图"组件,在右侧窗格中,设置"横轴"字段为"费用名称_值","纵轴"字段为"预算金额""已使用金额""可用金额",如图 7-93 所示。

单击"可用金额"仪表盘组件,在右侧窗格中,设置仪表盘的"主指标"为"可用金额","辅助指标"为"部门_名称",如图 7-94 所示。

单击"预算汇总表"组件,在右侧窗格中,设置基础表格的"表格列"为"预算年度""部门名称""费用类型""费用名称""预算金额""调整后金额""已使用金额""可用金额",如图 7-95所示。

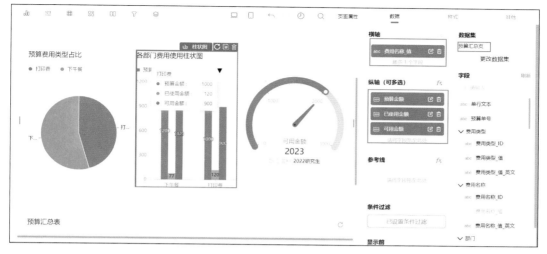

图 7-93 "各部门费用使用柱状图"字段设置示意图

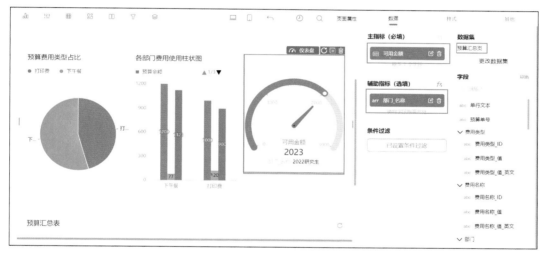

图 7-94 "仪表盘"字段设置示意图

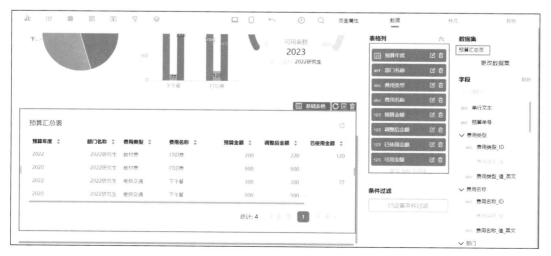

图 7-95 "基础表格"字段设置示意图

四个筛选组件设置条件相同,以"部门"筛选组件为例。单击"部门"筛选组件,在右侧窗格中,单击"选择数据集"按钮,在弹出的"选择数据"对话框中选择"预算汇总页",如图 7-96 所示。

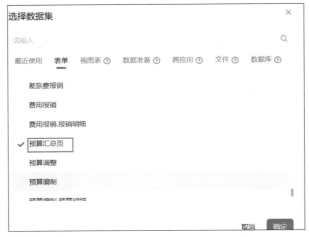

图 7-96 "部门筛选"数据集选择示意图

然后将"字段"中的"部门_名称"字段拖拽到"查询字段"中,如图 7-97 所示。

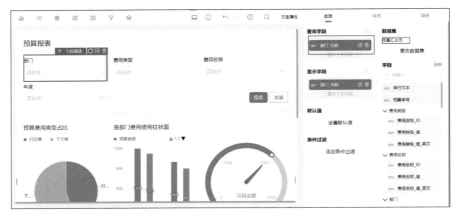

图 7-97 "部门筛选"查询字段设置示意图

参考 2.2.2 节的操作步骤将本报表移入"数据看板"分组,移动后分组目录如图 7-98 所示。

图 7-98 报表移动效果图

7.5.2 "报销明细报表"报表页面

"报销明细报表"将"费用报销"流程表单作为数据源,通过图形和表格组件更加立体地展示专项报销年度数据展示。该报表主要组件思维导图如图 7-99 所示。

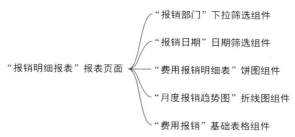

图 7-99 "费用明细报表"思维导图

参考 2.4.2 节的操作步骤创建一张报表,并将其命名为"报销明细报表"。在画布上方的菜单栏中拖拽如图 7-99 所示组件到画布中,并将其命名为对应名称,报表效果如图 7-100 所示。

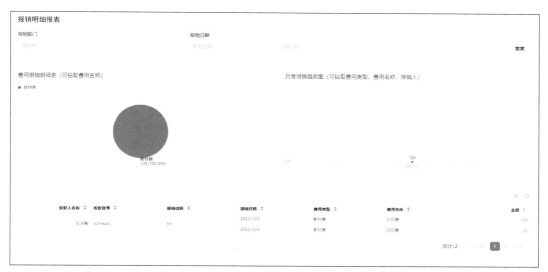

图 7-100 "报销明细报表"效果图

参考 7.5.1 节的操作步骤,设置报表中各组件的数据。

设置"费用报销明细表"组件的"分类字段"为"费用类型","数值字段"为"报销总金额",如图 7-101 所示。

设置"月度报销趋势图"组件的"横轴"字段为"月","纵轴"字段为"报销总金额",如图 7-102 所示。

设置"费用报销"组件的"表格列"为"收款人名称""收款账户""报销说明""报销日期""费用类型""费用名称""金额",如图 7-103 所示。

两个筛选组件设置条件相同,以"报销部门"筛选组件为例,选择"数据集"为"费用报销表",并设置"查询字段"为"部门_名称",如图 7-104 所示。

参考 2.2.2 节的操作步骤将本报表移入"数据看板"分组,移动后分组目录如图 7-105 所示。

图 7-101　"费用报销明细表"字段设置示意图

图 7-102　"月度报销趋势图"字段设置示意图

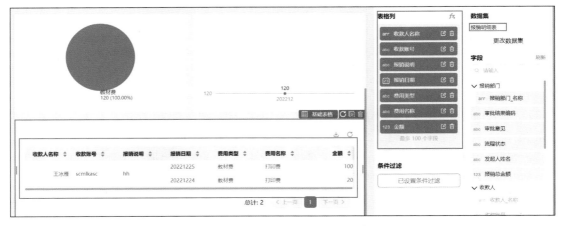

图 7-103　"费用报销"字段设置示意图

图 7-104　"报销部门筛选"查询字段设置示意图

图 7-105　报表移动效果图

7.5.3　"差旅费报销报表"报表页面

"差旅费报表"将"差旅费报销"流程表单作为数据源,通过图形和表格组件更加立体地展示差旅费年度数据。该报表页面思维导图如图 7-106 所示。

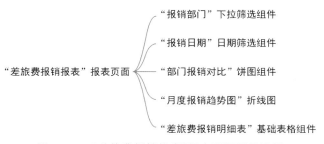

图 7-106　"差旅费报销报表"报表页面思维导图

参考 2.4.2 节的操作步骤创建一张报表,并将其命名为"差旅费报销报表"。在画布上方的菜单栏中拖拽如图 7-106 所示组件到画布中,并将其命名为对应名称,报表效果如图 7-107 所示。

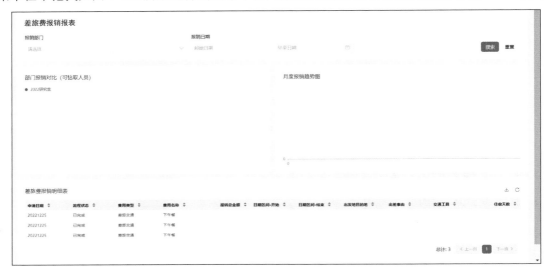

图 7-107 "差旅费报销报表"效果图

参考 7.5.1 节的操作步骤,设置报表中各组件的数据。

首先,设置"部门报销对比"饼图组件的"分类字段"为"报销部门_名称","数值字段"为"报销总金额",如图 7-108 所示。

图 7-108 "部门报销对比"字段设置示意图

其次,设置"月度报销趋势图"组件的"横轴"字段为"月","纵轴"字段为"报销总金额",如图 7-109 所示。

然后,设置"差旅费报销明细表"组件的"表格列"为"申请日期""流程状态""费用类型""费用名称""报销总金额""日期区间-开始""日期区间-结束""出发地目的地""出差事由""交通工具""住宿天数",如图 7-110 所示。

四个筛选组件设置条件相同,以"报销部门"筛选组件为例。选择"数据集"为"差旅费报销",并设置"查询字段"为"报销部门_名称",如图 7-111 所示。

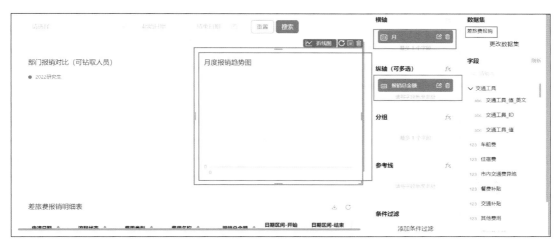

图 7-109　"月度报销趋势图"字段设置示意图

图 7-110　"差旅费报销明细表"字段设置示意图

图 7-111　"报销部门筛选"查询字段设置示意图

参考 2.2.2 节的操作步骤将本报表移入"数据看板"分组,移动后分组目录如图 7-112 所示。

图 7-112　报表移动效果图

教学视频

7.6 "公益财务管理首页"自定义页面

公益财务管理首页作为系统功能汇集页面,可为成员提供链接进入各功能页面。

首先,选择自定义模板中的"工作台模板-01",如图 7-113 所示。

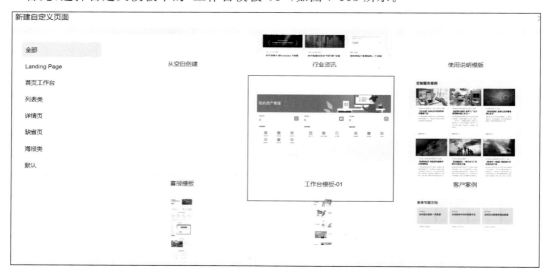

图 7-113　自定义页面模板选择效果图

其次,修改自定义页面的页头内容为"公益财务管理首页",如图 7-114 所示。

接着,将三个分组分别重命名为"预算管理""报销管理""基础档案"。删除"预算管理"分组的三个链接块,新增"报销管理"分组的一个链接块并且删除"基础档案"分组的一个链接块。并选中各个链接块中的文本组件,按照图 7-115 进行重命名。

最后,在每个链接块中添加想要关联的链接,本页面选择内部页面,将需要的页面添加上,如图 7-116 所示。

图 7-114 自定义页面文本效果图

图 7-115 自定义页面容器效果图 1

图 7-116 自定义页面容器效果图 2

该页面的效果如图 7-117 所示。

图 7-117　自定义页面示意图

第 8 章

数智公益系统的应用与展望

教学视频

从 2017 年到 2021 年,中国每年通过互联网募捐信息平台筹集到的善款已经从 25.9 亿元上升到了 100 亿元,占社会总捐赠额的比重不断上升。近三年来,每年都有超过 100 亿人次单击、关注和参与互联网慈善。

数字化已经成为这个时代最重要的表征,它对我们的生产、生活和治理方式产生全面、深刻而持久的影响。对于置身数字时代的人们来说,数字化早已不只是一种时尚,更成为一种习惯和理念。根据第 50 次《中国互联网络发展状况统计报告》公布的数据,截至 2022 年 6 月,我国网民规模为 10.51 亿,互联网普及率达 74.4%,网民人均每周上网时长为 29.5 小时,使用手机上网的比例高达 99.6%。数字技术在中国的普及极大提高了公众参与慈善的便利性和快捷性,在救灾、抗击疫情、乡村振兴、共同富裕等方面表现突出,对推动中国互联网公益慈善的发展起到了极为重要的作用。

在互联网大浪潮下,公益组织进行数字化转型是大势所趋。当然,我国公益数字化转型在整体上起步不久,实践中依然存在许多问题。例如,当前众多公益组织对数字化转型的重要性认识不够、缺乏相关的技术人才以及没有制定数字化转型的相应标准和规范等。面向未来,应当进一步凝聚共识,强化数字化对公益慈善事业的科技支撑作用,加强低代码技术的培训与应用,降低系统开发门槛与成本,进而释放出更大的推动力,进一步连接爱心善意、延伸公益链条、放大公益效应。

8.1 公益数字化助力提升我国治理能力现代化水平

20 世纪 70 年代后,西方社会学将社会治理体系中的主要力量划分为"三个部门",第一个部门是政府,第二个部门是市场,第三个部门则是社会组织,这是介于政府与市场之间非政府(NGO)非营利组织(NPO)的第三类社会活动主体。公益组织是社会组织的重要组成部分,在社会治理体系中是参与社会治理"第三部门"中的重要力量。

面对突如其来的新型冠状病毒感染疫情,全国各类公益组织、基金会纷纷行动起来,在线上线下、国内国外募集款物,积极投身到抗疫斗争中来,发挥了公益组织的重要作用。数字化技术的应用可以使各个组织借助线上网络系统整合和分配资源,在公益组织应对突发状况的过程中发挥了举足轻重的作用。目前,公益领域的社会污点事件频发,数字化技术的融入可以让组织在今后的发展运营过程中更加公开透明。公益组织数字化转型后可以利用线上渠道做好捐赠物资的信息统计及信息公开,及时回应捐赠人的关切,主动接受社会公众和新闻媒体的监督,以信息的公开透明来赢得社会的认可和捐赠人的信赖,不断提高公益组织的公信力。

不仅在应对突发状况方面"数字＋公益"发挥了积极作用,在社会治理层面,公益事业是现代社会运行中自我调节的一种具体方式,它连接我国基本制度(基本经济制度)与重要制度(民生保障制度),连接突发事件应对与日常社会治理,连接政府治理与群众自治,公益事业融入数字技术可以进一步增强国家软实力和社会凝聚力,促进社会文明进步,提升国家治理体系和治理能力现代化水平。

低代码以其简单易用的技术特点,大大降低了公益数字化的门槛,帮助公益组织以更低的成本、更高的效率实现公益数字化。本书前几章通过全步骤图文讲解的形式说明了以低代码开发为例进行公益数字化系统的搭建。要想使搭建好的公益数字化系统发挥最大的效用,如何更好地应用该系统是必须面对的一个命题。

8.1.1 低代码技术在公益领域应用的权变理论

低代码技术在公益领域中的应用,是与现代数字经济发展的背景密切相关、与现代公益慈善事业发展现状紧密联系的。一个脱离时代背景与现实状况的技术系统是无法在实践中得到应用的。低代码技术为公益事业发展提供便捷高效的工具。为了更好地助推公益数字化,低代码技术在公益领域的应用过程中应当遵循权变理论,基于实际需要进行系统搭建与优化设计。

权变理论是 20 世纪 60 年代末 70 年代初在经验主义学派基础上进一步发展起来的管理理论,是西方组织管理学中以具体情况及具体对策的应变思想为基础而形成的一种管理理论。进入 20 世纪 70 年代以来,权变理论在美国兴起,受到广泛的重视。权变理论的兴起有其深刻的历史背景,20 世纪 70 年代的美国,社会不安、经济动荡、政治骚动达到空前的程度。石油危机对西方社会产生了深远的影响,企业所处的环境很不确定。但以往的管理理论,如科学管理理论、行为科学理论等,主要侧重于研究加强企业内部组织的管理,而且以往的管理理论大多都在追求普遍适用的、最合理的模式与原则,而这些管理理论在解决企业面临瞬息万变的外部环境时又显得无能为力。正是在这种情况下,人们不再相信管理会有一种最好的行事方式,而是必须随机制宜地处理管理问题,于是形成一种管理取决于所处环境状况的理论,即权变理论,"权变"的意思就是权宜应变。

权变理论认为,每个组织的内在要素和外在环境条件都各不相同,因而在管理活动中不存在适用于任何情景的原则和方法,即在管理实践中要根据组织所处的环境和内部条件的发展变化随机应变,没有什么一成不变的、普适的管理方法。成功管理的关键在于对组织内外状况的充分了解和有效的应变策略。权变理论以系统观点为理论依据,从系统观点来考虑问题,权变理论的出现意味着管理理论向实用主义方向发展前进了一步。该学派是从系统观点来考察问题的,它的理论核心就是通过组织的各子系统内部和各子系统之间的相互联系,以及组织和它所处的环境之间的联系,来确定各种变数的关系类型和结构类型。它强调在管理中要根据组织所处的内外部条件随机应变,针对不同的具体条件寻求不同的最合适的管理模式、方案或方法。

低代码技术为公益组织提供极大的主动性与独立性,公益组织可以根据自身的体量、类型、项目需要等实际情况搭建具有个性化、可操作化的数字化系统,并且根据现实情况的发展与改变,对系统进行动态调整。低代码在一定程度上降低了编程与系统开发的难度、破除了专业背景限制,使得公益组织内"懂业务"的公益从事人员也"懂技术""懂开发"。

8.1.2　低代码技术在公益领域的应用场景

低代码产品灵活性高,能够服务企业及组织的个性化场景,扩展其应用功能。基于商业企业端,低代码能够应用于四类场景:一般业务场景、企业综合管理场景、企业个性化场景和中小企业细分应用场景。那么,结合公益慈善事业,从应用范围的角度,低代码技术主要能应用于以下四类场景。

1. 信息管理场景

公益组织在管理运作的过程中涉及诸多信息管理场景。从信息客体的角度进行分类,主要有受助人、捐赠人、志愿者、合作伙伴及组织自身。每一个信息客体所涉及的信息内容都是多维度、高复杂的,如果无法实现对信息的高效管理,会使公益组织的管理处于大量信息的困境中,无法从冗杂的信息处理事务中抽身,有效地进行公益项目与开展活动。将低代码技术应用于信息管理场景能够在最大程度上减少公益组织人员的工作量与工作难度,实现信息的高效、自动化管理与呈现,从而大大提高工作人员的工作效率。如本书中所提到的"慈善捐赠管理系统""公益伙伴管理系统""公益财务管理系统"等,展示了如何搭建高效管理这些信息的数字化系统。

2. 捐赠管理场景

现金捐赠与物资捐赠是公民参与公益活动的重要方式。公益组织应当对善款与爱心物资进行有效管理,确保捐赠款物用于正确用途,确保每一份爱心都流向真正需要的人。低代码技术在捐赠管理场景的应用能够从透明度、效率性、协调性等方面助力公益组织对捐赠款物的管理,在提升管理效率的基础上,增强大众与公益组织之间的信任感。本书中所展示的"服务捐赠系统"从"受助人申请管理""志愿者档案管理""善款捐赠管理""公益伙伴管理"等模块梳理了捐赠管理的具体场景,从多角度、多维度对捐赠款物的信息进行管理与跟踪,确保捐赠款物能够通过透明的渠道到达受助人的手中。

3. 项目管理场景

公益项目是公益组织的生命基石。对项目进行管理、跟踪、监督与评估是推动公益项目有效实施与良性沉淀的重要路径。一个组织所开展、参与的公益项目是非常多的,如何实现对单个项目的有效管理、多个项目之间的高效联动,是公益组织所必须要面对的问题。项目的全流程跟踪是保障项目高效实施的重要途径,也是后期进行项目经验总结与推广的重要基础。而公益项目之间不是孤立的,不同组织间的项目、同一组织中的不同项目,在某些维度上存在着一定关联性。那么,单项目的有效管理能够为多项目的联动提供重要的基础条件,促进不同组织间、不同项目间的高效互动,从而对整个公益生态产生正向影响。针对项目管理场景,公益组织工作人员可以根据自身组织的项目类型与需要,使用低代码技术搭建贴合项目需求的数字化系统,实现对项目的全流程跟踪与管理,做好项目数据的有效整合与沉淀,为后续的项目推广、项目合作提供数据支持。本书中的"公益项目管理系统"以物资包裹的运输与分发过程为例,呈现了整个项目全流程的自动化跟踪,为各组织自行搭建具有个性化的项目管理系统提供了良好的范本。

4. 个性化场景

在公益组织的日常管理之中,除了以上所提到三类场景,还会有一些因实际需要而产生的个性化需求。而低代码技术能够为公益组织提供极大的自主性与独立性。组织不仅能够学习基础系统的搭建,还可以根据自身需求搭建个性化系统,实现组织内部的精细化管理。这在一定程度上也能够摆脱对外部数字供应商的过度依赖,形成与外部供应商的良性互动,更重要的是能够实现组织内部的高效运作。

8.2 推广应用的挑战与解决方法

当前,我国公益数字化转型仍处于起步阶段,还面临着各种各样需要解决的问题。今天的公益慈善事业要想获得长远可持续的发展,解决数字化转型难题且插上数字化的翅膀是必然的路径。如果不能适应时代发展潮流实现数字化转型,公益慈善事业发展的未来将充满不确定性。

8.2.1 认知偏差

公益数字化已经成为现代公益慈善事业的一大趋势。但从现实层面出发,仍有大部分公益组织对于数字化的理解模糊或存在偏差。换言之,在数字化的浪潮之中,部分公益组织被卷入数字化的概念之中,却并未真正理解什么是数字化、为什么要做数字化。更有部分公益慈善组织将使用他人的工具或自行建立系统视为数字化。由于对数字化的认识存在偏差,部分公益组织对数字化的预算及实际投入远无法满足数字化的需求,从而从经济层面制约其数字化的发展。此外,对于部分体量较小的公益组织,由于对数字化缺乏正确认识,可能会形成畏难心理,担心实现数字化是一项成本巨大的工程,从而从主观层面拒绝数字化。

破除因认知不够而产生的拒绝数字化转型的情况,公益领域应充分理解公益数字化的概念,搭好上层建筑,才能更好地指导数字化的实践。数字化有两个核心的概念。对内,数字化是指通过将信息可统计、可标记化,将其形成可沉淀、可持续发展的数据。对外,数字化是指以高效率和低成本实现服务供给,形成人、资金、项目与社会关系的闭环。公益与数字化的融合,能够提升公益组织的专业度、深化与公众之间的信任感,实现公益慈善行业内的有效协作与资源整合。公益组织应该积极开放拥抱数字化。同时,数字化并不与成本大画等号,数字化在不同的阶段使用的工具不同,所需要的资金量也是不同的。公益组织应当从自身的规模和类型出发,使用符合自身水平、贴合自身需求的数字化技术。

8.2.2 人才匮乏

公益数字化人才的来源主要有三个:公益组织自有的技术人才、外部数字化供应商以及来自企业的专业志愿者。但就目前公益组织所面临的现状而言,这三类数字化人才未能发挥其最大的效能。首先,公益组织的薪酬水平相较于互联网公司的薪酬水平而言,对技术人才的吸引力较低,难以为组织配备优秀技术人才队伍。并且就目前人才市场而言,通晓技术与公益的复合型人才并不充足。其次,公益数字化供应商数量远少于公益组织数量,受限于规模与人力问题,难以为每一家组织提供足够的外部人才支持。最后,来自企业的专业志愿者虽然具备足够的技术能力,但与公益组织之间却存在对接障碍等问题,组织的数字化诉求与志愿者的专业能力难以形成有效链接与匹配。由此,在公益数字化过程中,人才匮乏的问题将会大大影响公益数字化进程及推广成效。

解决公益事业人才匮乏这一问题,需要从公益数字化人才的三个来源入手,通过多样化方式实现公益组织技术人才供给。组织可通过与外部供应商、企业联合的方式,向组织内部工作人员开设低代码技术课程,提升组织现有人才的技术能力,从基础上弥补组织技术人才的不足,也能够在一定程度上减少对外部支持的单纯依赖。外部供应商在为公益组织提供技术产品的同时,配备较为完善的技术服务,并且提供较为全面的技术说明,有利于组织进行数字化系统的自我学习。在与企业方面的专业志愿者对接时,公益组织应当从自身出发,明晰数字化的具体诉求,与志愿者进行充分有效的沟通,以提高双方的匹配度与工作效率。

8.2.3　标准不一

数字化不仅是工具和产品的简单应用,而是要实现从数据积累到价值创造的有效转化。在进行数字化之前,统一数据标准是一个必须要做的基础性工作。数据标准不统一,数据工作就无法开展。但就目前来看,我国 40% 的公益组织缺乏统一的数据标准,数据碎片化与分散化。数据的标准不一致,不仅不利于低代码技术在公益领域中的推广应用,更不利于促进多方连接与协同发展、不利于构建良好的公益生态。

针对标准不一的情况,也有相应的解决方案。没有规矩,不成方圆。统一的数据标准,有利于规范公益事业的发展,促进公益组织间高效便捷的信息互通。呼吁公益领域各个组织、团体结合实际项目情况,提炼规范相应的数据标准,在全行业进行推行。数据的标准化与规范化是一项长期性、需要与时俱进的工作,这也就要求根据公益组织实际需求的改变、数据标准的改变进行系统的优化与升级。只有打好统一数据标准的地基,才能够进行有效的数据积累与沉淀,才能为实现公益数字化与智能化做好充分准备。

8.3　公益机构数字化的未来展望

在提升行业整体效能的同时,"数字+公益"为社会治理提供更多手段和思路,结合社会发展的新需求做出积极贡献,用更高效、智能、可持续的手段解决社会痛点问题,提高我国治理体系和治理能力现代化水平。

8.3.1　高效化发展

通过数字化技术和工具的运用,能够从资金筹措、救助信息的供需匹配、救助队伍协作等方面有效地提升效能。低代码技术为公益组织和公益项目在提升效能方面提供了重要的技术平台,能够使整个项目流程更加清晰、公开、高效,从而使公益组织能够以一套行之有效的方案来解决社会问题。公益数字化的高效发展依赖于数字化系统的高效性与数据收集整合的高效性。高效的系统能够促进组织高效的管理运作,低效的系统则会大大影响组织的管理运作。随着技术的革新不断对公益数字化系统进行升级优化,才能够使整个系统能够贴合当下公益组织的需求,为其开展与管理公益项目提供高效便捷的手段。数字系统的高效性与其自动化性也是密切相关的。如何进一步提高整个系统的自动化性,降低人力手动的比重,实现整个系统的高度自动化运作,就能够为公益组织数字化创设高效的平台环境,有助于提升整个行业的效能。

8.3.2　智能化发展

公益组织的数字化进程主要有四个阶段:传统手动、信息化、数字化与智能化。目前,大部分公益机构处于半手工、半信息化的阶段,较少一部分公益机构已经进入数字化的初期阶段。各个阶段的区别主要是看公益组织对数据的使用程度。"信息化"阶段主要是指利用互联网工具,基于基础的数据收集与应用,提升业务水平和管理水平。而"数字化"阶段则是对早期数据信息化的大升级,要求公益组织能够深挖数据价值,用数据来驱动智慧决策,从而实现项目、产品与服务的优化。从数字化阶段进入智能化阶段,则需要公益机构数据和行业数据的积累与沉淀。如何建立规范的导入、收集体系,得到标准、可用的数据,如何将信息沉淀为有价值的数据资产,如何实现各个数据库之间的协同连接是公益组织能够发展为"智能化"的关键。由此可见,数据在公益组织发展进程中具有极为重要的意义。未来,如何实现数据的有效连接与沉淀是公益组织智能化发展的方向。

8.3.3 生态化发展

平台化、生态化是新的生产和社会运作方式。公益行业生态中相关方的共同参与、开展进一步的互动合作与创新融合,有利于打造良好的行业融合生态,为公益事业的发展提供良好的土壤。数字化作为现代公益事业发展的重要工具和手段,不仅能够在专业度和透明度方面发挥重要作用,还能够助力行业生态的发展,同时也就形成了公益数字化向生态化发展的趋势。公益生态依赖多方的共同发力,数字化供应商是其中重要的一个角色。数字化供应商能够在软硬件及系统等方面开展研发工作,为公益组织提供更多使用难度低、匹配度高的数字化产品,提升公益数字化水平。公益数字化能够助力公益组织完善自身的数据库和数字化技术建设,同时也能够推动整个行业数据库的搭建,推动行业内的数据信息共享,从而推动共建共享的生态化发展。

推动公益慈善事业数字化转型,需要有关政府部门加强监督规范,为公益慈善事业数字化创新定规矩、明规则。公益慈善组织应当更加积极主动地拥抱数字化潮流,通过数字化手段实现共创、共建、共治、共享的新公益。参与数字化建设的企业还需完善技术规范、强化平台责任,为共创数字公益慈善提供更强技术支撑。各方协同努力,必将促进中国公益慈善获得更强劲、更可持续的发展。